KB211330

관광 현상에 대한 문화적 이해

문화관광론

Culture & Tourism

사단법인 **한국관광학회** 기획

조광익·심창섭·황희정·최석호·송화성·이윤정
김소혜·김형곤·심원섭·서용석·정란수 공저

발간사

『문화관광론』: 대한민국 문화관광연구의 정초(定礎)

김남조 (사단법인 한국관광학회 회장)

문화는 한 사회의 모습을 담고 있다. 시간과 공간의 맥락 속에서 한 사회의 과거의 흔적과 현재의 실상은 그 사회구성원의 삶은 방식이다. 그 삶은 정형의 대칭으로 반듯하게 정치(定置)된 화려한 황금궁전처럼 비춰질 수 있고, 비뚤비뚤하고 오밀조밀하고 복잡하게 얽혀진 뒷골목의 허술한 빈가(貧家)로 여겨질 수 있다. 끊임없이 흘러가는 시간의 여울 속에서 사람은 어느 한 시점 어느 한 공간의 광경을 헤아리고 조망한다. 오늘날 이제 그 사람은 과거와 현재의 삶을 음유하고 그 삶을 담은 곳의 풍광을 즐기는 문화관광자로 출현하고 있다.

세계관광기구(UNWTO)는 문화관광을 "공연예술을 비롯한 각종 예술감상 관광, 축제 및 기타 문화행사 참가, 명소 및 기념물 방문, 자연·민속·예술·언어 등의 학습여행, 순례여행 등 어떠한 형태건 문화적 동기에 의한 사람의 이동"이라고 협의로 정의하고 있다. 또한 "관광은 인간의 다양한 욕구를 충족시키고 그에 따라 거의 대부분의 경우 관광자의 문화수준을 높이고 지식과 경험 및 만남의 기회를 넓히기 때문에 사실상 사람의 모든 관광 이동은 문화관광"이라고 광의로 정의하기도 한다. 협의든 광의든 문화관광의 의미를 되새겨본다면, 문화관광은 유형과 무형의 문화유산관광일 수 있고, 종교적이든 비종교적이든 순례관광(pilgrimage tourism)이나 영성관광(spiritual tourism)일 수 있으며, 고고한 미술작품이나 오페라 작품을 감상하는 예술관광일 수 있다. 서울 홍대거리의 다양한 클럽을 즐기는 엔터테인먼트 관광이나 명동이나 이태원의 밤거리를 야간관광도 문화관광의 영역에 포함시킬 수 있다. 또한 서울 북촌이나 부산 감천문화마을의 골목길을 기웃거리는, 그래서 살고 있는 사람들의 생활상이 궁금해서 방문해서 엿보려고 하는 관광의 형태는 바로 생활관광으로 귀결시킬 수 있다. 그렇다보니 경북 안동시의 하회마을, 전남 순천시의 낙안읍성, 강원 고성군의 왕곡마을, 충남 아산시의 외암리마을, 제주도 성읍마을의 경우는 전통성을 간직한 문화유산관광의 대상이기도 하고 지역주민이 여전히 살고 있는 생활관광의 대상이기도 하다.

관광은 기본적으로 상업적인 소비활동을 추구한다. 관광자는 평소 일상의 경제활동에서 저축한 돈을 관광목적지에서 쓴다. 관광자는 돈을 벌기 위해 관광활동에 참여하지 않는다. 관광자가 지출한 여행경비는 그 지역의 경제에 기여하고, 대신 관광자는 자신이 추구하는 동기를 충족시킨다. 관광의 대상이 자연자원이든 문화자원이든 크게 상관하지 않는다. 이러한 관광자의 소비활동은 관광수요총량이 적을 때만 해도 크게 문제되지는 않았다. 그러나 산업혁명 이후 대중들의 관광이 표면화되면서 관광자의 소비활동은 새로운 사회적 문제로 나타나기 시작하였다. 대량소비의 큰 물결 속에서 진정성을 띤 문화유산은 상업화의 전철을 밟으면서 그 고유의 가치가 훼손되기 시작하였다. 관광자의 요구를 맞추기 위해 문화유산은 저급한 형태의 기념품으로 그 가치가 전락되거나 변형되기 시작하였다. 그렇다보니 문화관광연구의 맥락에는 진정성의 상업화, 실존적 진정성과 시뮬라시옹(simulation), 무대화된 진정성과 모조문화(fake culture) 등에 대한 논의가 제기되었다. 한편, 세계화의 흐름은 문화의 획일화를 초래하는 현상을 발생시켰지만, 역으로 지역의 다양한 고유문화를 보존해야 한다는 경각심으로 나타나 세계화와 맥디즈니화의 현상에 관한 연구도 문화관광에서 빼놓을 수 없는 주요 연구소재가 되었다. 더욱이 정보통신기술의 발달로 명실공히 세계화의 여파는 더욱 급물살을 타고 있는

데, 이와 더불어 고유한 문화를 보호하려는 각국의 노력도 배증되고 있다. 우리 사회도 이제 단일민족사회라는 공식이 깨어지고 다양한 민족이 함께 어울려서 공존하는 다민족사회로 접어들기 시작하였다. 동일한 언어와 문화를 가진 민족들은 자연스럽게 한 곳에서 모여 산다. 우리나라에서도 소수민족관광(ethnic tourism)이나 이민자관광(immigrant tourism)에 대한 연구도 가능할 수 있다. 또한 이러한 지역은 소위 사회적 자본을 강하게 형성시켜 지역사회 기반형 관광개발(community-based tourism development: CBT)을 적합하게 한다.

　다양한 관점에서 문화관광 연구를 시도하고 있지만 그 한계가 없는 것은 아니다. 관광학은 다양한 학문분야와 학제적 접근이 가능하다. 현대사회에 들어와서 더더욱 학문 간 융합적인 노력이 필요하다. 그렇지만 문화관광 연구는 용어에 대한 정의와 범위가 아직 불명확한 것이 많다. 모든 사회현상과 사물이 극저(極低)에서 극고(極高)까지, 극소(極小)에서 극다(極多)까지, 소프트(soft)에서 하드(hard)까지, 마치 스펙트럼(spectrum)처럼 무지개의 한쪽 끝단의 붉은색에서 반대쪽 끝단의 보라색과의 사이에 무수한 색이 존재하듯이, 문화관광의 개념체계와 연구영역 또한 지구상의 국가, 인종, 세세한 지역문화만큼이나 무수하다. 그만큼 문화를 바탕으로 하는 관광연구는 너무나도 다양해 연구자마다 다른 견해로 접근하고, 특정장소를 바탕으로 하는 문화관광 연구 또한 다양한 결과를 산출한다. 문화관광 연구는 그래서 일반화시키기에 상당한 노력이 수반된다.

　관광이 현대인의 삶에서 더 이상 떼어놓을 수없는 불가분의 관계를 맺고 있고, 또한 하루가 다르게 급속하게 변화하는 현 사회 속에서 (사)한국관광학회가 기획한『문화관광론』출간은 그 어느 때보다도 의미가 남다르다. 한국관광학회는『관광학총론』(2009년 6월, 백산출판사),『한국현대관광사』(2012년 6월, 백산출판사),『문화와 함께하는 관광학원론』(2017년 8월, 백산출판사)을 (사)한국관광학회의 제명(題名) 하에 출간하였다. (사)한국관광학회 제명하의 관광학 전문도서 편찬사업은 우리나라에서 관광학의 이론적 토대를 갈고 닦고 장차 한국관광학의 이론을 정립하기 위함이다. 그동안 세 차례에 걸쳐 출간한 관광학 전문도서가 한국 관광학의 큰 얼개를 구성하였다면 금번에 출간한『문화관광론』은 그 얼개 속에 살을 붙이는 새로운 시도라고 할 수 있다. 원래 목표 출간 예정일은 2019년 8월이었으나, 금번 제24대 임원진이 학회 회계연도를 기존 '당해 9월 1일부터 차년 8월 31일까지'에서 '당해 1월 1일에서 12월 31일까지'로 변경함에 따라 임원진의 임기가 6개월 짧아졌다. 그렇다보니 조광익 학술출판위원장도 현 제24대 회장과 임원진의 짧아진 임기에 굳이 맞추겠다고 선언하고 불철주야 채찍을 휘두르고 박차를 가하면서 조기에 출간하도록 애를 썼다.『문화관광론』의 집필진이 몇 번의 세미나와 포럼을 통해 책의 구성을 함께 이해하고 맞추고, 바쁜 일상 속에서 틈틈이 집필에 매진한 바,『문화관광론』은 한국관광학회의 네 번째 관광학 전문서책의 반열에 오르게 되었다. 집필진은 겸손하게도 '금번의『문화관광론』은 문화관광이론에 대한 화두를 던지고 그 초석을 놓는데 일조하면 그만이다'라고 얘기한다. 하지만 한국관광학회에서 문화관광의 중심적 이론을 정립해보고자 하는 그 정신은 아마도 다른 학회에서 찾아볼 수 없는 학회에 대한 강한 애정의 표현이라고 본다. 그 숭고한 정신의 결과로 출간하는『문화관광론』은 이 분야에 주춧돌을 깐 정초(定礎)에 해당된다고 하겠다. 비교적 젊은 학자들로 구성된 집필진은 미래 한국관광학회를 짊어질 동량으로 거듭나기를 기원하고 (사)한국관광학회 또한 이러한 집필진의 노력으로 더욱 발전하리라 본다. 아무쪼록 조광익 학술출판위원장을 비롯한 집필진의 노고에 빛나는 찬사와 심심한 감사를 드린다.

서 문

문화는 관광의 조건이며, 동시에 그 산물이다:
한국 관광학의 규범화와 대학 관광 교육을 위한 『문화관광론』의 쓸모

대학에 정규 교육과정이 개설되고, 연구자 공동체인 학회의 설립을 학문의 '제도권으로의 진입'으로 이해한다면, 국내에서 관광학이 제도권 학문으로 인정을 받게 된 것은 반세기를 헤아린다. 우리 사회에서 4년제 대학에 관광 관련 학과가 개설된 것은 1964년이고, 관광 연구자 집단인 '한국관광학회'가 설립된 것은 1972년이다. 한국교육개발원의 교육통계에 따르면, 2018년 현재 대학에 개설된 관광 관련 학과는 107개에 이르고, 관광 관련 학회가 25개를 넘어섰을 정도로 한국의 관광학은 커다란 외형적인 성장을 이루었다. 하지만 이러한 외적·양적 성장에 걸맞은 학문 내적 성숙, 내실있는 학문적 발전이 뒷받침되었는지에 대한 질문에는 쉽게 답하기 어렵다.

국내 관광학 연구의 불균형과 편향은 많이 지적되어온 데 비해, 대학에서의 관광학 교육에 대한 관심과 논의는 상대적으로 미흡한 실정이다. 특히 제도권 학문으로서, 하나의 사회과학 분과 학문으로서 반세기의 학문적 위상에 걸맞는 교육이 이루어지고 있는지 의문이다. 대학에서 관광학의 교육과정 및 교육내용의 정립과 표준화, 교육의 평가와 환류에 이르는 관광학 교육 전반에 대한 관심과 논의가 필요한 시점이다. 가령 대학의 관광학 교육에 있어 어떠한 내용을 어느 수준까지, 어떻게 교육해야 하는지, 대학과 대학원에서의 관광학 교육내용과 교육방법 등은 어떻게 달라야 하는지, 전문대학에서의 교육내용과는 또 어떻게 차별화되어야 하는지 등 고등교육 과정으로서 관광학 교육에 대한 고민과 토론이 시급하다.

또 관광학 교육에 있어 이론을 강조할 것인지, 실용을 강조할 것인지, 혹은 이를 어느 정도 절충·병행하는 것이 적정한지, 이론 중심의 교육이라면 어떠한 이론을 어느 수준으로 교육해야 하는지 등, 고등교육으로서 관광학 교육에 대한 심도있는 논의가 필요하다. '실용학문'이라는 관광학의 특성을 감안하더라도, 사회과학 분과학문으로서의 이론 교육을 도외시할 수 없고, 실천학문으로서 '관광 현실' 교육 또한 외면할 수도 없다. 현실적으로 취업을 목표로 하는 학생의 기대와 '실용성'이라는 관광학의 특성을 고려할 때는 더욱 그렇다.

간단히 말하자면, 이는 제도권 학문으로서 관광학의 규범화 정도가 매우 낮다는 의미이다. 대학 교육, 고등 교육의 측면에서, 관광학이 제도권 학문으로서 갖추어야 할 체계성 및 표준화 정도가 미흡하다는 것이다. 학문 외적인 측면에서 관광학은 제도권 학문으로 인정되고 사회과학으로서 사회적인 요청과 수요에 부응하고 있으나, 학문 내적인 측면에서는 아직도 고등 학문으로서의 정립이 미흡하고 관광 교육의 체계성과 일관성, 교육내용의 표준화와 통일성이 미흡하고 아쉽다는 것이다.

제도권 학문으로서 관광학의 학문적 체계성과 표준화가 필요하다는 주장이 마치 교리나 도그마럼 학문의 불변성에 대한 원리주의적인 인정을 의미하는 것이 아니다. 고등 학문으로서의 다양한 변주와 변이, 변화 가능성에도 불구하고 불변하는 공통적이고 표준적이며 일관성있는 관광학의 교육내용이 전제되어야 한다는 것이다. 또한 고등교육 과정인 대학에서의 관광학 교육내용이 모두 동일해야 한다는 의미도 아니다. 오히려 정반대이다. 교육자에 따라, 대학이나 학과의 특성화 방향에 따라 관광학의 교육내용은 상이할 수밖에 없을 것이다. 그럼에도 불구하고 모든 관광 교육자들이 준거해야 할 관광학의 교육 기준과 원칙, 교육내용 등이 마련되어야 하고 이에 근거하여 다양한 변화가 이루어져야 한다는 것이다. 하지만 우리의 경우 고등 학문으로서 대학에서의 관광학 교육에서의 규범화와 표준화 미비는 안타까운 실정이다.

  고등 학문으로서 관광학의 규범화 정도가 낮고 고등 교육으로서 대학에서의 관광학 교육의 표준화 정도가 낮은 것은 현실적으로 많은 어려움을 야기한다. 우선 대학 내적으로 관광학 교육에 필수적인 표준적인 교과서나 교재의 제작을 어렵게 하고, 관광학 교육내용에 대한 평가의 준거가 미흡하여 교육내용에 대한 평가를 어렵게 한다. 하지만 관광 학자·교육자들이 동의하는 표준적인 교과서나 교재가 제작·제공된다면, 이러한 문제는 해소될 수 있을 것이다. 표준적인 관광 교과서나 교재에 근거하여 강의하고 평가가 이루어진다면 관광 교육의 표준화 문제는 어느 정도 해소될 수 있을 것이기 때문이다. 이를 위해서는 교과서나 교재 제작에 대한 관광학 교육자들의 광범위한 공감이 필요함과 동시에 실제 이러한 역할을 수행할 수 있는 수준 높은 교과서나 교재가 만들어져야 한다.

  표준적인 관광학 교육내용의 부재, 체계적인 관광학 교육체계의 미비는 관광학 내부나 대학 내부의 문제로 그치지 않는다. 대학에서 관광학의 교육과 관련된 평가나 등급결정 등과 같은 교육(학)적인 문제에 그치는 것이 아니라 학문 외적인 문제를 야기한다. 이는 주로 사회·제도적인 평가, 시험, 인증 등과 관련된다. 관광학 교육과 관련한 대학에서의 학위수여나 평점 부과 등이 아닌 대학 외부에서, 관광학 전공자에 대한 사회적인 평가시의 문제, 노동시장 진입 과정에서의 문제, 자격증 등 관광 정책·제도의 문제와 연관된다.

  대학이 노동시장에 접근하는 주요 통로라 할 때, 관광학의 낮은 규범화는 관광학 전공자의 노동시장 진입시 불리한 여건에 처하게 한다. 규범화가 낮은 학문은 노동시장 진입을 위한 평가대상 학문으로서의 지위를 확보하기가 쉽지 않다. 이는 관광학의 낮은 학문적 위상과도 연관되는 문제이기도 하다. (낮은 학문적 규범화와 낮은 학문적 위상 사이의 관계는,

닭과 달걀의 관계에 비유될 수도 있을 것이다.) 사회현상을 이해하고 해석하는 사회과학으로서, 사회문제를 해결하고 사회와 상호작용하는 실용학문으로서 관광학은 제도권이 설정한 각종 자격시험이나 인정시험 등에 직면하게 될 때, 낮은 규범화와 표준화 문제는 현실적인 문제로 부각되게 된다. 가령 관광통역안내사와 같은 자격증 시험 출제나 한국문화관광연구원, 한국관광공사 등의 입사시험에서 관광학 전공과목 시험문제를 출제하거나, 관광 중등교원 임용시험 문제 출제시에 관광학의 낮은 규범화와 교육내용의 표준화 미비는 출제시험/문제의 타당성과 신뢰성, 정당성에 의문을 들게 한다. 즉 무엇을 출제하고(평가내용), 무엇을 평가할 것이며(평가목표), 어느 수준까지 평가할 것이며(평가수준), 어디에서 출제할 것인가(평가자료) 하는 현실적인 난관에 봉착하게 되어 출제의 근거와 정당성이 흔들리게 된다. 고등 학문으로서 관광학 교육내용에 대한 표준적인 기준이나 평가준거가 부재하기 때문이다. 실제로 시중에 출판되어 판매되고 있는 관광학 교재를 볼 때, 이러한 문제는 전혀 기우가 아니다. 이것이 본서를 출간하게 된 중요한 배경의 하나이다.

이처럼 국내 관광학 교육에서 체계성과 표준화의 미흡, 한마디로 '관광학의 낮은 규범화'는 표준화된 교육자료의 발간 필요성을 웅변해준다. 본서는 부족하나마 '문화관광론'의 표준적인 교육내용을 제안함으로써 '문화관광론'에서의 표준적인 교육자료, 표준적인 교재로서의 역할을 하고자 하였다. 물론 책임 편집을 맡은 필자의 능력 부족과 문화/관광 연구자 풀의 부족 등 제반 여건을 고려할 때 이러한 목표가 단박에 달성되기란 쉽지 않을 것이다. 특히 본서의 경우 짧은 준비 및 집필기간으로 이러한 어려움은 가중되었다. 하지만 본서가 이러한 표준적인 교육을 위한 교재, 교육자료로서의 첫 발걸음이라는 점에서 그 의의가 작지 않을 것으로 기대한다.

관광학의 다양한 강의·교육 분야 중에서 본서인『문화관광론』을 출간하게 된 것은 관광에서 문화의 중요성 때문이다. "문화는 언어의 조건이며, 동시에 그 산물"(J. 듀이)이라는 말에 빗대면 '문화는 관광의 조건이며, 동시에 그 산물'이라고 이해할 수 있다. 본서의 1장에서 보듯이, 문화는 생활양식을 넘어 '의미를 나타내는 실천행위'이자, '인간의 실천의 조건'이다. 현대 사회에서 관광은 단순히 휴식이거나 쉼, 경험이거나 체험, 혹은 단순한 여행활동 이상의 의미를 갖는다. 현대 사회에서 관광은 일종의 기호와 같은 것이다. 관광의 장이 의미를 생산하는 공간이 된다. 문화관광이 '문화적으로 동기부여된 관광'이라거나 '박물관, 미술관, 유적지 등 문화적 성격을 지닌 목적지로의 여행'을 의미하는 것으로 보는 것은 문화관광을 매우 협소하게 이해하는 것이다. 문화관광은 '문화적 의미의 관광', '관광의 장에서의 문화적 실천행위'로 폭넓게 이해될 필요가 있다.

'문화관광'이 관광의 장에서의 의미 생산이라는 문제를 제기하고, 다양한 문화이론을 토대로 관광 현장에 적용함으로써 관광 여행 현상에 대한 다양한 문화적 이해와 해석이 가능한 점을 고려하여『문화관광론』의 출판이 기획되었다. 본서가 대학에서의 관광 교육에 기여할 수 있을 뿐 아니라 관광학의 이론적 논의와 토론을 촉발할 수 있기를 기대한다.

본서는 제24대 (사)한국관광학회(회장 김남조 교수)가 기획하고 '학술출판위원회'에서 작업한 결과물이다. 본서는 (사)한국관광학회에서 추진해온 일련의 관광학 도서 출판 사업의 연장으로 기획되었다. 그동안 (사)한국관광학회에서는 백산출판사와 손잡고『관광학총론』(2009),『한국현대관광사』(2012),『관광학원론』(2017),『관광사업론』(2017)을 꾸준히 출판해왔다. (사)한국관광학회에서 관광학 도서 출판을 추진하는 것은 국내 관광학의 연구와 교육 내실화를 통해 관광학의 학문적 체계화에 기여하려는 시도로 이해된다. 본서는 이러한 출판 기획의 연장선에 있다. 본서의 출간을 위해 그동안 (사)한국관광학회에서 이루어진 관광학 도서 출판 작업을 평가하고, 몇 가지 한계점을 보완하려고 하였다. 특히 본서의 출간에 있어 국내 관광학의 연구와 교육 현실을 짚어보고 실천적인 대안을 제시하려는 의도가 중요하게 작용하였다.

관광 현상을 문화 현상으로 이해하고 해석하는 시도인『문화관광론』의 기획·편집시에 고려한 강조점은 다음과 같다. 첫째, 국내 관광학 교육내용의 표준화에 기여하고 활용도가 높도록 전문연구서보다는 교과서나 교재로 활용될 수 있도록 하자는 것이다. (사)한국관광학회에서 기획·출판한 도서는 내용이 방대하거나 전문연구서의 특성으로 인해 대학 교육현장에서 활용도가 높지 않다는 평가가 많았다. 이 점을 고려하여『문화관광론』은 가능한 대학 교육 현장에서 활용될 수 있도록 하고자 하였다. 동시에 문화관광에 관심이 있는 연구자도 참고할 수 있도록 관련 분야의 연구동향이나 쟁점 등 전문적인 내용 또한 포함하자는 것이었다. 이를 위해, 대학의 교육과정에 많이 포함되어 있는 주제·분야로서, 가능한 대학의 교육현장에서 사용될 수 있는 교재를 목표로 하였다. 또한 관광학 분야 중 교재 출판이 많이 이루어진 주제·분야는 제외하고, 교재가 출판되지 않았거나 출판이 어려운 분야를 선정하려고 하였다. 이같은 이유로 대학의 관광학 교육과정에 포함된 교과목 중 '관광학원론', '관광경영학원론' 등과 같은 개론서나 원론서는 제외하고, '관광자행동론', '관광마케팅론' 등 관광자 행동 관련 교재 출판도 많이 이루어져 제외하였다.

둘째,『문화관광론』의 출판 과정에서 가능한 많은 연구자의 참여가 이루어질 수 있도록 하였다. 이를 위해 먼저, (사)한국관광학회 '학술출판위원회'에서 도서 출판 분야와 주제,『문화관광론』의 전체 목차 구성, 필자 구성 등 실질적인 논의가 이루어지도록 하였다. 논의 과정에서 '문화관광'에 대한 학술출판위원 사이의 이견이 노출되기도 하였다. 이는 문화와 문화관광에 대한 관점과 견해의 차이로 인한 것으로, 문화관광을 어떻게 정의할 것인가 하는 문제로 귀결되어 본서의 구성 문제와 밀접하게 연관되게 된다. 여기서 이를 상론할 수는 없으나, 대략 한편에서는 '문화관광'을 협의로 이해하여 '문화적 형태의 관광'으로 정의하고, 이론보다는 다양한 현상 위주로 구성되어야 한다는 의견이 제시되었고, 다른 한편에서는 '문화관광'을 관광 여행의 장에서 이루어지는 문화적 의미 생산이라는 광의의 관점에서 접근하는 것으로, 이론과 담론 중심의 구성을 강조하는 의견이었다. 이러한 의견의 차이는 1장에서 보는 바와 같이 '문화관광' 개념과 '문화관광'을 보는 시각의 차이에서 기인하는 것으로 새삼스러운 것은 아니다. 이로 인해 본서의 구성은 담론/이론 파트와 현상/실제 파트를 종합·절충하는 형태로 구성되게 되었다. 다만, 담론/이론 파트의 경우, 짧은 집필기간과 필자 사정 등으로 계획보다 축소된 형태로 구성되었다. 또한 학술출판위원회와 별도로『문화관광론』출판을 위한 '감수위원회'를 구성하여, 감수위원회에서 필자들의 원고를 읽고 감수하는 과정을 거치게 하였다.

셋째,『문화관광론』의 출판과정과 내용을 (사)한국관광학회 회원들과 공유함으로써 많은 연구자들이 참여하고 다양한 의견이『문화관광론』출판에 반영될 수 있는 '열린 출판'이 되도록 노력하였다. 이를 위해 (사)한국관광학회 학술대회에서 학술출판위원회 특별세션(『문화관광론』출판)이 2차례 마련되어 다양한 내용의 발표와 토론이 이루어졌다. 먼저 지난 해 7월 한양대에서 개최된 (사)한국관광학회 제84차 학술대회에서는 국내 대학의 관광학 교육과정 분석과『문화관광론』의 출판의 필요성, 국내외 문화관광 관련 도서의 내용 분석, 외국 대학에서의 문화관광 교육 현황 등이 발표 토론되었으며, 올 1월 수원대에서 개최된 제85차 학술대회에서는 본서의 1차 원고를 토대로 몇몇 장별 주요 내용이 발표되고 토론되었다. 이를 통해 본서의 장별 구성이 보완되었고, 본서의 통일성이 제고되었다.

넷째, 본서의 필자 선정에 있어 가능한 해당 주제의 전문가나 연구 경험이 있는 필자가 집필하도록 하였고, 문화관광에 대한 새롭고 참신한 시도를 위해 가능한 신진연구자에게 집필기회를 제공하려고 하였다.

마지막으로, 본서의 주 독자는 대학의 고학년으로 설정하되, 문화관광에 관심있는 대학원 학생들의 참고자료가 될 수 있도록 전문적인 내용도 반영하고 본서를 통해 해당 주제의 연구방향을 시사받을 수 있도록 편집하고자 하였다. 또한 집필시 그동안의 국내외 연구성과를 집대성하고 최대한 객관적으로 기술하되, 쟁점사항에 대한 집필자의 의견도 일부 반영할 수 있도록 하였다. 각 장의 말미에 '생각해볼 문제'를 제시하여 학습 내용을 확장할 수 있도록 하였고, '더 읽어볼 자료'를 제시하여 추가 심화 학습이 가능하도록 하였다.

이러한 과정을 통해 본서의 출간이 이루어지게 되었다. 특히 본서가 출간되기까지 많은 분들의 도움과 노고가 있었다는 점을 밝히고 싶다. 본서의 기획단계에서부터 마지막 출판까지 많은 관심을 가지고 적극적인 지원과 도움을 아끼지 않은 (사)한국관광학회 회장 김남조 교수님께 감사드린다. 또 본서를 위해 함께 토론하고 준비한 학술출판위원들과 흔쾌히 원고 청탁에 응해준 연구자, 두 차례의 학술대회 특별세션에서 발표자와 토론자로 수고해주신 연구자들께도 감사드린다. 특히 여러 가지 바쁜 일정에도 불구하고 본서의 출판을 위해 열정을 아끼지 않은 가천대 심창섭 교수의 노고에 감사를 표하고 싶다. 촉박한 출판 일정에도 불구하고 본서를 읽고 감수해준 한상현 교수, 이계희 교수를 비롯한 감수위원들께도 학술출판위원회를 대표하여 감사의 말씀을 드린다. 본서의 편집과정에서 수고하신 백산출판사 김호철 부장과 편집부 여러분께도 감사 인사를 드린다.

이처럼 많은 분들의 도움과 노고 덕분에 본서가 출간되었으나, 본서의 흠결과 한계는 어디까지나 책임편집을 맡은 필자와 학술출판위원회의 몫이다. 본서의 기획과 출판까지 1년여의 짧은 작업 기간으로 인해 애초의 계획과 달리 상당히 미흡한 느낌이 없지 않다. 본서가 대학 교육 현장에서 사용될 교과서 혹은 교재를 목표로 하였기 때문에 1학기(15~16주)의 강의분량을 고려하고, 강의자가 취사선택할 수 있는 여지를 주기 위해 애초에는 모두 18개 장으로 구성할 계획이었다. 하지만 현실적인 여건으로 인해 현재와 같이 12개 장으로 축소되게 되었다. 특히 본서에 포함되지 못한 관광과 (탈)근대성, 도시재생과 도시관광, 페미니즘과 관광 등 최근의 관광 현상에 대한 유의미한 이해를 가능하게 하는 담론/이론적인 부분은 추후 본서의 개정을 통해 보완할 계획이다.

본서가 (사)한국관광학회가 기획·편집한 일련의 관광학 도서 출간 작업의 일환이자, 학회 차원의 공동작업의 결과물이라는 점에서 여타의 교재 출판과는 다른 의의가 있다. 아무쪼록 본서가 대학의 교육과 강의 현장에서 많이 활용될 수 있기를 바란다. 이를 통해 본서가 국내 관광학의 교육 내용의 표준화와 체계화에 기여하고, 관광학의 규범화에 일조할 수 있기를 희망한다. 독자와 연구자 여러분의 애정어린 관심과 조언을 기대한다.

2019. 2. 7.
필자를 대표하여 조광익
(사단법인 한국관광학회 부회장 겸 학술출판위원장, 대구가톨릭대 관광학과 교수)

차 례

[담론과 이론]

1장 문화관광이란 무엇인가?   23

2장 문화자본과 관광의 취향 판단   49

3장 공정관광: 관광에서의 공정과 정의의 문제   87

[현 상 과 실 제]

담론과 이론

1장 _ 문화관광이란 무엇인가?

조 광 익 (대구가톨릭대학교 교수)
심 창 섭 (가천대학교 교수)

1장 _ 문화관광이란 무엇인가?

조 광 익 (대구가톨릭대학교 교수)
심 창 섭 (가천대학교 교수)

조 광 익 (대구가톨릭대학교 교수)
심 창 섭 (가천대학교 교수)

Highlights

1. 문화의 개념과 특징을 이해한다.
2. 문화와 관광의 관계를 이해한다.
3. 문화관광자의 동기와 유형을 이해한다.
4. 관광을 문화현상으로 이해하는 방법을 연습한다.
5. 최근 문화관광의 주요 쟁점이 무엇이 있는지 생각해본다.

|1절| 문화와 관광1)

1. 문화의 개념

문화관광을 정의하고 이해하기 위해서는 문화를 정의하고 이해하는 것이 필요하다. 하지만 문화처럼 정의하기 어려운 용어도 없다. 영국의 문화 이론가인 레이몬드 윌리엄스(Williams, 1983)는 문화를 "영어 단어 중에서 가장 난해한 단어의 하나"라고 하였다. 문화는 일상생활에서 다양한 의미로 사용되고 있기 때문이다(Story, 1994). 대중문화, 고급문화, 지배문화, 생활문화, 음주문화, 하위문화, 문화적 삶, 문화생활, 문화이론 등에서 보듯이 문화는 그 쓰임이 매우 다양해서 한마디로 명확하게 정의하기

---

1) 이 절은 김병용·조광익(2019)의 5장의 일부 내용을 수정·보완한 것임.

어렵다.

　문화는 몇 가지 의미를 지니고 있다. 첫째, 문화는 라틴어 'cultus' 에서 유래하였는데, 이는 '토양을 경작하다'는 의미를 지니고 있다. 이런 의미에서 보면 문화는 농사를 짓거나 세포(cell)를 배양하는 것으로 정의될 수 있다. 인간의 노력으로 자연에 변형을 가하고 자연을 활용하는 것이다. 인간의 의지나 생각대로 자연(nature)을 바꾸는 것이 문화라고 할 수 있다. 이 경우 문화는 인간의 노동과 노력의 산물로 이해될 수 있다. 둘째, 문화는 한 인간이나 시대 또는 집단의 특정 생활방식을 가리키는 것이다. 이러한 정의는 인류학적인 정의라고 할 수 있다. 우리의 삶의 모습이나 생활양식이 문화라는 것이다. 셋째, 문화는 지적, 정신적, 심미적인 계발의 일반적 과정을 일컫는다. 이러한 정의는 문화는 무언가 고급스럽고 고차원적인 것, 세련되고 품위있는 것, 혹은 좋은 것을 말하는데, 고급문화나 대중문화와 같은 방식으로 문화를 구분할 때가 그 좋은 예이다. 넷째, 문화는 지적인 작품이나 실천행위, 특히 예술적인 활동을 일컫는다. 이는 문화가 무엇인가를 의미하거나 의미를 생산하거나 또는 의미생산의 근거가 되는 것을 그 주된 기능으로 하는 텍스트나 문화적 실천행위를 말한다. 즉, 문화란 곧 의미를 나타내는 실천행위라는 것이다. 이때의 문화는 일종의 기호와 같은 것이라 하겠다. 예를 들어, 오늘날 여름휴가를 맞아 해외여행을 떠나는 행위는 단순한 여행활동 이상의 의미를 갖는다. 그것은 해외여행을 할 수 있을 만큼의 시간적·경제적 여유가 있음을 드러내는 실천행위라고 할 수 있다.

　문화에 대한 다양한 정의는 문화관광의 개념을 정립하는데 모두 관련을 지을 수 있다. 관광은 태초에 형성된 자연 그대로 뿐만 아니라 이 위에 다양한 개인과 집단이 서로 다른 방식으로 변형을 가한 결과와의 상호작용이다. 또한 관광은 현대인의 삶의 일부가 되었고 문화관광 또한 오늘날 많은 사람들이 좋아하는 관광형태로서 우리 삶의 필수불가결한 부분이 되었다는 의미에서 그렇다. 더 나아가 관광 특히 문화관광이 타인과 자신을 구별하고 자신의 정체성을 형성하며, 나아가 자신을 과시하는 문화적 기호일 수 있다는 점에서 관광이나 문화관광은 그 자체로 의미를 생산하는 인간의 활동이라는 의미에서 그렇다. 또 관광이 지적이고 정신적이며 심미적인 계발의 과정이라고 간주될 수 있기 때문이다.

2. 문화의 특징

네덜란드의 심리학자인 호프스테드(Hofstede, 1995)가 말한 바와 같이 문화는 일종의 '정신 프로그램'(mental program) 혹은 '정신의 소프트웨어'(software of the mind)이다. 한 사람의 정신 프로그램은 그가 자란 생활환경과 사회환경 속에 뿌리를 두고 축적 된다. 문화는 부분적으로 같은 사회환경 속에서 살고 있거나 산 적이 있는 사람들과 공유하는 것이기 때문에 집합적인 현상을 띠고 있다. 이 점에서 문화는 한 집단 또는 한 범주를 구성하는 사람들을 다른 집단 또는 범주의 성원들과 달라지게 만드는 집합적 정신 프로그램이다. 이러한 문화의 특성을 몇 가지로 정리하면 다음과 같다(Hofstede, pp. 24-33).

첫째, 문화는 유전되는 것이 아니라 학습되는 것이다. 또 문화는 개인의 사회환경에서 나오는 것이지 유전인자에서 나오는 것이 아니다(<그림 1-1> 참조). 문화의 습득은 가족 안에서 시작되고 이어 이웃, 학교, 서클, 직장, 지역사회 안에서도 일어난다. 예를 들어 인간이면 누구나 음식을 먹지만 어떤 사회에서 생활하는가에 따라 서로 다른 음식을 먹는 방식을 갖게 된다.

둘째, 문화는 인간성(human nature)과도 구별되고, 개인의 성격(personality)과도 구별된다. 인간성은 모든 인간에게 보편적인 것인 반면 문화는 특정한 시대나 집단에 한정되고 성격은 개인에 따라 다르다(<그림 1-1> 참조). 예를 들어 인간은 누구나 부모의 죽음을 슬퍼하지만 특정 시대나 집단에 따라 서로 다른 애도의 문화를 갖고 있으며 개인은 성격에 따라 다른 방식으로 슬픔을 표현한다.

자료 : Hofstede, 1995, p. 27.

〈그림 1-1〉 문화와 인간성 및 성격의 관계

셋째, 한 문화가 다른 문화의 활동에 대해 '저속하다'거나 '고상하다'고 판단할 절대적인 기준은 없다. 마찬가지로 한 집단이 다른 집단보다 본질적으로 우월하거나 열등하다고 간주할 만한 과학적 근거는 없다. 문화적 상대주의(cultural relativism)는 자기 집단과 다른 집단이나 사회를 다룰 때 판단을 보류할 것을 요구한다. 즉 자기가 속한 집단과 다른 집단의 문화는 '차이'(difference)를 지닐 뿐 '옳고 그름'(right and wrong) 및 '우열'(superior and inferior)의 판단 대상이 될 수 없다.

마지막으로, 문화를 표현하는 수준은 다양하다. 문화의 여러 표현을 가리키는 많은 용어들 중에 상징, 영웅, 의식, 가치라는 네 가지가 있다. 문화의 가장 피상적인 수준에 해당하는 것이 상징이며, 가장 깊은 수준에 해당하는 것이 가치이다. 그리고 영웅과 의식은 이 둘의 중간 수준에 해당한다(〈그림 1-2〉 참조).

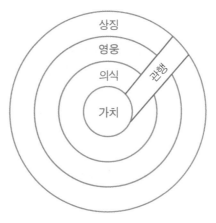

자료 : Hofstede, 1995, p. 30.

〈그림 1-2〉 문화 표현의 여러 수준

여기서 상징(symbols)은 어떤 문화를 공유하는 사람들에게만 통하는 특별한 의미를 지닌 말, 동작, 그림 또는 대상을 말한다. 영웅(heroes)이란 어떤 문화 안에서 높이 받는 특징을 지닌, 그래서 행동의 귀감이 되는 사람들을 말한다. 의식(rituals)이란 엄밀한 의미에서 원하는 목표달성에는 불필요한 것이지만 한 문화 안에서는 사회적으로 없어서는 안될 것으로 간주되는 집합적 활동들을 가리킨다. 상징, 영웅, 의식을 통틀어 관행(practices)이라고 부른다. 가치(values)는 문화의 핵으로서 어떤 한 상태보다 다른 상태를 선호하는 포괄적인 경향성을 말한다.

3. 문화와 관광의 관계

문화와 관광의 관계를 이해하기 위해서는 관광의 본질에 대해 생각해 볼 필요가 있다. 관광은 본질적으로 인간이 자연, 역사, 유산, 인물, 인공물 등 다양한 관광의 대상을 경험(체험)하는 것이다. 관광의 본질이 경험이라는 사실은 다음과 같은 측면에서 관광이 문화적 행위임을 보여준다.

첫째, 관광은 그 서로 다른 문화가 만나는 것이다. 관광은 사람과 사람,

사람과 문화가 만나는 것이다. 일차적으로 관광은 관광자(guest)와 현지 주민(host)이 직접 또는 간접적으로 만나는 것이며, 관광자는 관광지의 자연과 주민의 문화를 보기 위하여 주민의 사회에 이방인의 자격으로 등장하게 되는 것이다. 사람과 사람들의 집단이 다른 문화와 접촉할 때 문화의 변동이 발생한다. 이로 인해 관광은 필연적으로 관광자와 현지 사회(host) 모두에 문화적 변화를 가져온다. 이것이 관광의 사회문화적 영향이다. 먼저 관광자 자신의 문화와 다른 문화를 접함으로써 관광자의 인식과 사고, 행동이 변화하게 된다. 관광자 스스로 변화되는 것이다. 현지 사회 또한 상이한 문화를 가진 관광자와의 접촉으로 인해 고유한 전통의 문화가 변화하게 된다(전경수, 1987).

둘째, 관광은 특정 시대나 집단의 생활양식이다. 대표적인 예는 근대관광의 효시라고 할 수 있는 그랜드 투어(Grand tour)를 들 수 있다. 그랜드 투어는 16세기 중반부터 시작되었는데, 주로 영국의 귀족계급의 자제들이 교육 및 문화적 목적을 위해 1~3년간에 걸쳐 유럽대륙을 광범하게 순회하는 여행이었다. 그러나 경제수준이 향상하고 여가시간이 늘어나면서 관광은 정도의 차이는 있을지라도 대부분의 사람들이 즐기는 삶의 필수요소가 되었다. 오늘날 관광은 과거에 비해 손쉬워진 여행이라는 수단을 통해 누구나 참여하는 일상적 행위가 되었다. 즉 각 시대의 관광의 모습은 관광 행위이기에 앞서서 해당 시대와 사회를 잘 반영한 문화적 행위로 이해될 수 있다.

셋째, 자본주의 사회에서 관광은 사회와 문화가 상품으로 등장하는 특수한 생산양식이라고 할 수 있다. 즉 자본주의 생산관계 속에서 나타나게 되는 관광은 관광지 주민이 생산하고 영위하고 그 속에서 살고 있는 사회와 문화를 팔게 되는 특수한 거래관계를 형성하게 되고, 이로 인해 주민의 문화는 어떤 형태로든 관광자에게 팔려나가게 된다. 이것은 관광에서 쉽게 볼 수 있는 '문화의 상품화'이며, 이러한 문화상품화의 목적은 다름 아닌 경제적 이윤추구, 관광을 통한 수입의 확보에 있다. 관광자를 위한 이러한 문화상품화는 문화의 화석화를 초래하게 된다. 문화의 상품화는 전통적 문화양식이 외부인들의 기호와 편의에 맞도록 변경되는 것일 뿐만 아니라, 심지어 문화적 상품화를 통한 문화의 의미상실을 가져올 수 있다. 이렇게 되면 문화는 치약이나 맥주 등과 같은 소비 상품으로 변모되게 된다. 이러한 극단적인 문화의 상품화는 일련의 파행적 문화파괴 내지 문화말살 현상을 야기하게 된다. 관광에서의 이러한 문화 상품화는 지역주민의 자기비하, 자아상실 또는 소외감정 등과 같은 지역주민의 심리적 차원에서의 사회적 비대칭성을 야기할 수 있고, 신성성의 상실, 공연의 요식화 등 문화의 진정성을 상실하고 화석화하게 되기도 한다. 또한, 서민문화의 세속영역이 고급문화 계층의 신성영역으로 전환되는 경우도 있다. 가령 세속영역의 일상용품이 주민들의 생활세계를 떠나 민속품이라는 이름하에 박물관의 진열대에 전시되게 되면 그 물품은 문화적 맥락에서 이탈되면서 동시에 주민의 문화는 화석화의 과정을 겪게 된다. 뿐만 아니라 문화의 상품화는 고급문화와 서민문화 사이의 갈등과 같은 계층 간의 갈등현상을 야기하기도 한다.

|2절| 문화관광의 개념화

1. 문화관광의 개념[2]

문화와 관광이 결합된 문화관광 또한 정의하기 쉽지 않은 용어이다. 특히 문화관광을 문화관광(the tourism of culture)이냐 혹은 문화적 관광(the cultural tourism)으로 보느냐에 따라 그 의미가 크게 달라진다(김사헌·박세종,

---

2) 이 항은 김병용·조광익(2019)의 5장의 일부 내용을 수정·보완한 것임.

2013). 전자는 문화에 대한 관광이나 대상(물)인 문화 자체를 관광하는 행위를 의미한다. 이때의 문화관광은 애초부터 목적성을 띤 관광, 즉 박물관, 유적지 등 문화적 성격을 지닌 목적지로의 여행을 의미한다. 이에 비해 후자는 문화적인 관광, 다시 말해 문화적인 취향이나 성향을 띤 관광을 지칭한다. 이 경우 문화관광은 문화적인 동기에 의거한 관광을 말한다. 앞에서 살펴본 것처럼, 문화의 의미가 다양하기 때문에 문화를 어떻게 이해하느냐에 따라 문화관광의 정의도 달라질 수 있다.

문화가 지적·정신적·심미적 계발의 과정이라는 의미가 있음을 상기할 때, 관광동기의 측면에서 문화적인 관광은 유흥이나 휴식과 같은 동기가 아니라 문화적 혹은 비문화적인 유무형의 대상 관찰을 통해 자신의 지식 습득욕구나 자아실현욕구을 충족시키고자 하는 여행자 자신의 내적 성향 혹은 내적동기에 의해 유발된 관광행위를 의미한다. 이 점에서 전자가 대상에만 초점을 맞춘 목적성의 관광이라면 후자는 여행자의 심리에 초점을 맞춘 내재적 동기의 관광이라고 할 수 있다. 전자가 협의의 문화관광이라면 후자는 광의의 문화관광이라고 할 수 있겠다. 또 전자의 경우에는 문화를 박물관, 유물·유적, 음악회 등과 같은 생산물(product)로 문화를 이해하는 것이고, 후자의 경우에는 문화를 성향, 취향, 행동양식 등과 같은 과정(process)으로 이해하는 것이라고 할 수 있다(김사현·박세종, 2013). 이를 요약하면 다음 〈표 1-1〉과 같다.

〈표 1-1〉 문화관광의 개념

문화관광	정의	문화의 의미
협의의 문화관광	• 문화대상 자체의 관광행위(tourism of culture) • 박물관, 유적지 등 명백한 문화자원을 관광 대상으로 하는 목적형	• 생산물로서의 문화(product-based culture): 박물관, 유물·유적, 예술품, 음악, 문학작품 등
광의의 문화관광	• 문화적인 성향의 모든 관광(cultural tourism) • 자아실현 욕구 등 내적동기의 충족을 포함한 문화성향	• 과정으로서의 문화(process-oriented culture): 문화적 성향, 문화적 취향, 문화적 행동양식

자료 : 김사현·박세종, 2013, p. 245.

앞서 논의된 문화관광에 대한 두 가지의 개념화에 더하여 문화관광은 관광의 문화적 측면(cultural aspects of tourism)에 대한 논의까지 포괄할 필요가 있다. 최근 관광에 대한 학술적 접근은 관광을 산업으로 바라보는 경제학적 측면이나 관광자의 미시적 행태에 초점을 맞추는 경영학·심리학적 측면에의 집중이 점점 더 심화되고 있다. 그러나 관광은 관광자의 소비를 통해 경제적 효과를 발생시키는 산업이기 이전에 그 자체로 하나의 사회문화적 현상이다. 즉 서로 다른 문화적 배경과 개인적 특성을 지닌 사람들이 조우해 만들어내는 관광현상과 이것이 우리 사회에 미치는 영향을 이해하기 위해서는 그 이면에 있는 역사적 맥락 및 시·공간적 특징이 발현된 문화적 텍스트로서 접근될 필요가 있다(Wearing & Wearing, 2001; Uriely, 2005). 이를 위해서는 철학, 인류학, 사회학, 문화연구 등의 인문학적 측면에서 관광현상 및 관광자와 관련하여 지금까지 축적된 논의와 개념들이 관광학의 지붕아래 자리를 차지할 공간이 필요하며 그 위치는 문화관광이 가장 적합할 수 있다.

2. 문화관광의 세부 영역

문화관광은 개념화 및 범위의 설정에 따라 포함될 수 있는 세부 영역에도 차이를 지닐 수 있으나 앞서 편찬된 관련 교재에 대한 분석 결과 ① 개념, ② 이론, ③ 분야, ④ 관리 등 네 개의 세부 영역으로 구분하는 것이 가장 적합해 보인다(<그림 1-3> 참조). 네 개의 세부 영역은 상호 배타적인 영역이라기보다는 서로 밀접한 관련성을 갖지만 서로 다른 차원에서 문화관광에 접근하기 위한 방식이라고 할 수 있다.

1) 개념(Concept)

이 영역은 문화관광의 근간을 이루는 핵심 개념을 포함한다. 문화(culture), 관광(tourism), 유산(heritage), 문화재(cultural assets), 지역문화(local culture), 문

화관광(cultural tourism) 등이 이 영역에 포함될 수 있다. 문화관광을 관광의 다른 영역과 구별되게 만드는 가장 근원적인 정체성을 형성하는 개념들로서 문화관광의 범위를 규정하고 문화관광에 포함될 수 있는 여러 주제들의 기준점 역할을 하게 된다.

2) 이론(Theory)

이 영역은 문화관광을 이해하고 분석하기 위해 필요한 주요 이론을 포함한다. 포스트모더니즘(post-modernism), 진정성(authenticity), 세계화(globalization), 관광자의 시선(tourist gaze), 문화자본(cultural capital) 등이 이 영역에 포함될 수 있다. 문화관광에서는 관광을 경제요소로 접근하기보다는 하나의 문화적 텍스트로 접근하는 데 적합한 인문학적 이론이 보다 강조될 필요가 있다.

3) 분야(Fields)

이 영역은 문화관광의 범위에서 발견되는 관광의 대상에 따른 대표적인 분야를 포함한다. 역사관광(history), 전통/민속관광(tradition and folk), 종교/순례관광(religion and pilgrimage), 예술/음악/미술관광(art), 대중문화/엔터테인먼트관광(entertainment) 등이 이 영역에 포함될 수 있다. 문화관광의 대상은 시·공간적 맥락에 따라 다양할 수 있으며 관광 분야의 고도화에 따라 점차 세분화될 것으로 예상된다.

4) 관리(Management)

이 영역은 문화관광자원을 효과적으로 활용하기 위해 필요한 관리의 수단을 포함한다. 문화관광자(cultural tourists), 문화관광매력물(cultural tourist attractions), 문화관광상품(cultural tourism products), 문화관광해설(cultural tourism interpretation), 문화관광과 지속가능성(sustainability) 등이 이 영역에 포함될 수 있다. 다른 유형의 관광과 구별되는 문화관광의 특수성을 반영한 관광자·관광대상에 대한 이해 및 문화의 보전/활용이 조화를 지향하는 관리방안이 포함될 필요가 있다.

〈표 1-2〉 문화관광의 세부 영역

개념(Concept)	이론(Theory)
• 문화(Culture) • 관광(Tourism) • 유산(Heritage) • 문화재(Cultural assets) • 문화관광(Cultural tourism)	• 포스트모더니즘(Post-modernism) • 진정성(Authenticity) • 문화자본(Cultural capital) • 세계화(Globalization) • 관광객의 시선(Tourist gaze)
분야(Fields)	관리(Management)
• 역사관광(History) • 전통/민속관광(Tradition and folk) • 종교/순례관광(Religion and pilgrimage) • 예술/음악/미술관광(Art) • 대중문화/엔터테인먼트관광(Entertainment)	• 문화관광자(Cultural tourists) • 문화관광 매력물(Attraction) • 문화관광 상품(Products) • 문화관광 해설(Interpretation) • 문화관광과 지속가능성(Sustainability)
기타(Others)	
• 박물관(Museum) • 축제이벤트(Festival and event) • 음식관광(Food tourism) • 도시관광(Urban tourism) • 오버투리어즘(Over tourism) • 테마파크(Theme parks) • 유네스코, 세계문화유산(UNESCO)	• 공정관광(Fair tourism) • 관광복지(Barrier free tourism) • 젠더이슈(Gender) • 문화적 다양성(Cultural diversity) • 문화적 자본(Cultural capital) • SNS, AR/VR, 가상관광(Virtual tourism) • TV여행프로그램(TV travel shows)

| 3절 | 문화관광자

1. 문화관광자에 대한 시각

문화관광 및 문화관광자에 대한 사회적 시선은 긍정론과 부정론으로 구분될 수 있다. 문화관광을 긍정적으로 보는 입장은 문화관광이 일반적인 대중관광과 구별되는 수준높은 관광이라고 평가하지만, 부정적인 입장에서는 문화관광 또한 일반 관광과 다를 바 없는 새로운 유형의 관광소비일 뿐이라고 평가한다. 문화관광에 대한 이러한 평가는 관광과 관광자에 대한 시각과 연관된다. 또한 관광이 문화와 언제나 밀접한 연관관계를 가지고 있기 때문이기도 한다.

관광자에 대한 시각은 크게 긍정론과 부정론으로 구분된다. 관광자에 대한 부정적인 시각은 미국의 역사학자이자 비평가인 대니얼 부어스틴(Boorstin, 1962)이 대표적이다. 그는 오늘날의 관광자들이 진짜를 경험하지 못한 채 가짜 사건(pseudo-event), 가짜 이벤트만 보고 속아 넘어가는 바보(nitwit)라고 주장한다. 대표적인 예가 여행사의 패키지관광을 선호하는 대중관광자라 할 수 있다. 그는 미국의 관광자가 실제(reality)는 경험하지 못한 채 환상과 가짜 이벤트를 경험하고 즐기며 진실성과는 동떨어진 가짜 매력물에 속어 넘어간다고 비판한다. 그는 관광자를 '경박스러운 속물'로 매우 혹평하는데 반해 여행자에 대해서는 '진정성을 찾아다니는 현대의 순례자'로 매우 긍정적이고 우호적으로 평가한다. 그래서 그는 "나는 여행자고 너는 관광자다"라는 말로 이를 압축한다.

관광자에 대한 긍정적인 시각은 미국의 사회학자인 맥카넬(MacCannell)과 인류학자인 그래번(Graburn)이 대표적이다. 그래번(Graburn, 1977)은 관광을 '신성한 여정'(sacred journey)이라고 보았고, 맥카넬(MacCannell, 1976)은 관광자를 '현대의 순례자'(a pilgrim of the modern age)라고 긍정적으로 평가하였다. 특히 부어스틴과 달리 맥카넬은 관광자는 기본적으로 진지하게 진정성을 추구하는 자라고 해석한다. 물론 맥카넬도 관광자가 관광경험의 진정성(authenticity)을 성취하는 경우는 드물다고 보는데, 그것은 관광자 자신 때문이 아니라 관광자가 관광지에서 기존 관광환경에 의해 만들어진 관광공간 혹은 '무대화된 진정성'에 갇혀 있기 때문이라고 본다. 관광자 자신도 어찌할 수 없이 만들어진(manipulated) 관광환경 때문이라는 것이다.

맥카넬은 관광자가 일상생활로부터 탈피하여, 여행대상지의 현지 문화 속에서 그 문화권에만 존재하는 고유하고 진정하는 것을 추구하는 여행자라는 것이다. 그 동기가 순수하고 경건하기 때문에 대부분의 관광자는 마치 경건하게 성지를 찾아나서는 순례자와 다를 바 없고, 그러므로 관광은 일종의 현대판 순례와 같은 것으로 주장한다.

관광과 관광자에 대한 이러한 긍정론과 부정론을 절충하려는 노력도 물론 있다. 대표적으로 이스라엘의 여가·관광 사회학자인 코헨(Cohen)을 들 수 있다. 그는 관광자의 동기와 취향이 하나가 아니고 다양하다는 전제하여 관광자를 목적지 지역주민 및 현지사회와의 접촉(상호작용) 정도에 따라 방랑자(the drifter), 탐구자(the explorer), 개별 대량관광자(the individual mass tourists), 조직화된 대량관광자(the organized mass tourists) 등으로 구분하고 있다. 코헨의 이러한 구분은 관광자가 단일한 집단이 아니라는 점을 보여줌으로써 관광과 관광자에 대한 긍정적인 입장과 부정적인 입장을 절충하려는 시도라 할 수 있다.

문화관광자 또한 마찬가지라 하겠다. 문화관광 또한 관광의 일부이고, 문화관광자 또한 관광자이기 때문에 관광과 관광자에 대한 시각이 그대로 적용될 수 있다. 문화관광을 긍정적으로 평가하는 학자는 리차드(Richard, 1996), 맥커처(2002) 등을 들 수 있다.

2. 문화관광자의 유형

관광자가 한 집단이 아니라 다양하고, 관광이 한 유형이 아니라 다양한 유형이 있어, 관광이나 관광자를 단도직입적으로 '좋다' 혹은 '나쁘다'는 식으로 단정할 수 없다. 문화관광자의 경우도 마찬가지라고 할 수 있다. 앞에서 살펴본 바와 같이, 문화관광이라는 개념은 광범위하고 막연하다. 보통은 문화관광은 문화적 동기에 따른 관광을 의미한다. 문화관광을 광의의 개념으로 이해하는 것이다. 구체적으로는 주된 방문목적이나 현지에서의 문화경험의 강도에 따라 문화관광 여부를 판단하고 분류하는 것이다.

맥커처(McKercher, 2002)는 방문동기와 문화체험의 강도에 따라 문화관광자를 다섯 가지 유형으로 분류하고 있다. 의도적 문화관광자, 우발적 문화관광자, 피상적 문화관광자, 일시적 문화관광자, 우연적 문화관광자가 그것이다(〈그림 1-3〉 참조). 방문지 결정에서 문화관광의 중요성이 크고 문화체험의 강도가 높은 관광자가 문화관광자이고, 이와 달리 방문동기에 있어서 문화관광의 중요성이 낮고 문화체험의 정도가 낮은 관광자는 우연적인 문화관광자에 해당된다.

- 의도적 문화관광자: 여행의 주된 목적이 문화의 이해에 있으며 문화경험의 강도가 깊은 여행자
- 우발적 문화관광자: 여행의 목적이 본래 문화관광 목적의 여행이 아니었으나 문화를 깊이 경험한 여행자
- 피상적 문화관광자: 여행의 주된 목적은 문화였으나 얕은 수준의 오락중심의 문화를 경험한 여행자

자료 : 김사헌 · 박세종, 2013, p. 248.

〈그림 1-3〉 McKercher의 문화관광자 유형

- 일시적 문화관광자: 여행의 목적이 문화를 감상할 목적이었으나 문화를 얕게만 경험한 여행자
- 우연적 문화관광자: 여행의 주된 목적이 문화를 감상할 목적이 아니었으나 현지에서 얕은 수준의 문화를 경험한 여행자

|4절| 문화관광의 주요 쟁점

1. 포스트모더니즘과 관광

포스트모더니즘(Post-modernism, 탈근대성)은 중세 이후 서구 문명의 철학적 기반이 되어 온 모더니즘(Modernism, 근대성)에 대한 반동으로 요약할 수 있으며, 20세기 후반 등장한 사회 각 분야의 변화의 방향을 포괄하는 개념이다. 포스트모더니즘에 대한 합의된 정의는 없지만 모더니즘의 핵심가치인 합리성, 과학적 사고, 보편성, 객관성, 효율성 등에 대한 회의적 시각에서 태동한 포스트모더니즘은 다양성, 다원성, 불확실성, 우연성, 해체 등의 가치를 중심으로 논의가 지속되고 있다. 지금까지의 인류의 근대화 과정이 인간의 이성에 대한 신뢰를 바탕으로 보편타당한 정답을 찾는 것을 추구해 왔다면, 포스트모더니즘은 개인의 서로 다른 특수성에 따른 무수한 다양성을 강조하고 있다(Baudrillard, 1983; Eco, 1986; Urry, 1990). 포스트모더니즘에 대한 관심은 철학, 문학, 예술 등의 분야에서 시작되어 정치, 건축, 경영 등의 분야를 거쳐 관광 분야에도 포스트모던관광(Post-modern tourism)이라는 관점으로 여러 주제를 포함해 논의가 확대되고 있다(Munt, 1994; Uriely, 1997). 포스트모던 관광의 맥락에서 논의되고 있는 주제는 광범위하지만 여러 주제를 관통하는 큰 흐름 다음의 세 가지로 요약될 수 있다.

첫째, 포스트모던 시대에는 관광과 일상의 구분이 모호해진다. 전통적으로 관광학에서 관광과 일상(everyday life)은 대응되는 개념으로 이해되어 왔다. 즉 평범한(ordinary) 일과로 특징지어지는 일상과는 달리 관광은 특별한(extraordinary) 시·공간으로 떠나는 현상으로 인식되었다. 그러나 경제 발전, 교통의 발달, 여가시간 증대 등으로 인해 관광 참여가 급격히 증가하면서 관광은 더 이상 특별한 것이 아닌 누구나 참여하는 일상의 일부로 인식되기 시작했다(Uriely, 2005). 더욱이 매스미디어와 가상현실 등 ICT의 발달로 인해 일상으로부터의 물리적 이격은 더 이상 관광의 필수조건이 아니며 개인들은 여행을 떠나지 않고도 일상 속에서 다양한 방식으로 관광에 참여할 수 있게 되었다. Lash & Urry(1994)는 특별함과 물리적 여행 등 전통적 관광의 기본적 속성을 잃어버린 포스트모던 관광의 특징을 '관광의 종말(The End of Tourism)'로 묘사하고 있다.

둘째, 포스트모던 시대에는 관광의 영역이 넓어진다. 전통적인 관광산업에서 관광자들이 찾는 관광 대상은 주로 자연경관, 역사유적, 문화유산 등에 주로 집중되었으나 관광 참여가 늘어나면서 관광 대상의 범위가 소도시, 골목, 마을, 숨은 맛집 등 관광목적지의 모든 요소로 확장되고 있다. 또한 사회 각 분야 간 상호연계성이 강화되는 포스트모던 사회의 특징상 관광산업 역시 기존의 여행업, 숙박업, 외식업 등의 전통적 분야뿐만 아니라 교육, IT, 의료 등 다양한 분야와의 융복합이 늘어나고 있다. 동시에 관광자 역시 위락적 목적 뿐만 아니라 비즈니스, 교육, 쇼핑 등 다목적으로 관광에 참여하고 있어 전통적인 관광자를 정의가 무의미해지고 있다(Ryan, 2002). 즉 관광을 기존의 틀로 설명하는 것이 점차 어려워지고 있으며 영역의 확장은 더욱 가속화될 것으로 보인다. Munt(1994)는 '모든 것이 관광(everything is tourism)'이라는 표현을 통해 영역의 한정이 무의미한 포스트모던 관광의 특징을 묘사하고 있다.

셋째, 포스트모던 시대에는 관광의 대상보다는 관광자에 대한 이해가 중요하다. 다른 산업 분야에서도 공급자적 측면에서 소비자적 측면으로의 변화가 일어나고 있는 것과 같은 맥락으로 포스트모던 관광에서는 관광자의 중요성이 강조되고 있다(Wearing & Wearing, 2001; Wickens, 2002). 패키지 형태의 단체관광으로 대표되는 전통적인 관광에서는 관광산업에 의해 제공되는 관광의 대상을 어떻게 매력적으로 공급할 것인지가 초점이었다면 포스트모던 관광에서는 같은 관광 대상에 각자의 배경, 동기, 욕구, 기대를 바탕으로 서로 다른 의미를 부여하는 관광자들의 의미만들기(signification) 과정을 이해하는 것이 필요하다. 즉 모든 관광자를 만족시킬 수 있는 보편성(universality)에 대한 집착에서 벗어나 저마다의 맥락을 고려한 포스트모던 관광자의 개별 관광경험에 대한 상대적 해석에 대한 노력이 필요하다.

2. 글로벌라이제이션과 관광

20세기 후반 급속도로 진행된 교통과 통신의 발달이 고도화된 자본주의와 시너지 효과를 일으키면서 상품, 자원, 자본, 노동력, 지식, 문화 등 모든 요소들이 국경을 넘어 교류되는 소위 글로벌라이제이션(Globalization, 세계화)이 전 세계에 걸쳐 확산되고 있다. 경제적 측면에서는, 세계무역기구(WTO) 체제의 안착과 자유무역협정(FTA)의 확대로 인해 전 세계가 하나의 시장으로 재편되면서 자원의 활용에 있어 효율성이 극대화되는 결과를 가져온 반면, 선진국과 후진국의 차이를 더욱 고착화시킨다는 비판도 제기되고 있다. 문화적 측면으로는, 전 세계를 대상으로 상품과 서비스를 판매하는 다국적 기업으로 인해 세계 어디에서도 유사한 패션, 전자제품, 음식, 음악, 영화 등을 즐길 수 있게 되었으며 커뮤니케이션 기술의 발달로 실시간으로 국경을 넘은 문화적 교류가 이루어지고 있다. 이 가운데 관광 분야는 국가 간의 인구와 문화의 교류를 촉진하는 역할을 통해 글로벌라이제이션 확산의 한 축을 담당하고 있는 동시에 급격한 글로벌라이제이션이 가져오는 관광목적지의 지역 정체성 변화에 대한 우려도 지속되고 있다. 관광 분야에 글로벌라이제이션에 대한 지금까지의 논의는 다음의 두 가지 서로 다른 관점으로 요약될 수 있다.

첫 번째 관점은 글로벌라이제이션으로 인해 관광목적지의 진정성이 상실되고 있다는 것이다(Bauman 1998; Featherston, 1991). 각 국가나 지역은 저마다의 지리적, 자연환경적 맥락 속에서 특수한 역사적 전통을 통해 형성해 온 독특한 정체성을 형성해 왔으며 이러한 진정성이 관광자에게 매력으로 인식되어 관광목적지로 자리매김해 왔다. 그러나 글로벌라이제이션의 확산은 전 세계가 건축, 경관 등 물리적 측면부터 음식, 패션, 언어 등 문화적 측면에 이르기까지 유사성이 높아지는 결과를 가져오고 있다. 특히 서구의 선진국을 중심으로 진행되는 글로벌라이제이션은 저개발국가의 문화를 침탈하는 문화적 제국주의로 인식되기도 하며, 수익의 극대화를 추구하는 다국적 기업이 글로벌라이제이션의 첨병으로 활약하면서 전 세계적인 표준화가 일어나고 있다. 이 과정에서 각 관광목적지가 지닌 지리적 위치는 의미를 잃고 고유한 정체성이 희미해지는 소위 장소상실(placelessness)로 까지 이어지게 된다(Relph, 1976). 즉 글로벌라이제이션으로 인한 진정성의 상실은 일상과 관광목적지 간의 차이(difference)에 근원을 둔 관광이라는 현상이 직면한 근본적인 도전으로 인식되고 있다. 따라서 많은 국가들은 향후 더욱 가속화될 관광자의 증가와 서구 자본 및 다국적 기업의 공격적 확장으로부터 독특한 지역정체성을 보전하기 위한 노력을 지속하고 있다.

두 번째 관점은 글로벌라이제이션은 자연스러운 인류의 진보 과정으로 이 과정을 통해 관광목적지는 새로운 정체성을 얻게 된다는 것이다(Tomlinson, 1999; Wang, 2007). 현대 사회를 살고 있는 현대인에게 글로벌라이제이션은 이미 특별한 변화라기보다는 삶의 일부이며 지역의 전통과 글로벌라이제이션의 만남 역시 불가피한 일상적 과정으로 인식되고 있다. 즉 글로벌라이제이션을 표준화로 단순화시키는 것은 지나친 비약이며 각 관광목적지는 글로벌라이제이션으로부터 일방적으로 변화를 강요받는 수동적인 희생양이라기보다는 글로벌 환경에서 일어나는 다양한 변화들을 능동적으로 취사선택해 긍정적 방향으로 이끌어 낼 수 있는 주체로서 이해될 수 있다. 오히려 글로벌라이제이션이 가져오는 표준화의 과정은 닫힌 경쟁이 아닌 열린 경쟁을 통해 지역이 관광목적지로서 지닌 고유한 정체성이 무엇인지를 깨닫고 글로벌 환경 속에서 재창조할 수 있는 계기가 될 수 있다. 즉 이 관점에서 지역의 정체성이라는 것은 결코 절대적으로 고정된 것일 수 없으며 상대적이고 맥락적인 것으로 해석되어야 하며 글로벌라이제이션 역시 현 시점의 지역 정체성을 구성하는 하나의 요소로 이해될 수 있다(Prtchard & Morgan, 2000; Roudometof, 2005). 혼종(hybridity), 글로컬라이제이션(glocalization) 등으로도 개념화되는 이 과정은 글로벌라이제이션이 일상화된 현대관광에서 관광목적지가 어떤 부분에서 변화에 개방적이어야 하며 어떤 부분을 끝까지 보전해야 하는가에 대한 건설적 논의로 발전되어야 할 것이다.

3. 도시화와 관광

20세기 초반까지 전 세계의 인구 가운데 도시에 거주하고 있는 인구는 15% 수준에 머물렀으나 한 세기 동안 진행된 급속한 도시화로 인해 도시 거주 인구 비율은 2007년 처음 50%를 넘어섰고 2018년 현재 54%, 2050년엔 68%까지 이를 것으로 예상되고 있다(United Nations Population Fund, 2018). 인류가 처음 겪어보는 빠른 도시화는 인류의 삶에 많은 영역에 영향을 미치고 있으며 관광 분야에도 근본적인 변화를 가져오고 있다. 일부 대도시가 관광산업에서 중요한 관광목적지로서 역할을 해오고 있는 것도 사실이나, 일반적으로 관광학에서 도시지역은 주거, 업무, 상업 등 '일상'의 영역으로서 비도시지역에 위치한 관광목적지(destination)와 대비되는 출발지(origin)으로 인식되어 왔다(Law, 1992). 그러나 빠른 도시화와 관광 참여의 증가가 동시에 일어나면서 도시지역은 관광시스템 상에서 관광목적지로서의 역할이 점차 강화되고 있다. 많은 인구와 다양한 기능으로 인한 불균질한(heterogeneous) 공간이자 국가 및 지역의 중심지(hub)로서 지속적인 교류와 변화가 일어나는 도시가 갖는 관광목적지로서의 특징은 기존의 전통적 관광이론으로 충분히 설명되지 못할 수 있다(Pearce, 2001). 도시화 속에서 관광 분야가 직면하고 있는 이슈들은 다음의 두 가지로 크게 요약될 수 있다.

첫째, 도시에서 관광의 범위와 관련된 이슈이다. 도시를 방문하는 사람들은 위락적 목적뿐만 아니라 비즈니스, 교육, 상업, 의료 등 다양하며 이들이 찾는 관광지의 유형 역시 역사자원이나 자연자원뿐만 아니라 마을, 골목, 거리, 맛집 등 매우 광범위하다. 즉 다양한 목적의 관광자와 다채로운 관광지의 무수한 조합을 고려하였을 때 도시 내에서 관광 분야와 직·간접적으로 관련성을 갖지 않는 분야는 없다고 말할 수 있을 정도로 관광의 범위가 광범위해졌다. 또한 도시의 특성상 도시민의 여가공간과 관광자의 관광공간의 구분이 모호하여 도시민의 도시 내 여가활동을 관광의 관점에서 함께 고려해야 하는 상황이 되었다(Ashworth & Page, 2011; Edwards et al., 2008; Pearce, 2001). 다시 말해 관광이라는 현상이 이루어지는 공간적 배경이 도시로 변하면서 관광개발, 관광정책, 관광경영의 과정에서 비도시 지역에서 이루어지던 전통적인 관광에 비해 고려해야 할 요소가 크게 늘어난 것이다. 대부분의 도시에서 관광산업이 가장 우선순위가 되지는 않더라도 관광자의 방문이 일상화된 현대 도시에서 관광의 기능은 도시 내 모든 시스템과 산업분야에서 상시 고려해야 할 중요한 요소로 자리매김하게 되었다.

둘째, 관광자가 경험하고자하는 도시의 매력과 관련된 이슈이다. 전통적의 관광학의 관점에서 관광자는 방문한 지역의 고유한 자연과 문화를 경험하고자 하는 존재로 이해되어 왔다. 그러나 현대사회에서 도시는 다양한 인구와 기능이 밀집한 공간으로서 한 도시를 특정 정체성으로 설명하는 것은 사실상 불가능하다. 동시에 도시는 정치적, 경제적, 사회문회적 중심지로서 지식과 정보가 끊임없이 소통되고 새로운 트렌드가 발생하는 곳으로 정체성의 지속적인 변화가 일어나게 된다(Beedie, 2008; Metro-Roland, 2011). 이러한 무한한 다양성과 끊임없는 변화는 도시를 박제된 공간이 아닌 살아있는 유기체로 만들고 있으며 관광자들은 연출되지 않는 도시의 살아있는 일상을 매력적으로 인식하게 된다(심창섭·칼라산토스, 2012). 물론 도시 내에 위치한 역사자원, 자연자원도 도시의 매력을 구성하는 요소임에는 틀림없지만 도시민의 표정과 옷차림부터 길거리의 간판, 들리는 음악까지 도시 내에서 관광자가 인지하거나 느낄 수 있는 유·무형의 모든 요소들이 관광자들이 도시를 방문하는 매력이 된다. 요컨대, 잘 보전된 지역의 진정성을 관광자를 위해 잘 준비해 제공하고자 하는 관광개발의 전통적인 방식이 도시공간이 중요한 비중을 차지하고 과도한 개입을 지양하는 현대관광에서 유효한 방식인지에 대한 고민이 지속되고 있다.

1. 관광학에서 문화관광이 별도의 분야로 존재할 필요성에 대해 토론해보자.

2. 문화관광의 영역에서 향후 중요성이 높아질 주제는 무엇인지 토론해보자.

3. 관광에서 문화의 상품화의 긍정적인 측면과 부정적인 측면을 토론해보자.

4. 관광에 대한 심리학적, 경제학적 접근의 한계에 대해 토론해보자.

5. 포스트모던 관광의 특징을 잘 반영한 관광현상의 사례를 찾아보자.

6. 글로벌라이제이션이 진행되면서 관광산업이 발달할지 쇠퇴할지 토론해보자.

7. 관광목적지로서 도시가 점점 더 관심을 받고 있는 이유가 무엇인지 토론해보자.

더 읽어볼 자료

1. Cohen, E. (2004). *Contemporary tourism: diversity and change*. Amsterdam, Elsevier.

   잘 알려진 문화관광연구자인 에릭 코헨의 주요 논문들을 모아 놓은 단행본으로서 현대관광의 변화의 흐름 속에서 사회과학의 측면에서 관광현상에 접근함. 핵심적 이론 및 흥미로운 사례연구를 통해 진정성, 글로벌라이제이션, 포스트모더니즘 등 문화관광의 주요 이슈를 종합하였음

2. 김사헌 · 박세종(2013), 『관광사회문화론』, 서울: 백산출판사.

   국제관광에서 발생하는 문화 간의 교류를 설명하는 이론을 소개하는데 집중한 교재용 단행본으로서 고유성, 리미날리티, 관광자의 시선 등 주요 개념을 소개하고 국제관광이 어떤 역학구조를 갖고 있으며 다양한 주체들이 어떤 상호작용을 하는지를 설명하였음

3. Wang, N. (2000). *Tourism & Modernity: a sociological analysis Pergamon* (이진형 역, 『관광과 근대성: 사회학적 분석』, 서울: 일신사).

   관광을 거시적 사회구조의 변동과 연결시켜 접근하였으며 근대성, 진정성, 유혹, 이미지, 담론, 기호가치 등의 개념을 통해 관광에 대한 심리적, 경제학적 접근의 한계를 비판하고 사회학적 접근을 시도함

참고문헌

김문겸(1993). 『여가의 사회학: 한국의 레저문화』. 서울: 한울아카데미.

김병용·조광익(2019). 『관광학원론』. 서울: 한올출판사.

김사헌·박세종(2013). 『관광사회문화론』. 서울: 백산출판사.

심창섭·칼라산토스(2012). 도시관광에서 진정성 개념에 관한 탐색적 고찰. 『관광연구논총』, 24(3): 33-56.

오상훈(2005). 『관광과 문화의 이해』. 서울: 형설출판사.

전경수(1987). 『관광과 문화: 관광인류학의 이론과 실제』. 서울: 까치.

조광익(2006). 『현대관광과 문화이론』. 서울: 일신사.

조광익(2010). 『여가의 사회이론』. 서울: 대왕사.

Ashworth, G., & Page, S. (2011). Urban tourism research: Recent progress and current paradoxes. *Tourism Management, 32*, 1-15.

Baudrillard, J. (1983). *Simulations*. New York: Semiotext.

Bauman, Z. (1998). *Globalization: The human consequences*, Oxford: Polity Press.

Beedie, P. (2005). The adventure of urban tourism. *Journal of Travel & Tourism Marketing*, 18(3), 37-48.

Boorstin, D. (1962). *The Image: A Guide to Pseudo-Events in America*, New York: Atheneum. (정태철 역(2004). 『이미지와 환상』. 서울: 사계절.)

Bourdieu, P. (1984). *Distinction: A Social Critique of the Judgement of Taste*,(Richard Nice trans.) Cambridge: Harvard University Press. (최종철 역(1995/1996). 『구별짓기』. 서울: 새물결.)

Cohen, E. (1979). Rethinking the Sociology of Tourism, *Annals of Tourism Research*, 6(1), 18-35.

Eco, U. (1986). *Travels in Hyperreality*. London: Picador

Edwards, D., Griffin, T., & Hayllar, B. (2008). Urban tourism research: Developing an agenda. *Annals of Tourism Research*, 35(4), 1032-1052.

Featherstone, M. (1991). *Consumer Culture and Postmodernism*. London: Sage. (정숙경 역(1999). 『포스트모더니즘과 소비문화』. 서울: 현대미학사.)

Graburn, N. H. H. (1977). Tourism: The Sacred Journey, In *Host and Guest: The Anthropology of Tourism*. (Valene Smith, ed.). pp. 17-31. Philadelphia: Univ. of Pennsylvania Press.

Hofstede, G. (1991). *Cultures and Organizations: Software of the Mind*. London: McGraw Hills. (차재호·나은영 역(1995). 『세계의 문화와 조직』. 서울: 학지사.)

Lash, S., & Urry, J. (1994). *Economies of Signs and Space*. London: Sage.

Law, C. M. (1992). Urban tourism and its contribution to economic regeration. *Urban Studies*, 29 (3/4), 599-618.

MacCannell, D. (1976). *The Tourist: A New Theory of the Leisure Class*. Shocken Books. (오상훈 역(1994). 『관광객』. 서울: 일신사.)

MacCannell, D. (1999). T*he Tourist: A New Theory of the Leisure Class* (2nd edition). Berkeley: Univ. of California Press.

Munt, I. (1994). The 'Other' postmodern tourism: culture, travel and the new middle classes. Theory, Culture & Society, 11(3), 101-123.

Pearce, D. G. (2001). An integrative framework for urban tourism research. *Annals of Tourism Research*, 28(4), 926-946.

Pritchard, A., & Morgan, N. J. (2000). Constructing tourism landscape: Gender, sexuality and space. *Tourism Geographies*, 2(2), 115-139.

Richard, G. (1996). Production and Consumption of European Cultural Tourism, *Annals of Tourism Research*, 23(2): 261-283.

Rojek, C. (1985). *Capitalism and Leisure Theory*. New York: Tavistock. (김문겸 역 (2000). 『자본주의와 여가이론』. 서울: 일신사.)

Ryan, C. (2002). *The Tourist Experience*. London: Continuum.

Roudometof, W. (2005). Transnationalism, cosmopolitanism and glocalization. *Current Sociology*, 53(1), 113-135.

Storey, J. (1993). *An Introductory Guide to Culture Theory and Popular Culture*. Athens: University of Georgia Press. (박모 역(1994). 『문화연구와 문화이론』. 서울: 현실문화연구.)

Tomlinson, J. (1999). *Globalization and Culture*. Chicago, IL: University of Chicago Press.

United Nations Population Fund (2018). *The State of World Population 2017*. New York: United Nations Population Fund.

Uriely, N. (1997). Theories of modern and postmodern tourism. *Annals of Tourism Research*, 24(4), 982-985.

Wang, Y. (2007). Globalization enhances cultural identity. *Intercultural Communication Studies*, 16(1), 83.

Wearing, S., & Wearing, B. (2001). Conceptualizing the selves of tourism. *Leisure Studies*, 20, 143-159.

Wickens, E. (2002). The sacred and the profane: A tourist typology. *Annals of Tourism Research*, 29(3), 834-851.

Williams, R. (1983). *Keywords*. London: Fontana.

2장 _ 문화자본과 관광의 취향 판단

조 광 익 (대구가톨릭대학교 교수)

2장 _ 문화자본과 관광의 취향 판단

조 광 익 (대구가톨릭대학교 교수)

Highlights

1. 부르디외의 문화자본 이론과 관련된 주요 개념을 이해한다.
2. 문화자본의 개념 및 특징을 이해한다.
3. 관광 여행의 취향 판단에 영향을 미치는 아비투스와 문화자본의 관련성을 이해한다.
4. 관광자의 취향 판단에 있어 문화자본의 중요성을 이해한다.
5. 관광 여행의 장에서 구별짓기와 상징권력의 관련성을 이해한다.

|1절| 개관

문화관광을 포함한 관광 여행은 개인의 취향 판단과 관련된다. 패키지 관광보다는 자유여행을 좋아하고, 해양 레저 스포츠 활동이 중심인 보라카이 해변보다는 미술관, 박물관을 관람할 수 있는 뉴욕을 더 좋아할 수 있다. '왔노라, 보았노라, 찍었노라'로 대표되는, 여행인지 고행인지 구분되지 않는 빽빽한 일정의 여행보다 느긋하게 먹고 쉴 수 있는 휴양지를 좋아하는 여행자가 있을 것이고, 이른 아침부터 늦은 저녁까지 강행군을 좋아하는 여행자도 있을 것이다. 문화관광보다 자연관광을 선호하는 사람도 있을 것이고, 도시관광 대신 오지탐험 여행을 좋아하는 사람도 있을 것이다. 또 과거와 달리 테마여행이나 체험여행을 좋아하는 사람도 많이 증가하고 있다. 이처럼 관광 여행은 개인의 사적인 취향과 관련될 뿐 아니라, 자신의 정체성과도 연관되는 문제이다. 사실, 내가 이러저러한 스타일이나 선호를 가지고 있다는 것은 나를 구성/표현하는 중요한 일부이고, 지극히 사적이고 개인적이며 자연스러운 것이라고 생각한다. 나의 선호나 취향은 자연스럽게 만들어진 것으로 생각되며, 이는 나를 나답게 만들어주는 것이다. 관광 여행 등 개인의 취향이 고정불변의 것도 아니다. 하지만, 이러한 개인의 취향은 어떻게 만들어지는가? 나의 취향 판단은 그저 자연스러운 것에 불과한 것일까?

어떠한 관광 여행을 선호하는가 하는 문제는 어떠한 영화나 음악을 좋아하는지, 어떠한 스타일의 음식이나 책을 좋아하는지 하는 것과 무관하지 않다. 그것은 전적으로 개인적인 것이라기보다 사회적 관계가 반영된 '실천감각'이 깃들어 있다. 나아가 관광이나 영화, 음악, 음식, 독서의 스타일이나 장르를 넘어 그것 자체를 선호하느냐 여부 또한 일정한 사회적 관계가 반영되어 있다. 이처럼 관광이나 여행, 여가, 소비활동의 집단 상동성이 있다는 것은 취향 판단의 자연성, 개인성이라는 관점에서는 매우 이상하게 보이겠지만, 이는 사실 사회적 관계나 문화와 밀접한 관련이 있다.

문화 취향과 사회계급의 관련성을 강조한 최초의 학자는 부르디외(Pierre Bourdieu, 1930-2002)이다. 부르디외는 개인의 자연스러운 기호나 선호로 간주되어 온 취향이 실은 사회계급과 '아비투스'의 산물임을 보여주었다. 예컨대, 영화를 보는 것과 미술관에 가는 것, 야구경기를 관람하는 것과 같은 여가활동이나 문화활동 선호에 있어서의 차이는 지극히 개인적이고 우연적이라고 생각하기 쉽지만, 개인적이고 우연적인 것이 아니라 사회구조적인 것이다. 그것은 예술이나 문화에 대한 해석 가능성은 사회 안의 계급적 위치에 따라 길들여져 강요된 것이기 때문이라는 것이 부르디외의 설명이다(홍성민, 2012).

나아가 부르디외는 사람들의 일상적이고 개인적인 선호로 생각되는 문화활동, 여가활동, 소비활동에서의 일정한 취향이 사회계급을 유지시키고, 사람들로 하여금 자신의 계급적 정체성을 인정하게 만드는 사회적 기제가 된다고 생각하였다(홍성민, 2012, p. 23). 그는 문화 취향의 형성 및 계급의 사회적 재생산에 있어 경제자본 이외에도 문화자본의 중요성을 강조함으로써 문화의 의미를 새롭게 하였다. 부르디외의 문화자본 이론은 프랑스를 넘어 유럽과 미국, 아시아 등 전 세계적으로 광범위하게 확산되었다. 이 과정에서 그의 이론은 지지되고 수용되는 한편으로 비판되고 수정되었다. 문화자본 이론의 현실 설명력에 대한 문제는 여전히 진행중이다. 이 장에서는 부르디외의 이론을 살펴보고, 부르디외의 문화자본 이론이 관광 여행의 장에서 어떻게 이해되고 해석·적용될 수 있는지 살펴본다. 이 장의 목적은 부르디외의 이론에 입각하여 관광 여행의 장에 고유한 실천의 논리를 이해하는 것이다.

| 2절 | 문화자본과 구별짓기[1]

1. 아비투스와 계급

부르디외는 인간 행위의 의식적·무의식적인 실천 논리로서 '아비투스'(habitus)라는 개념을 제시한다. 아비투스는 '특정한 사회적 환경에 의해 획득되어진 개인의 성향, 사고, 인지, 판단과 행동의 체계'를 의미한다. 개인의 성향과 행동의 체계로서 아비투스는 개인의 행위에 영향을 미친다. 아비투스는 개인의 행동과 경향을 엄격하게 결정하지 않으면서도 일정한 방향으로 인도한다. 아비투스는 개인에게 일상생활에서 어떻게 행동하고 반응할 것인가에 대한 '실천감각'을 제공한다. 개인의 행위가 구체

---

1) 이 절은 拙稿(2006b 및 2012)의 일부 내용을 수정·보완한 것임.

적인 맥락과 사회적 틀 속에서 이루어지기 때문에, 특정한 행위, 특정한 실천과 지각이 아비투스 자체의 산물인 것은 아니며, 개인이 활동하는 장과 아비투스 사이의 관계의 산물로 해석되어야 한다. 아비투스는 개인의 사회화 과정 속에서 형성된다. 사회화 과정이 곧 아비투스의 형성과정이다. 사회화 과정을 거치는 동안에 개인이 획득하는 영구적인 성향체계인 아비투스는 개인의 사회적 여정(궤적)의 산물이자, 사회구조에서 개인이 차지하는 위치에 의해 만들어진다(부르디외, 2014; 보네위츠, 2000; 홍성민, 2000; 양은경, 2002, p. 249).

부르디외는 주관과 객관, 자유와 필연, 행동과 이론 등과 같은 이분법을 통합하려고 한다. 그에 따르면, 인간의 행위는 사회구조의 영향을 받지만, 그렇다고 인간의 행위가 전적으로 구조와 환경에 의해서만 결정되는 것이 아니다. 또 인간의 행위가 전적으로 자유의지의 산물인 것도 아니다. 자유의지와 사회구조의 매개와 길항 속에 인간의 행위가 발생한다는 것이다. 부르디외의 아비투스 개념은 어떻게 구조가 행위자들의 활동들에 의해서 지속적으로 재생산되고, 동시에 그러한 일상적 활동들이 어떻게 구조적 조건들에 의해 제한되는가를 설명하기 위한 개념적 도구이다(양은경, 2002).

인간의 행위에 영향을 미치는 아비투스는 일방향이 아니다. 인간의 행위가 객관적인 사회구조를 내면화하는 아비투스에 의해 표출된 것이므로 아비투스란 외적 구조를 내면화하는 메커니즘이며, 동시에 다양한 사회적 환경 속에서 획득된 여러 다른 성향에 따라 인간의 행위가 달라진다는 점에서, 즉 주관적인 경험에 따라 행위가 달라지게 된다는 점에서 내재성을 외면화하는 메커니즘이기도 하다(홍성민, 2000). 이러한 아비투스 개념은 구조주의적 분석에서 배제되어 왔던 행위주체의 위상을 제고하는 것이 된다. 이처럼 아비투스는 우리가 현실을 지각하고 판단할 수 있게 해주는 해석틀인 동시에, 우리의 실천을 만들어내는 장본인이다. 그것은 일상적인 의미에서 개인의 인성, 즉 성향, 감수성, 행동·반응하는 방식, 태도, 스타일 등을 규정하는 토대가 된다. 개인의 취향 또한 아비투스의 산물이며, 아비투스의 발현이다.

이러한 아비투스는 개인적인 차원을 넘어 계급적인 현상이 된다.[2] 즉 사회집단이나 계급은 개인적인 취향의 이면에, 지각, 사고, 판단체계를 공유하고 있으며, 이러한 계급적 에토스(ethos), 또는 집단적 가치체계 또한 아비투스이다. 아비투스가 개인에게 내면화되어 작용하게 되더라도 개인적인 현상인 것만은 아니며, 가족과 집단, 특히 계급 현상이다. 동일한 계급의 구성원이라고 해서 모두 똑같이 예술과 문화, 여행에 대한 미적인 취향을 공유하는 것은 아니라 하더라도 동일한 계급의 구성원들끼리는 통계적으로 공통의 경험을 공유하게 될 확률은 높아지게 된다. 아비투스는 하나의 통일된 현상으로서, 아비투스의 발현은 계급적 속성과 밀접하게 연결되고 있다. 아비투스는 계급관계에 따라 결정된다(홍성민, 2004, p. 37; Garnham & Williams, 1980; 이기현, 1995). 부르디외의 계급 정의는 아비투스에 기반하고 있으며(Garnham & Williams, 1980), 개인은 계급 아비투스의 한 변형에 불과하다. 이처럼 아비투스가 "개인적이지만 동시에 집단적으로 공유되기도 하는 취향과 성향"(장미혜, 2002a, p. 104)이라는 점에서 취향은 아비투스가 된다.

2. 문화자본과 취향 판단

개인의 취향 판단이 자연적인 것, 자연스러운 것으로 생각되지만, 부르디외에 따르면 아비투스의 산물이다. 취향 판단은 개인적이라기보다 사

---

[2] 부르디외의 계급 개념은 마르크스와 다르다. 마르크스는 계급을 생산수단의 소유여부에 따라 구분하지만, 부르디외는 계급을 '사회공간에서 비슷한 위치를 차지하며, 소유한 자본의 형태와 양, 성공의 기회, 성향 등이 비슷한 행위자들의 집합'으로 정의한다. 그는 계급을 '이론적 구성물'로 간주하며, 이론적 계급은 실제의 사회집단과 다르다고 주장한다. 그는 마르크스의 계급 분석이 이론적 계급을 실제의 사회집단과 혼동하였다고 비판한다. 나아가 마르크스의 분석이 사회를 일차원적 공간으로 상상하고, 이 일차원적 공간에서 현상과 과정들이 직접적으로든 간접적으로든 경제적 생산양식의 전개와 거기서 유래하는 계급의 대립들로 소급된다고 비판한다.

회적인 것이라 할 수 있다. 부르디외(1995)는 취향을 "직접적이고 본능적으로 미적 가치를 판단하는 능력"이자(p. 172), "구분하고 구분된 특정한 대상 전체를 (물질적 또는 상징적으로) 전유할 수 있는 적성이나 능력"으로서 "각각의 상징적 하위공간의 특수한 논리 안에서 동일한 표현적 의도를 드러내는 생활양식의 생성양식, 즉 구별적 기호(嗜好)의 통일적인 체계"로 정의한다(p. 283). 즉 취향은 "개인의 사적인 감정과 주관적인 의지가 적극적으로 개입하고 있는 성향 체계"(홍성민, 2002, p. 23)이며, "개인들의 사회적 존재조건의 차이에 따라 후천적으로 획득된 미학적 성향체계"(양은경, 2002, p. 249)이다.

여기서 중요한 점은 취향 판단이 결코 개인적인 것이거나 혹은 선천적으로 자연스럽게 타고나는 것이거나, 선험적으로 주어지는 것이 아니라는 점이다. 부르디외는 취향이 본질적으로 사회적인 것으로, 계급에 따라 서로 다르게 경험되는 것이며, 따라서 선천적인 것이 아니라 후천적으로 형성된다고 주장한다. 취향은 기본적으로 양육과 교육의 산물, 곧 출신계급과 교육수준의 산물이라는 것이 부르디외의 주장이다. 이러한 취향의 결정에 있어서 문화자본이 중요한 영향을 미친다.

부르디외(1995)는 개인의 취향 판단이 문화자본에 의해서 큰 영향을 받는다고 강조하고, 특히 교육수준과 사회계급에 상응한다고 주장한다. 부르디외는 문화적 취향을 세 가지로 구분한다. 첫째는 정통취향으로서 고급예술에 대한 취향을 말한다. 이러한 취향은 교육자본이 가장 풍부한 지배계급에 가장 흔하다. 둘째는 중간계급의 절충주의적 취향('오도된 승인'과 '문화적 선의')으로, 이것은 격이 낮은 예술작품에 대한 취향으로서 중간계급에 흔하다. 셋째는 민중계급의 대중취향('필요취향')으로서, 대중음악이나 경음악 같은 대중문화를 선호하는데 노동계급에 가장 흔하다. 그리고 지배계급의 취향에서는 과시적 문화취향과 편안함, '사치스럽고 자유분방한 취향'(유미주의적 취향, 자유취향, 사치취향)이 나타나는 반면, 지식인들은 귀족적 금욕주의의 취향을 보여준다고 한다. 또 쁘띠 부르주아들의 경우에는 사회적 상승의지와 엄격한 의지주의나 과시적 절제주의로 대변되는 경우가 보통이고, 민중계급의 경우에는 대체로 필요취향, 필연에 대한 감각과 연관되어 있다. 즉 상층계급의 과시적인 문화취향, 지식인들의 귀족적 금욕주의, 중간계급의 상승취향, 노동계급의 필요취향과 순응 등은 계급들이 처한 상이한 물적 조건들의 내면화의 결과라고 분석한다.

부르디외는 취향 판단이 본질적이고 사회적이고 계급적인 현상이라는 것을 보여주기 위해 '신문·잡지에 대한 취향'을 통해 사회계급과 정치적 장(공간)의 관계를 이론적 도식으로 보여주고 있다. 그는 1970년대 프랑스의 대표적인 일간지 및 잡지 구독에 대한 조사자료를 토대로 사회계급, 정치적 입장, 신문·잡지 구독 사이의 관계를 (사회계급이) 보유한 자본의 양과 구조에 따라 보여주고 있다〈그림 2-1〉. 신문·잡지 구독이 단순한 '재화의 선택'이 아니라 독자들이 '신문·잡지 구독에 특정한 의미를 부여'함으로 인해 취향 판단이 된다. 〈그림 2-1〉은 좌파 성향의, 경제자본은 상대적으로 적으나 문화자본이 풍부한 독자는 〈르 몽드〉와 〈르 누벨옵세르바퇴르〉를 많이 구독하는 반면, 우파 성향의, 문화자본은 상대적으로 작지만 경제자본이 풍부한 독자는 〈르 피가로〉, 〈렉스프레스〉, 〈르 뿌엥〉, 〈로로르〉를 주로 구독함을 보여주고 있다. 또 〈르 피가로〉, 〈렉스프레스〉, 〈르 뿌엥〉, 〈로로르〉, 〈르 몽드〉 같은 신문·잡지는 자본총량이 많은 지배계층이 선호하는 데 비해, 〈르 누벨옵세르바퇴르〉, 〈뤼마니테〉 같은 신문·잡지는 자본총량이 비교적 작은 피지배계층의 독자가 많음을 보여준다.[3]

---

3) 〈그림 2-1〉의 신문·잡지 중 〈르 누벨옵세르바퇴르〉, 〈렉스프레스〉, 〈르 뿌엥〉은 주간지이며 나머지는 일간지이다. 프랑스의 신문·잡지 대신 우리 사회의 주요 일간지인 〈조선일보〉, 〈중앙일보〉, 〈동아일보〉, 〈한겨레〉, 〈경향신문〉, 〈한겨레21〉, 〈주간조선〉 등을 대입해서 생각하면 더 현실감이 있을 것 같다.

자료 : Bourdieu, 1984, p. 452.

〈그림 2-1〉 프랑스의 정치적 공간: 사회계급 및 정치적 성향과 신문·잡지 구독 관계

한편, 〈그림 2-1〉을 통해 부르디외는 경제자본이 상대적으로 풍부한 계급 분파들(중간계급에서의 장인, 소상인, 지배계급에서의 대상인 등)은 신문·잡지의 구독률이 전반적으로 낮은 반면, 문화자본이 상대적으로 풍부한 계급 분파들(중간계급에서의 사무직 노동자, 일반관리자, 초등학교 교사, 지배계급에서는 자유업/전문직(professions), 상급기술자(엔지니어), 상급관리자, 교수 등)은 신문·잡지의 구독률이 전반적으로 높고 전국지, 특히 가장 '정통적인' 신문과 주간지를 많이 구독한다고 분석하고 있다. 또 신문 잡지가 본래 의미에서의 정치적 입장을 구별하는 지표로서의 역할을 하는 것은 중간계급 이상이라는 점을 강조한다. 이처럼 취향 판단은 사회계급에 따라 다르며, 보유한 자본의 총량뿐 아니라 문화자본과 경제자본 등과 같은 보유 자본의 구조에 따라 달라진다.

3. 상징권력과 문화 재생산

부르디외 취향이론의 초점은 부르주아지나 상층계급이 미술, 음악 등 고급문화를 즐긴다는 것이 아니다. 또 그가 밝히고자 했던 것이 계급에 따른 소비패턴이나 전유의 특정 패턴이 아니다. 계급에 따른 소비패턴, 곧 계급적 취향은 사회적 장의 특정 국면에서는 달라질 수 있기 때문이다. 오히려 부르디외는 자본의 양과 구조, 사회계급에 따라 취향 판단이 달라진다는 것, 이러한 취향 판단은 사회계급의 '구별짓기'의 수단이자 상징투쟁이 대상이며, 사회적 재생산이 이루어지는 한 계기라는 점이다. 부르디외에 따르면, 자신을 드러내는 기제, 이른바 '구별짓기'(혹은 '티내기') 전략이 과거 봉건 사회에서는 고정된 신분이나 지위였다면 근대 자본주의 사회에서는 경제적 부, 재산과 같은 경제적 요인으로 변화되었으며, 현대 사회에서는 과거의 정신적, 비물질적 요인들이 노골적이고 직접적인 물질적 대상물로 바뀌게 되었다.

현대 사회에서는 전근대 사회와 달리 사회적 배제나 차별이 신분적인 차이로 드러나지 않는다. 부르디외에 따르면 현대 사회에서는 계급적 취향의 차이가 신분의 차이를 대신하게 된다. 사회적 구성물인 아비투스가 개인의 미적 취향의 차이를 만들어 소비행위와 생활양식에 이에 상응하는 차별성이 생기고, 이러한 계급적 취향의 차이가 현대 사회에서 신분의 차이로 드러난다는 것이 부르디외의 주장이다. 이 점에서 취향은 '사회적 지위의 기호화'이며, 상징권력이 된다(조광익, 2012). 취향 판단 또한 상징권력(혹은 상징폭력)이 되며, 지배관계의 유지에 일조하게 된다. 이제 상징투쟁은 공론의 수준에서만 이루어지고 있는 것이 아니라 일상생활 전반에서 나타난다. 계급적 차이는 일상생활을 통해 넘을 수 없는 벽으로 되고 있다. 이런 의미에서 문화의 장이야말로 계급투쟁의 초점이라는 주장도 제기된다(정일준, 1997).

상징권력이란 사회 행위자의 공모에 의해 행사되는 권력이다. 우리의 자발적인 동의와 공모에 의해 작동된다는 것이다. 우리가 '콤플렉스'로 느끼는 것이 바로 사회가 개인에 대해 행사하는 상징권력이다. 외모, 학력, 재력, 부 등 우리가 일상적으로 느끼는 콤플렉스는 '사회적으로 인정되는 특정한 기준에 대한 미달'이라는 사회적 통념을 우리가 암묵적으로 인정하는 것이다. 상징권력은 사실상 부당한 통념을 우리가 정당하다고 인정하도록 만드는 것이다. 이러한 인식/오인의 절차를 통해서 지배의 논리가 개인에게 전달된다. 이로 인해 개인의 문화 취향도 모두 자연스런 자신의 선택이라고 생각한다. 그러나 문화취향은 계급적 차이에 의해 만들어내며, 이것이 신분적 위계질서를 가능케 하는 지배논리의 단초이다(홍성민, 2012).

사회적 통념에 대한 우리의 승인이 곧 오인이며, 우리의 일상적인 경험인 인식이 오인과 질서의 승인과정이다. 사회 속의 지배상태가 불평등함에도 불구하고 그것이 정당하다고 인정하도록 만드는 것이 상징권력의 효과이다. (이점에서 인정은 '몰이해'와 동전의 양면이다.) 지배상태에 놓인 개인들은 불평등한 권력의 존재 자체를 인식하지 못한 상태에 있게 된다(홍성민, 2000).

상징권력은 사회구성원들이 기존 위계질서의 어떤 양상을 받아들이고, 자신에게 불리한 가치체계를 어느 정도까지는 공유하고 있다는 점을 보여준다. 부르디외는 상징권력이라는 용어를 권력의 특수한 형태보다는 오히려 일상생활에서 흔히 작동하는 수많은 형태의 권력의 양상과 이를 통한 지배를 가리키기 위해 사용한다. 일상생활에서는 권력이 물리적 힘의 공공연한 사용을 통해 행사되는 경우는 드물다. 권력은 차라리 상징적 형태로 변형되어 일종의 정당성을 부여받게 된다. 부르디외는 상징권력이 '비가시적'이고, 그 자체로는 '인식되지 않지만', 그 때문에 정당하다고 '인정되는' 것이라고 강조한다. 인정과 오인은 여기서 중요한 역할을 한다. 이 용어들은 상징적 교환을 통한 권력의 행사가 언제나 공유된 믿음에 기대고 있다는 사실을 강조한다. 다시 말해 상징권력의 효력은 권력의 행사를 가장 적게 이용하는 사람들로 하여금 자신들의 종속에 어느 정도까지 스스로 협력하게 만드는 인식과 믿음을 전제로 한다는 것이다. 그들은 권력의 정당성 내지는 그들이 갇힌 위계적 관계의 정당성을 인정하거나 암묵적으로 받아들인다. 그리하여 그들은 위계가 무엇보다 특정한 집단에 이익이 되는 자의적인 사회적 구성이라는 것을 깨닫지 못한다. 그러므로 상징권력의 본질을 이해하려면 상징권력이 그것에 복속된 사람들의 능동적 공모를 전제로 함을 놓치지 말아야 한다. 상징권력은 그 성공조건으로서 그것에 복종하는 개인들이 권력과 권력을 행사하는 사람들의 정당성을 믿는다는 것을 전제한다(부르디외, 1995).

부르디외는 『구별짓기』에서 계급구조가 (경제자본의 문화자본으로의 전환 등을 포함하여) 문화자본의 축적을 통해서 재생산된다고 주장한다. 문화자본은 높은 지위의 직업과 사회 집단에 대한 접근을 제공할 수 있다. 계급사회의 재생산에 있어 교육시스템은 중요한 역할을 수행하는데,

교육시스템은 그 자체로 상층계급의 에이전트 역할을 한다고 본다. 상층계급 학생들이 교육 시스템이 선호하는 문화자본을 갖게 될 가능성이 더 크기 때문이다(Kane, 2003).

|3절| 문화자본의 개념과 특징[4)]

1. 문화자본의 개념과 유형

문화자본은 프랑스의 사회학자이자 철학자인 부르디외(P. Bourdieu)가 고안한 개념이다. 그는 마르크스와 달리 자본을 경제적인 자본으로 한정하지 않는다. 부르디외(1986)는 현대 사회에서 이윤을 확보할 수 있는 자본의 개념은 다음과 같은 형식으로 확대된다고 주장한다. 경제자본, 문화자본, 사회자본, 상징자본이 그것이다. 경제자본은 마르크스적 의미의 자본으로서, 여러 생산요소들(토지, 공장, 노동력 등)과 각종 재화들(자산, 수입, [물질적 재화] 소유물 등)의 총체로 구성된다. 이 경제자본은 즉시 그리고 직접적으로 화폐로 전환될 수 있는 것으로, 생산수단 이외에도 주식이나 화폐까지 포함하는 넓은 의미의 개념이다. 사회자본은 한 개인이나 집단이 동원하고 활용할 수 있는 사회적인 연줄과 관계망의 총체로 정의된다. 이 자본을 소유한다는 것은 관계를 만들고 관리하는 작업, 즉 초대, 집단적 오락, 클럽에의 가입 등과 같은 '사교성의 노동'이 요구된다.

상징자본은 축적된 위신이나 명예를 가리킨다. 상징자본은 결국 다른 세 형태의 자본의 소유와, 그에 대한 승인이 행위자에게 부여하는 신용과 권위에 불과하다. 즉 상징자본(symbolic capital)은 경제자본, 문화자본, 사회자본 등 세 가지 자본들의 정통적으로 승인된 형식 즉 위신·신망·존

---

4) 이 절은 拙稿(2006b)의 일부 내용을 수정·보완한 것임.

엄·명예·명성 등을 의미한다. 상징자본은 권위와 명예의 재생산에 투입되는 의례(儀禮)와 전략 등을 포함하는 매우 유동적인 성질의 자본을 지칭한다(정일준, 1995). 중요한 점은 경제자본이 상징자본으로 전환되어 표면상 드러나지 않고 은폐되는 경우도 있다는 사실이다. 이러한 경제자본의 전환 및 은폐현상은 문화 소비양식이 다원화된 사회일수록 그 가능성이 높다(정일준, 1995, p. 33).

문화자본은 기본적으로 사회계급에 따른 개인의 불평등한 능력을 설명하기 위해 사용되는 개념으로 계급적 차이에 따른 문화자본의 분배구조와 관련하여 교육시장에서 실현되는 차등적 이익에 근거한다. 문화자본은 가족에 의해 전수되거나 교육체계에 의해 생산된 지적 자격의 총체를 의미한다. 문화자본의 한 축을 구성하는 학력자본은 정규 학교교육을 받은 햇수로 측정되며, 학교교육체계가 문화자본의 획득을 가능케 한다. 그렇지만 학력자본은 학교교육을 통해서만 획득되는 것은 아니고 가족을 통한 문화계승에 의해서도, 즉 학교 이외의 가정에서의 교육이나 가정의 자산을 통한 비학교적인 방식이 복합적으로 얽혀서 형성된 결과이다. 경제적, 사회적, 상징적 자본과 함께 문화자본은 권력의 원천 혹은 집단이 지배력을 유지하거나 지위를 획득하는 방법으로 기능한다.

지적 자격의 총체인 문화자본은 몇 가지 이질적 요소로 구성된 복합적인 실체이다. 부르디외(1986)는 문화자본을 세 가지 유형으로 구분한다. 객관화된 문화자본, 제도화된 문화자본, 체화된 문화자본이 그것이다. 객관화된 문화자본은 미술작품 등과 같이 향유할 수 있는 문화적 능력을 요구하는 물적 대상을 의미한다. 이러한 형태의 문화자본은 물질적 형태의 경제자본과 같이 법적인 소유권을 가질 수 있고, 상속을 통해서 다음 세대로 세습될 수 있다. 제도화된 문화자본은 교육적인 자격이나 자격체계를 의미하는 것으로 학력자본, 획득자본이라고 부르기도 한다. 체화된 문화자본은 문화적 재화를 전유하고 이해하는 성향이다. 체화된 형태의 문화자본은 '신체자본' 내지는 '상속자본'으로 표현되기도 한다. 체화된 상태의 문화자본은 아비투스의 형태로 한 개인에게 통합되어 있기 때문에 다음 세대로 전수될 수 없다.

문화자본과 경제자본과의 가장 큰 차이는 경제자본이 물리적 대상의 형태로 존재하여 개인 간에 이전이 자유로운 반면 문화자본은 지식이나 취향의 형태로 자본의 소유자인 개인과 분리되지 않고 개인에게 체화되어 나타난다는 점이다(장미혜, 2002a). 즉 문화자본의 일차적 형식은 신체와 관련되는데, 이러한 체화과정에는 시간적인 투자와 교육과 같은 장기간에 걸친 경제적 투자가 요구되며, 바로 이 과정이 경제자본이 문화자본으로 전환되는 과정이기도 하다.

부르디외가 제시한 문화자본은 생산수단을 의미하는 마르크스적인 의미의 자본의 개념을 확대시킨 것이고, 그것이 물적 자본에만 국한되지 않는다는 점에서 전통적인 마르크스주의의 틀을 넘어서고 있다. 마르크스적인 자본개념은 생산수단을 의미하는 물질적인 것이었다. 이에 비해 부르디외는 경제자본, 문화자본, 사회자본, 상징자본 등의 물질적 非물질적 자본 개념을 제시하고 있다. 이러한 다양한 유형의 자본을 통해, 실재하는 사회공간 내에서 사회계급은 총자본의 양과 자본의 구성에 따라 서로 상이한 계급, 상이한 계급분파로 구분된다. 이러한 사회계급에 따라 아비투스와 취향은 달라지게 되는 것이다.

2. 문화자본의 특징

경제자본과 구분되는 문화자본의 고유한 특성은 다음과 같다. 첫째, 문화자본은 지속적이다. 경제자본은 어느 한 순간에 상실할 수 있지만, 사회화 과정에서 일단 획득된 문화자본은 개인의 성향으로 아비투스 형태로 획득된 뒤에는 오랜 시간 지속되게 된다. 둘째, 문화자본은 비실체적이다. 경제자본이 생산수단 등 상대적으로 실체가 분명한 물질적인 대상을 지칭하는 개념인데 비해 문화자본은 실체가 분명치 않은 비물질적 대상을 의미한다. 셋째, 문화자본은 은폐된 형태를 띤다. 경제자본이 즉각적으로 계산가능하며 화폐와 교환될 수 있는 것인데 비해서 문화자본은 종종 은폐된 형태로 존재하며 사람들은 문화자본의 존재를 오인할 수 있다. 넷째, 문화자본의 非전유성이다. 경제자본이 타인의 노동력을 착취할 수 있게 해주는 반면, 문화자본의 소유 그 자체는 타인의 노동력을 착취하거나 전유할 수 없다.

|4절| 문화자본과 관광 여행 취향 판단

관광 여행에 대한 취향 판단과 관련하여 경제자본과 문화자본이 모두 중요한 영향 요인이다. 경제자본과 문화자본의 관계에서 발생하는 취향은 구분될 수 있다. 경제자본은 물질적 희귀함에 대한 재화와 활동의 소비를 통해 표현되는 반면, 문화자본은 문화 엘리트에 의해 신성하게 된 진귀한 미적 양식과 상호작용 양식에 의해 소비하는 것으로 표현된다(Holt, 1997). 특히 사회적 지위의 중요한 원천으로서 문화자본이 모든 사회적 장에서 접합되고 있는데, 관광 여행, 여가 등과 같은 소비의 장에서 문화자본은 취향과 소비 실천으로 전환되어 작동한다(Holt, 1997).

관광 여행과 같은 소비의 장에서도 경제자본이 문화자본으로 전환되고 있다. 여가나 관광 경험을 위해서는 경제적 소득이 뒷받침되어야 한다. 일례로 경제적 소득 계층에 따라 해외여행 경험에는 차이가 있으며, 소득이 높을수록 해외여행 경험이 많게 된다. 경제자본이 관광 여행을 선호하는 생활양식을 만들고 더 많은 관광 여행 참여를 가능하게 한다. 나아가 풍부한 관광 여행 경험이 문화자본을 강화시키는 작용을 하게 된다. 이런 점에서 관광 여행에 있어서 경제자본이 문화자본으로 전환되게 된다.

문화활동의 경우에도 마찬가지다. 우리 사회에서도 각종 오페라공연, 클래식공연, 미술전시회 등 다양한 문화 활동이 수입되고 활발하게 이루어지고 있다. 이러한 공연, 전시회 등은 품격있는 문화상품이 되고 있으며, 이러한 문화상품들은 대체로 경제자본이 풍부한 고소득층이 즐기고 저소득증에게는 부담스러운 것이 사실이다. 문화활동을 향유하기 위해서는 경제자본이 필요하며 경제자본이 많은 계층이 이를 적극적으로 선호한다. 문화활동 참여 경험이 작아 문화자본이 축적되지 않은 계층, 문화자본이 낮은 계층에서는 이러한 문화활동 자체를 선호하지 않게 된다. 이처럼 관광 여행, 문화 등 소비의 장에서 경제자본은 문화자본으로 전환되고 있다.

1. 관광 여행과 구별짓기

관광 여행의 장에서 사회계층에 따라 관광 여행 참여 정도는 다르고, 이는 사회적 구별짓기의 수단이 될 수 있다. (특정한 지역 혹은 유형의) 관광 여행 경험의 유무, 혹은 관광 여행 경험 그 자체가 자신의 사회적 신분이나 지위를 반영하는 것이 된다. 관광 여행이 단순한 개인적인 경험을 넘어 상징자본으로서 기능하게 되는 것이다. 이를 도식화하면 다음 〈그림 2-2〉와 같다. 다음의 〈그림 2-2〉에서 화살표 (1)은 사회계급에 따른 생활양식(관광 여행 문화 등에 대한 취향, 선호)의 차이에 대한 것이고, 화살표 (2)는 관광 여행 생활양식(취향, 선호)에 영향을 미치는 경제자본과 문화자본의 상대적 설명력을 표현한 것이다(조광익, 2012). 경제자본 및 문화자본이 풍부한 사회집단이 관광 여행 생활양식을 더 많이 향유하게 된다는 도식이다. 문화자본 및 경제자본에 따른 관광 여행 및 소비 양식의 차이에 대한 많은 경험적 연구는 이러한 이론적 도식을 검증하는 경우가 많다.

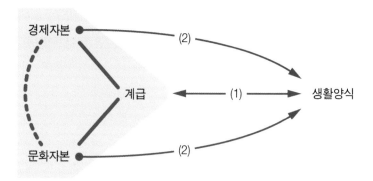

자료 : 한신갑·박근영, 2007, p. 214; 조광익, 2012, p. 365.

〈그림 2-2〉 문화자본과 관광 여행의 생활양식

 이 도식에 따르면, 관광 여행의 장에서 사회계층에 따라 관광 여행의 목적지 선호나 관광 여행 활동의 선호가 달라지게 된다. 상층계급이 선호하는 관광 여행의 목적지나 선호하는 관광 여행 활동이 있는 반면 중간계급이나 하층계급이 선호하는 관광 여행 목적지나 관광 여행 활동이 있다는 것이다. 또 관광 여행의 경험에 따른 차이도 있을 것이다. 물론 관광 여행의 경험 자체가 사회계층과 밀접한 연관이 있기 때문에 사회계층에 따른 차이와 본질적으로 구분되지는 않을 것이다. 관광 여행의 경험이 적은 사회집단은 대중적인 관광 여행 목적지를 선호하고, 남들이 가지 않는 낯선 관광 여행 목적지는 회피하게 된다. 반면, 관광 여행 경험이 풍부한 사회집단은 대중적인 관광목적지를 회피하는 대신 자신만의 관광지나 여행지 혹은 남들과 차별화되는 관광지, 여행지를 선호하게 된다. 또한 문화자본의 보유에 따라 선호하는 관광 여행의 활동이나 관광 여행 유형이 달라질 수 있다. 미술관이나 박물관 관람, 클래식 음악회 등과 같은 문화관광은 문화자본이 풍부한 집단이 선호하게 될 가능성이 크다. 반면 문화자본이 적거나 문화적 리터러시를 보유하지 못한 경우에는 문화관광이나 역사관광 등을 선호하기는 어려울 것이다. 이러한 상황에서 특정한 유형의 관광 여행이나 관광 여행 목적지는 상징자본으로 기능할 수 있을 것이다. 나아가 이러한 관광 여행 취향/선호의 균열은 부의 양극화와 함께 세대를 넘어 세습되고 고착화될 가능성이 크다. 이를 도시하면 다음 〈그림 2-3〉과 같다.

자료 : 조광익(2012, p. 365)에 의거 재구성

〈그림 2-3〉 **관광 여행과 구별짓기**

2. 관광 여행에서의 옴니보어 가설

부르디외의 이론과 관련하여 최근 경험적으로 많이 제시된 가설은 이른바 '옴니보어 가설'이다(〈그림 2-4〉). '옴니보어 가설'은 위의 〈그림 2-3〉과 마찬가지로 부르디외의 문화자본 이론을 단순화한 것으로, 〈그림 2-3〉의 도식에 대한 안티테제로서 제시되었다. '옴니보어 가설'에 따르면, 상층계급은 다양한 문화활동을 선호하고 문화활동을 풍부하게 향유하는 반면에 하층계급은 선호하는 문화활동이 매우 제한적이라는 주장이다. 이러한 가설에 입각할 때, 관광 여행의 경우 상층계급의 경우 다양한 관광 여행 활동과 관광 여행 목적지를 선호하는 반면 하층계급의 경우에는 선호하는 관광 여행 활동이나 목적지 등이 제한적이라는 것을 의미한다. 이러한 상황에서도 관광 여행은 상징권력으로 작동할 가능성이 높다. 이러한 옴

니보어 가설은 선호하는 관광 여행의 목적지나 선호하는 관광 여행 활동
이나 유형 등과 같은 '관광 여행의 폭'은 고려되는 반면, '관광 여행의 양'
에 대한 고려는 배제되고 있다는 비판이 제기될 수 있다.

사회경제적 지위   관광 여행 취향

상층

하층

A

B

D

C

E

자료 : 조광익(2012, p. 365)에 의거 재구성.

〈그림 2-4〉 관광 여행과 옴니보어 가설

Holt(1997)가 지적하고 있는 것처럼, 부르디외의 이론을 반대하는 경험
적 연구들은 부르디외 이론의 가장 혁신적인 요소를 제거해버리는 문제
가 있다. 이는 주로 경험적 검증을 위해 부르디외 이론을 단순화한 데서
기인한다. 부르디외의 이론의 혁신적인 요소의 하나는 사회적 재생산의
문제이다. 부르디외는 『구별짓기』에서 취향에 있어서의 계급의 차이가
매일 매일의 상호작용의 의도하지 않은 결과를 통해서 필연적으로 사회
적 재생산을 가져온다고 주장한다. 또한 『재생산』에서는 문화와 교육이
어떻게 사회적 계급의 재생산에 어떻게 기여하는지를 보여주고 있다. 하
지만 대부분의 경험적 연구에서는 사회적 재생산의 문제에는 소홀하다는
비판이다. 이러한 재생산의 관점을 고려할 때, 관광 여행의 취향/선호의
균열은 부의 양극화와 함께 세대를 넘어 세습되고 고착화될 가능성이 크

고, 관광 여행의 장 또한 집단 간 상징투쟁의 장이 된다.

관광 여행 혹은 여가 취향에 대한 대부분의 경험적 연구가 공시적인 차원의 분석에 그치고 있는 것은 부르디외 이론 검증을 위해서는 불완전하다. 시간의 변화에 따른 통시적인 분석을 통해 사회계급 간 문화 취향, 여가 및 관광 여행 취향의 구조가 통시적으로 어떻게 변화하는지를 분석함으로써 문화자본 연구의 타당성을 높일 수 있을 것이다. 이는 관광 여행이 집단 간 상징투쟁의 과정에서 어떻게 '구별짓기' 되는지 그 변화 과정을 보여줄 수 있을 것이다.

| 5절 | 관광 여행의 장에서 상징권력과 재생산

관광 여행의 장은 단일한 사회적 공간이 아니다. 분화되고 분열적인 장이다. 관광 여행의 장은 계급의 장이자 공간이다. 일상생활 전반에서와 같이 관광 여행의 장에서도 계급적 차이가 나타난다. 다른 사회공간과 마찬가지로 관광 여행의 장도 자본의 양과 구성, 그리고 이 두 가지 차원이 시간을 통해 결합되는 양상, 즉 사회공간의 궤적에서 다양한 양상이 나타난다. 관광 여행의 장에서 행위자(여행자)의 자본총량, 문화자본과 경제자본의 구성, 시간의 흐름에 따라 다양한 소비양식이 나타나게 된다는 것이다. 관광 여행의 장에서 상이한 계급은 물론이고 동일한 계급 내에서의 다양한 차이(선호, 취향, 소비양식 등) 발생이 가능한 이유이다.

1. 관광 여행의 장과 상징권력

현대 사회에서는 계급적 차이가 일상생활 전반에서 나타나기 때문에, 일상적인 생활공간이 상징투쟁의 장으로 변화된다(정일준, 1995). 다른 문화활동과 마찬가지로 관광 여행이나 여가의 장 또한 계급투쟁, 상징투쟁의 공간이 된다. 경제적 계급 차이가 관광이나 여가와 같은 일상생활 전반에서 나타나는 것이다. 계급의 차이가 사는 동네, 사는 집, 부모의 직업, 취업, 보유 자동차, 해외어학연수 경험, 해외여행 횟수/해외여행지 등 생활수준의 차이로 나타난다. 이러한 생활수준의 차이는 생활의 차이를 넘어 사고방식의 차이, 관념의 차이를 만들어낸다. 단순히 경제적인 차이로 그치는 것이 아니라 정신적인 차이를 만들어낸다. 그리하여 상징투쟁, 인정투쟁이 중요해진다. 이런 의미에서 "이제 계급투쟁은 분류투쟁"이 된다(정일준, 1995). 자동차, 집, 직업 등으로 사람을 분류하고 자신을 드러내듯이, 관광 여행 경험과 여가활동으로도 사람을 분류하고 자신을 구별짓고 드러낸다. 관광 여행의 장도 상징권력이 작동하며 사회적 계급관계가 은폐될 뿐 사라지지 않는다는 얘기다.

오늘날 한국 사회는 '전시 사회'로 변모되고 있다. 다양한 SNS에서 보듯 "나는 전시한다, 고로 존재한다"가 삶의 모토인 양 일상생활 전반을 압도하기에 이르렀다. 이러한 전시사회에서는 정신적인 가치보다는 물질적인 가치가 더 선호되고, 비가시적인 것보다는 확연히 구분되는 '티내기 전략'이 선호된다. 또한 이러한 전시사회에서 관광 여행 경험은 음식이나 풍경과 함께 손쉬운 '포스팅'의 재료, 과시의 재료가 된다. TV에는 (해외) 여행 프로그램이 차고 넘친다. 유명하다는 여행지, 유행하는 관광지를 방문하는 것은 현대인으로서 갖추어야 할 교양과 품위, 덕목이 되고, 부러움의 대상이 된다. 여행시간, 소득, 주변환경 등 여건이 그렇지 못한 사람은 그저 TV 프로그램을 보며 대리만족하거나, 뒤처진 사람처럼 열등감을 느끼게 될 수 있다. 관광 여행이 자신의 내적 성숙과 같은 내면을 향하는 것이 아니라 타인과 외부를 향해 소비될 때, 관광 여행은 부지불식간에 상징폭력이 될 수 있다. 비록 제도화된 상징폭력은 아니지만 암묵적인 형태의 상징폭력이 된다.

관광 여행이 타인과의 '구별짓기' 전략이나 수단이 될 때, 관광 여행은 상징폭력이 된다. 관광 여행이 자신을 위한 쉼이나 '힐링'이 아니라, 관광 여행의 장(공간), 영역에서 스스로를 남과 구분하고자 하는 수단이 될 때, 관광 여행은 일종의 상징권력으로 작동한다. 같은 맥락에서 관광 여행을 과시적으로 소비하는 경우 관광 여행은 곧 상징폭력이 된다. 자신의 (해외) 여행 경험을 과시함으로서 은연중에 자신의 부, 교양 등을 과시하거나, 자신의 여행경험이 풍부함을 과시함으로써 남다른 안목과 식견이 있다는 '암묵적인 티내기'를 하는 것이 상징권력이다. 특정한 유형의 관광 여행, 혹은 관광 여행 자체가 '구별짓기'에서 자유롭지 않다면, 상징폭력이 될 수 있다.

해외여행 경험이 적거나 '고급문화'에 대한 관심이 적거나, 취향이 '저급하다'고 느끼거나 느끼게 하는 것이 관광 여행의 장에서 행사되는 상징권력(상징폭력)의 효과이다. 다른 문화취향과 마찬가지로 관광 여행, 여가의 장에서도 취향은 위계화, 서열화되어 있고 이러한 분류, '구별짓기'는 상징투쟁의 대상이 될 수 있다. 각종 설문조사에서 등장하는 '희망하는' 여행이나 여가활동과 '실제의' 여행, 여가활동의 차이는 이를 보여준다. 관광 여행이나 여가활동이 모두 동일한 의미를 갖는 것이 아니라 상층계급의 '고급' 관광 여행, '고급' 여가와 하층계급의 '저급' 관광 여행, '저급' 여가로 위계적으로 구분되어 있다는 것이다. 이것은 관광 여행 및 여가 취향 또한 일종의 '지위상징'으로 기능함을 의미한다.

과거 우리 사회에서는 해외여행이 부유층의 지위상징이었을 것이다. 경제적 소득계층에 따라 해외여행 경험에는 차이가 있으며, 소득이 높을수록 해외여행 경험이 많기 때문이다. 하지만 오늘날 우리 사회에서 해외여행을 하는 내국인이 매년 2~3천만명에 달하여 해외여행이 대중화되고 있는 상황에서 해외여행이 과거와 같은 지위상징으로 기능하기는 어려울 것이다. 다만, 해외여행의 목적지나 해외여행 횟수, 여행기간 등 특정한

(유형의) 해외여행은 아직도 지위상징이 될 수는 있을 것이다. 이미 다양한 해외여행 목적지를 섭렵하였을 뿐 아니라 해외여행 초심자들이 선호하는 동남아 대신 북유럽이나 아프리카 여행은 여행 고수이자 사회적 지위를 드러내준다. 해외여행 경험이 적은 사람들의 경제적, 문화적 콤플렉스를 자극하고, 위축시킬 수 있다. 고가의 '고품격' 여행상품을 구매하는 여행자는 저가의 '대중적인' 여행상품을 구매하는 여행자에 비해 자신을 우월하게 느끼고, 자신이 사회적으로 좀 더 존중받는 지위에 있음을 과시하는 반면, 저가 대중여행 상품 이용자는 여행사나 가이드의 대접이나 대우에 섭섭해하며 열패감을 느낄지 모른다.

2. 관광 여행과 제도적인 상징권력

관광 여행에서는 제도적인 형태보다는 암묵적인 형태의 상징폭력이어서 구분하기가 쉽지 않을 수 있다. 이러한 이유 때문인지 관광 여행이 상징투쟁이나 상징권력과의 관련성에 대한 관심은 낮은 것으로 보인다. 관광 여행의 장에도 제도화된 상징권력이 존재한다. 관광 여행의 제도 자체 안에도 (상징)폭력이 존재한다는 얘기이다. 가령 관광 여행 전문 자격증 제도와 관광학 학위를 부여하는 교육제도는 이를 예증한다. 관광 여행의 장에는 다양한 자격 제도가 있다. 가령, '관광통역안내사' 자격이 없다면 아무리 외국어 실력이 뛰어나도 관광가이드를 할 수 없다. '국외여행인솔자' 자격 또한 마찬가지다. 직업적 관광가이드나 해외여행인솔자가 되기 위해서는 이들 자격을 취득해야 한다. 또 관광 관련 교육을 받은 개인에게는 전문자격 취득과 관련한 시험과목을 일부 면제하기도 한다.

특정 관광 여행 분야에서 일하기 위해서는 관련 학위가 필요하다. 또 몇몇 관광 여행 관련 자격에는 외국어 능력이라는 문화자본의 축적이 상대적으로 용이한 개인이나 관련 대학 졸업자에게는 상대적으로 접근이 쉬운 반면 그렇지 못한 개인에게는 높은 장벽이 된다. 이처럼 관광 여행의 장에서는 다양한 방식으로 상징권력이 행사되고 재생산되는 제도적 메커니즘이 있다고 할 수 있다. 이러한 공식적으로 제도화된 학위 및 자격증은 불평등을 유발하고 지속시키는 메커니즘으로 작용한다는 것이 부르디외의 주장이다. 더욱이 이 메커니즘은 개인이 획득한 자격과 자신의 사회계급 덕분에 얻게 된 문화자본 사이의 연결고리를 보이지 않게 함으로써 기존 질서를 정당화하는데 기여한다.

다른 한편, 부르디외에 따르면 모든 언어교환은 권력작용을 포함하고 있다. 화자의 자본의 불균등한 분배구조로 인해 동등한 대화상황은 이론적으로나 가능한 일이다. 언어능력은 단순한 기술적 능력(technical ability)이 아니라 이른바 지위에 따른 능력(statutory ability)이라는 것이다. 관광 여행의 장에서도 관광 여행의 '메시지'와 함께 발언하는 '메신저'가 중요한 함의가 있다. 언어가 최고의 상징이라고 할 때, 언어의 힘은 그 내용의 진위 여부가 아니라 발화자의 사회적 지위에 있기 때문이다. 말의 내용이 아니라 발화의 주체, 즉 누가 말하느냐, 발언자가 누구냐에 따라 말의 힘은 달라진다.

관광 여행에 대해 말하는 자의 사회적 지위에 따라 관광 여행의 의미는 달라지게 된다. 교수, 전문가, 정책담당자, 여행업자, 관광자, 장관의 말의 무게는 각기 다르다. 정책담당자나 일부 '전문가들'은 관광 여행이 '굴뚝 없는 산업', '달러를 벌어들이는 수출산업', '국가전략 산업', 혹은 '고용창출효과가 높은 산업'이라고 한다. 한때는 관광 여행이 '과소비의 원흉'이기도 했다. 관광 여행은 잘하면 '산업'이 되고 아니면 규제 대상이었다. 그렇게 인식/오인되었고 암묵적으로 인정되었다. 하지만, 관광 여행이 개인의 삶의 질을 높이거나 당연한 권리로 인식되지는 않았다. 그렇게 얘기하는 정책담당자나 '전문가'가 없다. 정책담당자, 일부 '전문가'에 의해 관광 여행이 경제적 산업적 관점에서 주로 '외화획득의 수단'으로 인식/오인되어 온 것이 상징권력의 작동이고, 상징폭력이다. 이는 (힘 있는

화자의) 권력작용의 결과이기도 하지만, 우리가 이를 승인한 결과이기도 하다. 이러한 승인은 관광 여행의 장에서 화자가 차지하는 위치와 소유하고 있는 자본에 대한 인정을 의미한다.

부르디외는 상징권력을 통한 지배가 물리력보다 더 효과적으로 작동한다고 주장한다. 이러한 언어, 담론과 같은 상징권력을 통한 지배가 정치폭력이나 물리력보다 더 효과적으로 작동한다. 관광 여행의 장에서도 그렇다. 이로 인해 관광 여행이나 여가가 개인의 당연한 '사회적 권리'이자 복지, '인권의 문제'라는 인식, '인간다운 삶을 영위하기 위한 불가결한 수단'이라는 주장은 묻히고 만다. 관광 여행은 권리이자 복지, 인권이다. 하지만, 또 자본의 불균등한 분배와 상징적 도구의 권력작용으로 인해 이러한 인식, 주장은 간헐적으로 나타나지만 메아리가 없다. 관광 여행의 장도 다양한 자본들이 투입되어 서로 경쟁하고 충돌하는 갈등적 시장이지만, 이로 인해 관광 여행의 장에서 권력의 행사와 갈등이 표면화되지 않는 것이다. 이는 은밀하면서도 노골적인 제도적인 형태의 상징폭력이다.

|6절| 관광 여행 및 여가 취향 판단 사례

관광 여행의 경우 누구나 선호하는 활동이기 때문에 문화자본에 따른 차이는 참여횟수나 관광 여행의 우선순위 등으로 나타난다. 또한 선호하는 방문지나 관광유형 등에서 차이가 나타난다. 가령 많은 사람들이 선호하는 대중적인 여행지를 선호할 수도 있고, 남들이 가지 않는 목적지를 선호할 수도 있다. 문화관광을 좋아하거나 자연관광 혹은 체험여행을 선호할 수 있다. 미술관, 박물관을 중심 테마로 하는 문화관광을 누구나 좋아하는 것은 아니다. 이러한 차이는 단순히 개인적이고 심리적인 차이로 인한 것은 아니다. 오히려 문화자본의 차이, 계급적인 차이, 사회적인 차이로 보아야 한다는 것이 문화자본 이론의 주장이다.

이 절에서는 문화자본에 따른 취향 판단의 차이를 몇 가지 사례를 통해 보여주고자 한다. 먼저 한국의 사례에서는 관광 여행과 여가의 경우가 제시되며, 국제 사례에서는 미국의 명문대에 유학온 대학생, 대학원생을 대상으로 한 연구 사례가 제시된다.

1. 한국의 사례

국내의 연구에 따르면, 우리 사회에서도 사회계층에 따라 관광 여행 또는 여가에 대한 취향 판단이 다르고, 취향이 위계화·서열화되어 있는 것으로 나타난다. 즉 관광 여행이나 여가 활동이 모두 동일한 의미를 갖는 것이 아니라 상류계급이 즐기는 '고급 여가·관광'과 하층계급이 즐기는 '대중 여가·관광'으로 위계적으로 구분될 수 있다는 것이다.

1) 관광 여행 부문

관광 여행에 대한 연구(조광익, 2006)에 따르면 한국의 경우 해외여행과 국내여행 횟수는 사회계층 간에 차이가 뚜렷이 드러났다. '지난 1년 동안의 해외여행 횟수'의 경우 상위계층의 경우 평균 1.0회인데 비해 중간계층과 하위계층의 경우에는 각각 0.5회, 0.3회로 나타났다. 해외여행을 1회 다녀온 응답자는 상층이 중간계층보다 13%p, 하층보다 24%p 이상 높게 나타났고, 2회 다녀온 응답자 또한 상층의 경우, 약 6%p 이상 높게 나타나는 것으로 조사되었다. 상위계층으로 갈수록 해외여행 횟수는 증가함을 알 수 있다. 또 해외여행과 같이 시간과 비용이 일반 취미활동보다 소득탄력성이 큰 경우에는 상위계층과 다른 계층 간의 차이가 보다 크게 나타남을 알 수가 있다. 국내여행의 경우에도 계층별 차이가 드러났으나, 통계적으로 유의한 차이는 없는 것으로 분석되었다. 국내여행은 중간층이 평균 5.5회로 가장 많았고, 상층은 평균 4.5회, 하층은 3.7회로 나타났다. 이러한 분석결과는 함인희 외(2001) 및 양종회(2005)의 분석결과와 유사한 것으로, 해외여행이나 국내여행과 같이 과시적인 경험에서 사회계층간 차이가 보다 분명하게 드러남을 시사하는 것으로 해석될 수 있다.

〈표 2-1〉 한국 사회의 계층별 해외여행 및 국내여행 참여도 차이

구분	상층계급	중간계급	하층계급	F	유의수준
해외여행	0.99 a	0.45 b	0.33 b	8.661	0.000**
국내여행	4.54 a	5.46 a	3.67 a	0.756	0.471

주 1) 던칸 다중범위검증(Duncan multiple range test) 및 LSD를 통한 사후검정.
　2) * p < 0.05, ** p < 0.01에 근거한 평균의 차이를 유의한 크기별로 a, b, c로 서열을 구분하여 표기함.
자료 : 조광익, 2006.

양종회(2005)의 연구에서도 해외여행의 참여에 있어서는 중상계급의 참여율이 다른 계급에 비해 두드러지는 것으로 조사되었다(〈표 2-2〉). 중상계급의 약 30%가 해외여행에 참여한 것으로 조사된 반면, 나머지 계급의 해외여행 참여율은 10% 미만으로 나타났다. 이에 반해 하층계급의 해외여행 참여는 거의 전무하였다. 이 연구에서도 해외여행이 일반적으로 부유층의 지위상징으로 간주되고 있음이 확인된 것이다.

〈표 2-2〉 한국의 사회계급별 해외여행 및 여가활동 참여율 (단위: 명, %)

구분		중상계급	신중간계급	구중간계급	하층계급	계
해외여행	참여	25(31.3)	14(5.5)	13(6.4)	2(1.2)	54(7.6)
	비참여	55(68.8)	242(94.6)	192(93.6)	165(98.9)	654(92.3)
골프	참여	23(29.2)	11(4.3)	5(2.4)	1(0.6)	40(5.6)
	비참여	56(70.9)	245(95.7)	272(97.6)	166(99.4)	667(94.4)
헬스클럽	참여	17(21.6)	41(16.0)	27(13.2)	12(7.2)	98(13.7)
	비참여	62(78.6)	215(84.0)	178(86.9)	155(92.8)	610(86.3)
문화활동	참여	36(45.0)	151(59.0)	69(38.7)	43(25.8)	299(42.3)
	비참여	44(55.0)	105(41.0)	136(66.4)	124(74.3)	409(57.8)

주: '참여'는 '자주 참여한다'와 '가끔 참여한다'를 더한 응답이며, '비참여'의 경우에는 '거의 참여하지 않는다'와 '전혀 참여하지 않는다'를 묶은 응답임.
자료 : 양종회, 2005, p. 299.

2) 여가 부문

여가 취향을 분석한 연구(함인희 외, 2001; 양종회, 2005)를 보면, 많은 여가활동에서 사회계층 간 차이가 나타나고 있다(〈표 2-2〉 및 〈표 2-3〉 참조). 양종회(2005)의 연구를 보면, 골프와 헬스클럽의 참여율의 경우 사회계층별로 차이가 있는 것으로 조사되었다. 특히 골프의 경우, 해외여행과 마찬가지로 중상계급의 참여율이 다른 계급에 비해 높은 것으로 나타났다(〈표 2-2〉). 나머지 계급의 경우에는 골프 참여율이 5% 미만으로 미미한 것으로 나타났다. 해외여행과 마찬가지로 골프가 부유층의 지위상징이라는 점을 보여주고 있다. 이에 비해 헬스클럽 참여율에 있어서는 사회계급 간 차이가 두드러지지 않은 것으로 나타났다.

함인희 외(2001)의 연구에서도 상층계급일수록 여행횟수가 더 많고, 영화/연극, 스포츠활동, 쇼핑 등의 활동을 더 많이 하는 것으로 나타난 반면, TV시청이나 수면 등은 다른 계급에 비해 덜 하는 것으로 나타났다. 또 1년간 이용한 문화시설의 경우, 상층은 음악회가 우세하였고, 중간층과 하층은 상층에 비해 공원 방문이 우세하였다. 중간층은 다른 계층에 비해 영화관람이 우세하였다. 이에 비해 하층은 다른 계층에 비해 놀이동산 방문이 많은 것으로 나타났다. 스포츠활동의 경우에는 상층은 골프, 수영, 헬스가 상당히 우세한 것으로, 중간층과 하층은 등산이 우세한 것으로 분석되었다. 그리고 계층별 주말·휴일 활동의 경우, 상층은 가족모임이나 취미활동이 우세하였고, 하층으로 갈수록 휴식, 야외활동이 많은 것으로 나타났다. 지난 1년간의 가족여행 횟수의 경우 상층계급은 두 번이 가장 많은데 비해, 하층은 60% 이상이 1회 이하로 가족여행을 한 것으로 나타났다. 또 중간층과 하층은 해외여행의 경험과 횟수에 의미 부여를 하지만 상층계급은 "경험 그 자체보다는 어떻게 차별화된 방식으로 일반 대중과 다르게 혹은 자신들과 비슷한 사람들과 함께 하는지"에 중점을 두는 것으로 나타났다.

〈표 2-3〉 한국 사회의 계층별 여가 선호

구분		상층계급	중간계급	하층계급
소비취향의 특성		품격지향	상승지향	실용지향
여가 활동	활동 (중복)	TV시청 〉 스포츠 〉 종교활동 〉 쇼핑	TV시청 〉 스포츠 〉 수면 〉 독서	TV시청 〉 수면 〉 비디오 감상 〉 산책
	유형 (1순위)	취미 = 휴식 〉 오락	휴식 〉 취미 〉 오락	
휴일 · 주말 활동		휴식 〉 가족모임	휴식 〉 야외	
지난 1년간 여행횟수		2회	1회 이하	1회 이하
즐겨 읽는 책	종류	현대작가작품 〉 사회과학서적 〉 정치서적 = 건강 관련서적	현대작가작품 〉 추리소설 〉 역사이야기	추리소설 〉 현대작가작품 〉 연애소설
	유형	문화적 선의 〉 전문서적	문화적 선의 〉 대중적 작품	
즐겨 읽는 잡지		시사잡지 〉 여성지 〉 경제잡지	시사잡지 〉 여성지 〉 경제잡지	여성지 〉 시사잡지 〉 경제잡지
지난 1년간 이용한 문화기관		영화관람 〉 공원 · 호수 〉 미술관람	공원 · 호수 〉 영화관람 〉 박물관 · 고궁	공원 · 호수 〉 영화관람 〉 놀이동산
영화	즐겨보는 장르	멜로 〉 액션 〉 뮤지컬 · 예술영화	액션 〉 멜로 〉 탐정 · 수사영화	액션 〉 멜로 〉 코미디 영화
	영화선택 기준	작품성 〉 기분에 따라	장르 〉 작품성	장르 〉 기분에 따라
즐겨보는 TV 프로그램		뉴스, 드라마, 다큐멘터리		
즐겨하는 스포츠		골프 〉 헬스 〉 수영	등산 〉 수영 〉 조깅	등산 〉 조깅 〉 배드민턴
음악	즐겨듣는 음악	클래식 〉 대중가요	대중가요 〉 클래식	대중가요 〉 팝송
	영화듣는 방법	CD	CD, 라디오	라디오, TV

자료 : 함인희 외, 2001, p. 135.

이처럼 관광 여행 및 여가 소비 수준에는 사회계급별로 차이가 있다. 사회계급별로 문화활동 참여 수준에 차이가 있듯이 관광 여행 및 여가 활동 참여 수준에도 차이가 있다. 국내여행이나 대중음악 감상, 헬스클럽 등의 참여에 있어서는 계급별 차이가 나타나지 않았지만, 해외여행과 골프 참여율은 상층계급의 경우 다른 계급에 비해 두드러지게 높게 나타났다. 이러한 관광 및 여가 활동이 한국 사회에서 부유층의 지위상징이라는 점을 보여주는 것이라 하겠다.

2. 국제 사례

부르디외의 문화자본 이론에 기반한 연구는 국내외에서 많이 이루어졌다. 가령 케인(Kane, 2003)은 국제적인 수준에서 부르디외의 이론을 실증적으로 검증하였다. 그는 미국의 명문대학에 재학중인 대학생과 대학원생 414명을 대상으로 사회계층에 따른 취향의 차이를 분석하였다. 케인이 학생들을 대상으로 조사한 이유는 부르디외가 강조한 교육과 계급의 중요성을 평가하기 위해서이다. 또한 최근의 문화자본 연구에서 강조된 두 요인인 성별(gender)과 도시 거주(urban residence)의 중요성을 평가한다.

그는 학생들의 출신국가별로 상층계급을 구별하는 문화적 경계 표지(cultural boundary-marker)가 있는지와 문화활동 참여 정도를 분석하였다.

분석결과, 각 국가별로 상층계급이 선호하는 활동이 있는 것으로 나타났다.

- 유럽(n = 212): 오페라(30%), 골프(14%).
- 미국(n = 193): 골프(12%), 오페라(12%), 폴로(9%)
- 아시아(n = 98): 골프(15%), 오페라(11%), 클래식 음악(6%)
- 기타(n = 25): 오페라(20%), 클래식 음악(12%)

또한 상층계급일수록 문화활동 및 스포츠 활동 참여율이 타 계층에 비해 높은 것으로 나타났다.

<표 2-4> 출신지역별 상층계급 선호 활동

구분	미국(%) (사례수 193)	유럽(%) (사례수 212)	아시아(%) (사례수 98)	기타(%) (사례수 25)
스포츠	34	18	21	12
문화예술	15	43	25	31
라이프스타일	6	2	5	8
사교	11	3	4	4
없음	26	28	43	42

자료 : Kane, 2003, p. 411.

특히 미국 학생들은 문화활동 참여에 있어서 같은 미국인들보다 다른 나라에서 온 엘리트 학생들과 더 비슷한 것으로 조사되었다. 미국인 학생들의 문화활동 참여는 각 활동에서 미국의 다른 계층보다 더 높았다. 이것은 미국이 봉건 귀족계급이 없고, 보다 평등주의적 문화로 인해 상징적 경계가 적절하지 않다는 주장에도 불구하고, 젊은 미국 엘리트들이 상징적 경계 형성에 참여하고 있음을 보여준다.[5] 다른 활동 참여율 또한 상징적 경계 표지(symbolic boundary-marking)에 대한 지지를 제공하였다. 영화 감상과 잡지 독서에 대한 높은 참여율을 보여주었다. 이 표본의 학생들은 미국의 종합사회조사(general social survey: GSS) 응답자들보다 스포츠 이벤트에 참여할 가능성이 훨씬 높았다(71% vs 54% GSS 샘플). 따라서 이 표본의 학생들은 미국인들에 대한 전국 샘플보다 더 높은 참여율을 보였는데, 이는 문화적 옴니보어 가설(높은 지위의 사람은 광범위한 문화를 소비할 가능성이 크다고 주장한다. Peterson & Kern, 1996)에 대한 지지를 보여주는 것이라고 할 수 있다.

---

5) 문화자본 이론에 대한 미국의 연구에서는 미국에서는 상징적 경계(symbolic boundaries)가 적절하지 않다는 '미국 예외주의' 주장과, 미국에서 경계 표식(boundary-marking)은 일련의 다른 기준에 근거하고 있다는 주장이 제기되었다. 가령 홀트(Holt, 1997)는 미국에서는 명확한 경계 표식이 부족하다는 주장에 도전하면서 몇몇 미국인들이 사용한 평등주의 레토릭은 그 자체로 경계 표지의 한 형태라고 주장하였다. 또 홀트(Holt, 1997)는 라몽과 라로(Lamont & Lareau, 1988)가 특정한 시·공간에 적합한 문화적 실천 대신 문화자본의 구체적이고 객관화된 형태에 초점을 맞추느라 '나무를 보느라 숲을 놓쳤다'고 비판한다.

1. 관광자의 취향 판단에 영향을 미치는 요인은 무엇이 있는가 생각해보자.

2. 개인의 관광 여행 선호 및 취향은 자연적, 심리적인 문제인가 아니면 사회적, 구조적인 문제인가?

3. 부르디외의 자본 개념과 마르크스의 자본 개념을 비교해보자.

4. 경험적 연구를 위해 문화자본은 어떻게 측정될 수 있는가?

5. 한국 사회에서 사회계층에 따라 구별되는 관광 여행 목적지나 활동이 있는가? 그리고 사회계층에 따라 관광 여행 활동에 대한 참여가 달라지는가?

6. 관광 여행은 '상징권력'과 어떠한 관계가 있을까? 어떠한 경우에 관광 여행은 '상징폭력'이 되는가?

더 읽어볼 자료

1. Bourdieu, P. (1984). *Distinction: A Social Critique of the Judgement of Taste, Harvard Univ. Press.* (최종철 역(2005).『구별짓기: 문화와 취향의 사회학』, 서울: 새물결.)

개인의 취향판단이 어떻게 형성되고 사회적으로 재생산되는지, 취향 판단에 사회 계급 질서가 어떻게 관철되는지를 분석하여, 기존의 사회질서 특히 계급구조가 어떻게 상징적 지배에 의해 정당화되고 재생산되는가 하는 문화자본 이론의 원류가 되는 현대의 고전.

2. 홍성민(2000).『문화와 아비투스』, 서울: 나남출판.

프랑스에서 부르디외를 연구한 저자가 쓴 부르디외 전문 연구서. 부제(부르디외와 유럽정치사상)에 걸맞게 부르디외의 이론을 마르크스, 푸코, 알튀세, 베르크손, 메를로 퐁티 등 다양한 철학자들의 이론을 동원하여 정치학적인 관점에서 고찰하고 있다. 독서에 인내심이 요구는 전문서적.

3. 홍성민(2012).『취향의 정치학』, 서울: 현암사.

부르디외가 쓴『구별짓기』의 전체적인 내용과 의미를 정리한 해설서. 부르디외의 『구별짓기』를 읽기 전이나 읽은 후에도 도움이 된다. 특히 방대하고 전문적인 부르디외의『구별짓기』독서가 부담스러운 독자에게는 유용할 수 있는 참고서이자, 부르디외 안내서.

참고문헌

김은미·서새롬(2011). 한국인의 문화 소비의 양과 폭: 옴니보어론을 중심으로. 『한국언론학보』, 55(5), 205-488.

부르디외, P. (1995/1996). 『구별짓기 上, 下』(최종철 역). 서울: 새물결.

부르디외, P., & 파세롱, J. C. (2000). 『재생산』(이상호 역). 서울: 동문선.

부르디외, P. (1995). 『상징폭력과 문화재생산』(정일준 역). 서울: 새물결.

양은경(2002). 문화생산의 장과 문화연구의 신수정주의 패러다임. 『문화와 계급』(홍성민 외 편). 서울: 동문선.

양종회(2005). 『문화예술사회학』. 서울: 도서출판 그린.

장미혜(2001). 문화자본과 소비양식의 차이. 『한국사회학』, 35(3), 51-81.

장미혜(2002). 사회계급의 문화적 재생산: 대학간 위계서열에 따른 부모의 계급구성의 차이. 『한국사회학』, 36(4), 223-251.

정태석(2002). 『사회이론의 구성』. 서울: 한울아카데미.

조광익(2006a). 『현대관광과 문화이론』. 서울: 일신사.

조광익(2006b). 여가 소비양식의 분석을 위한 문화자본 이론의 적용. 『관광학연구』, 30(1), 379-401.

조광익(2010). 『여가의 사회이론』. 서울: 대왕사.

조광익(2012). 여가 취향에 대한 경험적 연구의 諸문제. 『관광학연구』, 36(10), 351-381.

조돈문(2005). 한국사회의 계급과 문화: 문화자본론 가설들의 경험적 검증을 중심으로. 『한국사회학』, 39(2), 1-33.

조은(2001). 문화 자본과 계급 재생산: 계급별 일상 생활 경험을 중심으로. 『사회와 역사』, 60: 166-205.

최샛별(2006). 한국 사회에 문화 자본은 존재하는가?. 『문화와 사회』, 1: 123-158.

한신갑·박근영(2007). 구별짓기의 한국적 문법. 『한국사회학』, 41(2), 211-239.

한준·한신갑·신동엽·구자숙(2007). 한국인의 문화적 경계와 문화적 위계구조. 『문화와 사회』, 2: 29-53.

함인희·이동원·박선웅(2001). 『중산층의 정체성과 소비문화』. 서울: 집문당.

홍성민(2000). 『문화와 아비투스』. 서울: 나남출판.

홍성민(2002). 아비투스와 계급. 『문화와 계급』(홍성민 외 편). 서울: 동문선.

홍성민(2012). 『취향의 정치학』. 서울: 현암사.

Aschaffenburg, K., & Maas, I. (1997). Cultural and educational careers: The dynamics of social reproduction. *American Sociological Review*, 62(4),

573-587.

Atkinson, W. (2011). The context and genesis of musical tastes: Omnivorousness debunked, Bourdieu buttressed. *Poetics*, 39, 169-186.

Bourdieu, P. (1983/1986). The form of capital, in *Handbook of Theory and Research for the Sociology of Education*. John G. Richardson(ed), 241-258. New York: Greenwood Press.

Bourdieu, P. (1984). *Distinction: A social critique of the judgement of taste*,(Richard Nice trans.) Cambridge: Harvard University Press.

Bourdieu, P. (1973). Cultural reproduction and social reproduction, in *Power and Ideology in Education*. Jerome Karabel & A. H. Halsey(eds), 487-511. New York: Oxford University Press.

Chan, T. W., & Goldthorpe, J. H. (2007). Social stratification and cultural consumption: The visual arts in England. *Poetics*, 35, 168-190.

De Graaf, N. D., de Graaf, P. M., & Kraaykamp, G. (2000). Parental cultural capital and educational attainment in the Netherlands: A refinement of the cultural capital perspective, *Sociology of Education*, 73, 92-111.

De Graaf, P. M. (1986). The impact of financial and cultural resources on educational attainment in the Netherlands, *Sociology of Education*, 59, 237-246.

DiMaggio, P. (1982). Cultural capital and school success: The impact of status cultural participation of the grades of U.S. high school student. *American Sociological Review*, 47, 182-201.

DiMaggio, P., & Mohr, J. (1985). Cultural capital, educational attainment, and martial selection. *American Journal of Sociology*, 90, 1231-1261.

DiMaggio, P., & Useem, M. (1978). Cultural democracy in a period of cultural expansion. *Social Problems*, 28, 180-197.

Dumais, S. A. (2002). Cultural capital, gender, and school success: The role of habitus. *Sociology of Education*, 75(1), 44-68.

Dumais, S. A., & Ward, A. (2010). Cultural capital and first-generation college success. *Poetics*, 38, 245-265.

Erickson, B. H. (1996). Culture, class and connections, *American Journal of Sociology*, 102(1), 217-251.

Featherstone, M. (1991). *Consumer culture and postmodernism*. London: Sage Publications.

Garnham, N., & Williams, R. (1980). Pierre Bourdieu and the sociology of culture:

An introduction. *Media, Culture and Society*, 2(3), 209-223.

Holt, D. B. (1997). Distinction in America? Recovering Bourdieu's theory of tastes from its critics. *Poetics*, 25: 93-120.

Holt, D. B. (1998). Does cultural capital structure American consumption?. *Journal of Consumer Research*, 25: 1-25.

Kane, D. (2003). Distinction worldwide?: Bourdieu's theory of taste in international context, *Poetics*, 31: 403-421.

Katz-Gerro, T. (2002). Highbrow cultural consumption and class distinction in Italy, Israel, West Germany, Sweden, and the United States, *Social Forces*, 81(1), 207-229.

Kraaykamp, G., & Dijkstra, K. (1999). Preferences in leisure time book reading: A study on the social differentiation in book reading for the Netherlands. *Poetics*, 26, 203-234.

Lamont, M, & Lareau, A. (1988). Cultural capital: Allusions, gaps and glissandos in recent theoretical development, *Sociological Theory*, 6(2), 153-168.

Peterson, R. A. (1997). The rise and fall of highbrow snobbery as a status marker. *Poetics*, 25, 75-92.

Peterson, R. A. (2005). Problems in comparative research: The example of omnivorousness. *Poetics*, 33, 257-282.

3장 _ 공정관광: 관광에서의 공정과 정의의 문제

황 희 정 (대구경북연구원 부연구위원)

3장 _ 공정관광: 관광에서의 공정과 정의의 문제

황 희 정 (대구경북연구원 부연구위원)

Highlights

1. 공정관광의 개념 및 특징을 이해한다.
2. 최근 나타나고 있는 공정관광 이슈에 대하여 이해한다.
3. 대안관광과 하위 개념을 이해한다.
4. 관광의 공정성(fairness)과 인정(recognition)의 중요성을 이해한다.
5. 관광에서의 정의(justice) 문제를 이해한다.

|1절| 개관

라오스에 여행을 갔을 때 일이다. 원데이 프로그램으로 로컬여행사의 트래킹 프로그램에 참여하게 되었고, 가이드와 함께 지역주민이 동행했다. 관광의 효과를 지역에 환원한다는 취지에서였다. 트래킹 중 한 마을을 지나게 되었는데, 마을 어귀에는 귀여운 아이들이 놀고 있었다. 그 모습을 보다가 무심코 사진을 찍었다. 그런데 사진을 찍고 난 후 옆을 돌아보니 아이들의 어머니가 나를 노려보고 있었다. 그 눈빛을 본 순간 나는 내가 무엇을 잘못했는지 깨달을 수 있었다. 나는 지역주민을 동행한 트래킹을 하면서 책임있는 여행을 하고 있다고 만족하고 있었지만, 사실은 그들을 대상화하고, 타자화하고 있었다. 이렇게 여행 중 무심코 하는 행동에도 공정하지 못한 관계가 숨겨져 있지만, 그 관계를 깨닫기는 쉽지 않다.

앞서 언급한 이야기는 바로 공정관광의 이슈이다. 공정하지 못한 관광현상은 생각보다 우리의 일상과 밀접하며, 우리는 인식하지 못한 사이 공정하지 않은 여행을 할 수 있다. 우리가 더이상 공정하지 못한 여행을 하지 않기 위하여서는 '공정성'에 대한 민감성을 키울 필요가 있다. 이를 위해 이 장에서는 공정관광 개념을 중심으로 관광의 공정성에 대해 이해하고자 한다. 우선 관광의 대안을 찾고자 하는 움직임에 대해 알아보고, 공정관광의 이슈와 흐름에 대해 논의한다. 마지막으로 더욱 정의로운 관광을 위한 방향을 고민해본다.

| 2절 | 대안적 관광을 위한 논의[1]

1. 대안관광

관광자들은 이제 관광의 부정적 문제를 인식하고 있으며, 책임있는 관광 형태를 추구한다(UNESCO, 2012). 이러한 가운데, 대안적 관광을 위한 논의는 대안관광 개념으로 논의되어 왔다(최영희, 2009). 대안관광은 현대의

---

1) 이 장은 황희정(2012), 황희정·이훈(2011)의 일부를 수정·보완한 내용임.

반문화적 대량소비주의에 반대하여 형성된 움직임으로, 대중관광이 지니는 부정적 영향을 최소화하는 관광형태를 의미한다(Cohen, 1987). 대안관광은 세계여행관광위원회(World Travel & Tourism Council), 세계관광기구(World Tourism Organization: WTO), 지구협의회(Earth Council) 등의 국제기구가 1996년 '여행과 관광산업에 대한 의제21'을 공동 채택하고, 지속가능한 관광의 실현을 위한 구체적 방안으로 대안관광을 제시하면서 시작된 개념이다(김도희, 2008). 대안관광은 20세기 말 자연환경의 파괴, 기후의 변화, 오존층 파괴 등의 현상이 가시화되면서 환경문제에 대한 국제적인 관심이 형성된 가운데, 대중관광으로 인한 사회적, 환경적 영향을 최소화하고자 하는 배경에서 도입되었다.

대안관광은 '대중관광의 정반대 및 대체물'(Weaver & Lawton, 2002), '변화된 관광형태' 등으로 정의된다(Higgins-Desbiolles, 2008). Butler는 대중관광이 지니는 부정적 측면, 즉 무미건조한 개발, 환경적·사회적 소외 및 동질성 등에 대한 대안적이며 새로운 형태의 관광이라고 정의하였고. Middleton & Hawkins(1998)는 주류관광인 대중관광이 초래하는 부정적 영향을 덜 야기하는 형태, 대중관광에 대한 대안이 되는 형태라고 개념화하였다. 즉, '대중관광의 정반대 및 대체물'이라는 정의는 '대안'이라는 개념에 주목하여 대중관광의 부정적 영향에 대한 대안이 될 수 있는 관광으로 정의하였다.

한편, 대안관광의 개념적 범주에 포함되는 하위 개념으로는 지속가능한 관광, 책임관광, 생태관광, 녹색관광, 복지관광, 연성관광, 자연관광, 뉴투어리즘, 특수목적관광 등이 언급된다(Higgins-Desbiolles, 2008; Wheelle, 1993; 강미희 외, 2006; 김성일·박석희, 2003; 김용상 외, 20011). 또한, Wearing(2002)은 대안관광의 새로운 형태로 자원봉사관광을 언급한 바 있으며(Wearing, 2002; Higgins-Desbiolles, 2008 재인용), 공정관광, PPT(Pro-poor Tourism) 등 새로운 개념이 지속적으로 추가되고 있다. 이 글에서는 공정관광과 개념적 유사성을 지니는 지속가능한 관광, 책임관광, 녹색관광, 생태관광, 복지관광을 중심으로 살펴본다.

2. 대안관광의 주요 개념

1) 지속가능한 관광

지속가능한 관광은 1987년 UN 환경 및 개발에 관한 세계위원회의 브룬트란트 보고서에서 제안된 지속가능한 개발에 대하여 관광분야에 적용한 개념이다(황희정·이훈, 2005). 지속가능한 개발에 대한 논의는 발전과 환경 담론 간의 경합을 배경으로 시작되었으며, 지속가능한 개발은 "미래 세대의 욕구를 저해하지 않으면서 현 세대의 욕구를 충족시킬 수 있는 개발"을 의미한다(브룬트란트 보고서, 1987; 한규수, 1997, 재인용). 지속가능한 개발은 환경의 가치 중시, 세대간·세대내 편익 분배의 형평성, 그리고 미래 지향성을 핵심 가치로 한다(최영국, 2000).

관광은 자원집약적이고, 복잡성을 지니는 산업으로, 지속가능한 관광은 지속가능한 개발을 보다 포괄적으로 적용하여 형평성, 환경, 그리고 삶의 질 등에 대한 이해를 강화한 개념이다(Butler, 1999; Mowforth & Munt, 2003; Lu & Nepal, 2009, 재인용). WTO는 지속가능한 관광에 대하여 "미래 세대를 위한 기회를 보호하고, 현 세대의 관광자와 지역주민의 요구를 충족시키는 관광"으로 정의하였다(Lu & Nepal, 2009). 강미희·김남조·최승담 (2002)은 WTO의 개념 정의를 인용하면서 문화의 보전, 생태적 과정·다양성의 유지, 경제적·사회적·심미적 필요를 충족시킬 수 있는 방향으로 관리하는 것이라고 언급하였다. 최영국(2000)은 환경보전에 대한 기여, 지역문화 및 관광산업의 지속가능성 보장, 관광자의 환경의식을 제고하는 관광이라 정의하였다.

지속가능한 관광은 경제적, 환경적, 그리고 사회문화적 지속가능성 등 3개 차원을 포괄하는 개념이다. 경제적 지속가능성은 관광이 지역 커뮤니티에 경제적으로 도움이 되어야 한다는 것을 주요 내용으로 한다. 환경적 지속가능성은 생태적 과정의 유지, 생물적 다양성과 자원이 양립할 수 있는 관광을 의미한다(Timur & Getz, 2009). 사회문화적 지속가능성은 지역 경제의 자립, 지역 커뮤니티의 정체성 유지 및 강화 등을 의미한다. 또한, 관광의 지속가능성 이론구조모델을 제시한 송재호(2003)는 관광자 만족과 지역사회 편익을 전제로 경제적 기여도, 사회문화적 적합성, 생태적 보존성, 시장경쟁력, 그리고 정치적 지지도를 통한 관광의 지속가능성으로 구성하였다. Lu & Nepal(2009)은 지속가능한 관광의 주요 4대 원칙으로 전반적 계획과 전략설정의 신념, 생태적 과정의 중요성, 인간의 문화유산과 종다양성 보호의 필요성, 그리고 생산이 미래 세대를 위해 장기간 지속될 수 있는 생산성을 언급하였다(Lu & Nepal, 2009). 즉, 지속가능한 관광은 관광자와 만족과 지역사회 편익을 고려하여 지속가능성에 대한 신념을 토대로 하는 경제적, 사회문화적, 환경적으로 지속가능한 관광 형태라 할 수 있다.

한편, McDonald(2009)는 지속가능한 관광에 대한 연구가 인간과 환경을 이분화하여 환경을 인간 외적인 대상으로만 간주하는 환원주의적 접근방법을 지녀 관광의 복잡성에 대한 이해가 부족하다고 비판하였다. 이러한 비판은 지속가능한 관광이 '생태'를 '환경'으로 인식하여 인간의 욕구를 지속적으로 충족시키기 위한 효용적 가치를 중심으로 논의되었다는 것이다. 또한, Milne(1998)은 지속가능한 관광이 현실적으로 가능하지 않다고 주장하였으며, UNEP는 생태관광 등 자연자원을 대상으로 하는 관광형태가 오히려 지역 생태계를 위협하고 있다고 경고하였다. 이러한 비판은 지속가능한 관광에 대한 논의가 개념과 원칙을 중심으로 이루어졌으며, 지속가능한 관광의 실천을 위한 논의가 상대적으로 미흡하여 현실적인 방향성을 제시하지 못하였다는 데에 기인한다.

2) 책임관광

책임관광(Responsible Tourism)은 1989년 세계관광기구의 대안관광 관련 세미나에서 대두된 개념이다(김난영, 2010). 책임관광 개념은 지구온난화, 사회적 불평등, 자연자원의 훼손 등에 대한 국제적 압력과 독특하고 진정성 있는 경험에 대한 요구를 배경으로 한다(Booyens, 2010). WTO(1989)는 책임관광에 대하여 현지의 자연과 문화자원을 비롯하여 관광과 관련된 모든 분야에 대한 이익을 존중하는 관광의 형태로 정의하였다(Smith, 1990; 한혜영, 2010). George & Frey(2010)는 관광목적지의 지역주민에 사회경제적 혜택을 제공하고, 자연자원을 관리함으로써 관광자에 더 나은 관광경험을 제공하고, 지역주민에 대하여 더 나은 삶을 보장하는 것으로 정의하였으며(George & Frey, 2010), Fennell(2006)은 책임있고, 윤리적인 행동을 요구하는 관광형태로 정의하였다(최영정·최규환, 2010). 즉, 책임관광은 지역커뮤니티에 미치는 관광의 부정적 영향에 대한 책임의식을 토대로 지역커뮤니티의 혜택을 최대화하고, 그 과정에서 고유한 지역문화를 경험하는 관광형태로 정의된다.

2002년 Cape Town에서 개최된 책임관광에 대한 Cape Town Declaration에서는 책임관광의 원칙을 제시하여 책임관광의 개념을 보다 구체화하였다. Cape Town Declaration의 주요 내용은 관광의 부정적 영향에 대한 최소화, 지역주민의 경제적 혜택의 창출 및 호스트 커뮤니티의 웰빙 증진, 의사결정과정에서의 지역주민의 관여, 자연적·문화적 고유성의 보존에 대한 기여, 지역주민과의 의미있는 연계 및 지역에 대한 이해를 통한 관광경험 제공, 장애인에 대한 접근성 제공, 그리고 관광자와 호스트 커뮤니티 간 존중 및 신뢰감 형성 등이다(Cape Town, 2011). WTO는 세계관광윤리강령을 토대로 책임관광에 대한 가이드라인을 제시하였는데, 관광목적지의 문화 및 전통에 대한 수용, 인권 존중, 문화 및 자연자원에 대한 존중 등을 주요 내용으로 한다(UNWTO, 2009; 김난영, 2010). 즉, 책임관광은 관광으로 인한 경제적, 사회적, 그리고 환경적 혜택의 최대화 및 부정적 영향의 최소화를 의미하며(Cape Town, 2011), 사회적, 경제적, 그리고 환경적 지속가능성을 중심으로 하는 구체화·실천적 개념이다.

책임관광은 관광자가 호스트 커뮤니티에 대한 영향을 고려하는 윤리적이고 책임감 있는 관광활동에 대한 것으로, 관광형태, 관광하는 방법에 대한 개념이다(Harrison & Husbands, 1996). 책임관광은 관광자의 도덕적이고, 책임있는 선택을 수반함으로써 결과적으로 변화한 관광자의 수요에 대한 관광산업의 반응을 야기한다(Budeanu, 2007; Goodwin & Francis, 2003; Miller, 2003; McCabe, Mosedale, and Scarles, 2008). 즉, 관광사업체는 관광의 부정적 영향을 최소화하고자 하는 관광자의 수요에 대응하여 관광의 부정적 영향 및 혜택의 분배를 고려하는 방향으로의 전환이 유도됨으로써 관광산업 전반에 대한 책임감 있는 문화의 형성이 가능하다는 점에서 의의를 지닌다.

한편, 책임의 문제는 응분의 몫에 대한 철학적 논쟁과 연결된다. 응분의 몫은 "P(주체)는 B(근거) 때문에 당연히 T(응분의 대우)를 가질만하다"는 Feinberg(1970)의 주장이 대표적인데(임의영, 2008), 어떤 행위에 대한 결과, 제 몫을 갖는 것을 의미한다. 즉, 어떤 행위의 결과로 인하여 특정 대상에 대하여 (부정적) 영향을 끼쳤을 때, (부정적) 영향을 끼치게 한 주체에게 그 몫, 책임이 있다. 관광자의 관광행위를 통한 호스트 커뮤니티에 대한 부정적 영향은 호스트 커뮤니티에 대한 몫, 책임을 지닌다. 그러나 Rawls는 응분의 몫에 대하여 분배에 대한 근거로서만 기능하며, 실질적으로 어떠한 역할을 할 수 없는 전제도적 차원의 개념으로 본다(임의영, 2008). 즉, 관광에서의 책임은 호스트 커뮤니티에 대한 부정적 영향 및 혜택 분배에 대한 관광자의 행동 변화를 유도하는 일종의 행동강령으로 작용하지만, 관광자 개인의 도덕성 및 의지에 의존한다는 점에서 실질적 기능은 제한적이다. 또한, 책임관광은 북반구 관광자에 의한 남반구 호스트

커뮤니티의 수혜에 기반하여 불균등이 전제됨으로써 북반구 관광자와 남반부 호스트 커뮤니티 간의 호혜적 관계 형성이 어렵다는 점에서 남반구와 북반구의 종속적 관계를 해소하는 데에는 다소 한계를 지닌다.

3) 녹색관광 및 생태관광

녹색관광은 전원에서의 관광, 즉 농촌관광을 그린투어리즘(green tourism)이라 부른 데에서 비롯된 개념이다(김성진·김현, 2002; 고동완·김현정·김진, 2010). 녹색관광은 전원 및 농촌 등을 대상으로 하는 관광으로, 농산어촌 지역에서 행해지는 지역주민과 교류를 통한 체재형 여가활동(노봉옥, 2008), 친환경성을 고려한 관광의 한 형태(Sharpley, 1997; Edwards, 1990), 해변·산악지역을 포함하는 농촌관광(프랑스 농촌관광진흥센터), 농산촌의 자연경관과 전통문화·생활을 대상으로 하는 체류형 교류활동(농림부) 등으로 정의되었다(고미네아키라·김문주, 2008). 즉, 선행 녹색관광에 대한 연구는 녹색관광에 대하여 자연자원 및 농촌자원 등을 대상으로 하는 관광형태로, 농촌관광, 전원관광의 확장적 개념으로 이해하고 있다.

최근 녹색관광의 개념은 보다 광의의 개념으로 접근되고 있는데, 강신겸(2009)은 녹색관광의 협의의 개념이 농촌관광을 의미하며, 광의의 개념이 지속가능한 관광의 목표와 원칙을 지향하는 새로운 여행패턴을 지칭한다고 하였다(고동완·김현정·김진, 2010). 또한, 신용석(2010)은 "방문지역의 자연, 문화, 사회경제적 자원을 존중하고 최소한의 영향을 주는 친환경적인 관광"으로 정의하였으며(신용석, 2010; 조광익·이돈재, 2010), 고동완·김현정·김진(2010)은 물리적·사회적인 환경과의 공생적 관계를 추구하는 관광이라 정의하였다. 즉, 최근의 녹색관광 개념은 지속가능한 관광의 환경적 측면에 대한 실천적 개념으로 확장되어 이해되고 있다. 한편, 최근 대두되고 있는 저탄소 녹색관광은 기후변화에 대한 적응 및 대응을 중심으로 기존 녹색관광 개념을 보다 구체화한 개념이다.

1960년대 Hetzer는 기존관광에 대한 대안적 관광으로 생태적 관광(ecological tourism)을 주장하였으며(Wallace & Pierce, 1996; 박선희·함석종·박인수, 2011), 1980년대 Ceballos-Lascurain이 습지보전운동을 전개하면서 생태관광(eco-tourism)이라는 개념이 비롯되었다(국립공원관리공단, 2010; 강영애·민웅기·김남조, 2011). 생태관광학회(TIES)는 생태관광에 대하여 환경 보호와 지역주민 복지를 고려하고, 자연지역에서 행해지는 책임있는 여행으로 정의하였으며, 세계자연보전연맹(IUCN)은 '자연지역에서 역사문화자원을 포함한 자연자원을 향유 및 감상하기 위하여 행하는 환경적으로 책임있는 여행'으로 정의하였다(강영애·민웅기·김남조, 2011). Valentine(1992)은 비교적 훼손되지 않은 자연지역에서 행해지며, 자원의 보호와 관리에 직접 기여하는 형태의 관광이라고 정의하였으며, Fennell(1999)은 자연지역에 대한 보존·학습·경험에 초점을 두고, 지역에 대한 부정적 영향을 최소화하면서, 지역주민에 이익을 제공하는 지속가능한 관광의 한 형태라고 정의하였다(박선희·함석종·박인수, 2011). 즉, 생태관광은 자연지역에서 책임있는 관광자의 태도와 행동을 통하여 이루어지는 행해지는 관광행위이며, 지역주민의 참여 및 이익 창출이 동반되어 관광에 의한 환경 및 사회문화적 영향을 관리하는 관광으로 정의된다. 이와 같이, 녹색관광과 생태관광은 지속가능한 관광의 환경적 측면을 강조한 실천적 개념이지만, 지역의 녹색·생태자원 경험과정에서의 지역커뮤니티와의 교류 및 접촉을 수반하여 지속가능한 관광의 사회문화적 측면을 일부 포함한다.

4) 복지관광

복지관광(social tourism)은 관광에 대한 사회복지적 접근 개념으로, 복지보조관광(social subsidised tourism; McIntosh & Goeldner, 1986), 사회복지관광(김창수, 2006), 사회관광(김사현, 2003) 등의 용어와 혼용되는 개념이다(신성정·고동완·여정태, 2008). 이러한 용어간 혼용은 'social'(사회적)을 '복지'(welfare)로 명명한 데에 기인하며, 복지관광의 성격을 사회복지적인 관광으로 접근하였음을 의미한다.

복지(welfare)는 인간생활의 만족스러운 이상상태를 의미하는 개념으로, 최근의 복지개념은 사회적 연대와 국가에 의존하는 개념으로 사회구성원의 안녕을 위한 기본적 필요로 정의된다(박영미, 2004). 사회(society)의 개념은 고대에 국가, 정치와 동일한 의미를 나타냈으나, 근대사회의 형성과정에서 국가, 정치와는 구분되는 개념으로 변화하였다. 사회는 정치적 삶과는 본질적으로 구분되는 독립적인 인간의 공동체적 삶을 의미하며, 계약, 교환, 노동사회의 삶과 관련되는 개념이다(박주원, 2004). 또한, Marshall은 문화향유권에 대하여 사회권으로서의 복지권으로 언급하였는데, 문화향유권의 범주에 여가·레크리에이션을 포함하였다(최종혁·이연·안태숙·유영주, 2009). 즉, 복지관광에서의 '복지(social)'는 사회에서의 개인의 위치와 관련되며, 여가, 관광 등을 통하여 사회적 연대와 국가에 의해 보장되는 개인의 안녕을 의미한다.

복지관광은 스위스와 프랑스에서 시작된 개념으로, 스위스에서는 1930년대 소외계층에 대한 관광활동을 지원하면서 도입되었다. 프랑스에서는 복지법을 통하여 노동자의 휴가권을 보장함으로써 유급휴가의 법제화, 관광참여가 제한된 계층에 대한 정책적 보조에서 시작되었다(신성정·고동완·여정태, 2008). 이후 1959년 제2차 Social Tourism 대회에서 Hunziker는 복지관광에 대하여 저소득층에 의해 행해지는 관광의 유형으로, 가능한 모든 도움과 서비스를 완전히 제공받는 관광의 유형이라고 정의하였다(김선영, 2002). Burkart는 제한된 수단, 노령, 빈곤 등에 처한 개인이 휴가여행을 즐길 수 있도록 하는 형태의 관광이라고 정의하였으며, IBST(International Bureau of Social Tourism)는 관광참여에 제한이 있는 계층을 대상으로 국가·지방자치단체·사회단체 등이 지원하여 관광참여 기회를 제공하는 것이라고 정의하였다(신정식, 2009). 즉, 복지관광의 개념은 모든 사회구성원에 대한 평등한 관광기회 보장을 통한 사회적 형평성 실현을 주요 내용으로 하나, 실질적으로는 관광참여가 제한된 소외계층에 대한 관광복지의 실현을 중심으로 논의된다. 이러한 측면에서, 복지관광은 사회적 배제를 해결하는 방안으로 제안된다.

관광분야에 있어서 사회적 배제는 관광소외로 나타나는데, 복지관광은 소외계층의 관광소외 현상에 대하여 관광제약 제거를 중심으로 하는 정책적 조치를 통하여 관광을 통한 사회적 배제 문제를 해결하고자 한다(이훈, 2011). 복지관광의 대상은 신체적 제약을 지니는 장애인·노인, 경제적 제약을 지니는 저소득층, 그리고 다문화 인구 등을 포함한다. 즉, 복지관광에 대한 접근은 예산 투입을 통한 소외계층의 관광기회 보장을 중심으로 정책적으로 접근되고 있으며, 모든 사회구성원의 관광기회 보장, 소외계층의 관광경험의 질 등에 대한 논의는 다소 미흡하다.

한편, 문화복지에 대한 최근의 정책적 논의는 모든 사회구성원의 문화향유권 충족으로 행복추구권을 충족시킴으로써 사회구성원의 인간다운 삶 실현을 중심으로 하며, 이러한 움직임은 행복추구권을 복지권의 일부로 보는 접근이다. 복지관광 역시 관광을 통한 행복추구권 보장을 복지권, 사회권의 일부로 보는 시각으로, 소외계층의 관광기회를 확보함으로써 사회적 형평성 제고를 목적으로 한다는 점에서 유사성을 지닌다.

3. 대안관광의 한계

대안관광은 지금까지 더욱 바람직한 관광을 위한 촉매제 역할을 하였다. 대중관광에 대한 반작용으로 도입된 대안관광은 기존 대중관광이 지니는 문제점 및 한계를 개선하기 위한 노력을 시도한다는 점에서 의의를 지닌다. 그러나 Butler(1999)는 대안관광이 개념적으로 바람직하게 보임으로써 그것이 지니는 위험성과 문제를 간과할 수 있음을 경고하였다. 관련하여 최근 대안관광의 가능성과 한계에 초점을 둔 연구가 진행되고 있다

(Stronza, 2011). 기존 관광이 지니는 부정적 측면에 대한 대안적 형태로 인식되었던 대안관광은 불평등한 관광시스템의 한계에 대한 고려가 배제되어 있으며(Higgins-Desbiolles, 2008), 그 실효성이 미미하다는 비판을 받는다(장은경·이진형, 2010). Hultsman(1995)은 윤리적인 이슈에 대한 실행이 무지로 인하여 한계를 지닐 수 있으므로 철학과 패러다임에 기반하여 윤리적인 이슈에 대하여 논의 및 실행해야 한다고 주장하였다(Hultsman, 1995). 이제 현상적으로 진행되고 있는 다양한 대안관광 유형을 반영하고, 관광 분야의 윤리 및 가치에 대한 담론을 구성할 수 있는 철학적 논의가 필요한 시점이다.

|3절| 공정관광의 이슈와 개념

1. 공정관광의 이슈

이화동 벽화마을은 날개 벽화로 유명했던 마을이다. 유명 연예인이 날개 벽화를 배경으로 사진을 찍는 모습이 TV 프로그램에 방영되면서 이화동 벽화마을을 방문하는 관광자는 급증하였다. 관광자로 인한 소음, 낙서 등으로 고통받던 주민이 벽화를 훼손하면서 유명 관광지에 거주하는 지역주민의 삶과 권리에 대해 생각해보는 계기가 되었다. 또한, 북촌한옥마을에는 곳곳에 '이곳은 주민들이 거주하는 지역입니다. 조용히 해주세요.'라는 푯말이 붙어있다. 계속되는 갈등에 서울시는 관광시간 제한 등의 대책을 내놓기도 하였다. 이러한 현상은 제주도, 부산 감천문화마을, 인천 동화마을 등 전국에서 발견된다. 몰려드는 관광자로 인하여 주민의 일상이 파괴되고, 지역을 떠나고 현상은 해외 유명 관광지 역시 마찬가지이다. 스페인 바르셀로나, 이탈리아 베네치아, 네덜란드 암스테르담 등에서도 몰려드는 관광자로 인한 갈등이 발생하고 있다. 이러한 현상을 설명하는 신조어로 관광 혐오(tourism phobia), 과잉관광(overtourism) 등이 등장하기도 하였다. 이와 같이, 외부자 지향적 관광정책은 지역주민보다 관광자의 요구를 중심으로 추진되고 있으며, 이 과정에서 지역주민이 의견을 제시하거나, 권리를 주장할 수 있는 기회를 충분히 보장되지 않고 있는 것이다. 외부자 지향적인 관광정책은 결과적으로 지역을 유명 관광지화하면서 공간의 주인인 지역주민을 소외되게 하며, 이러한 현상은 전세계적으로 심화되고 있다.

공정하지 못한 관광현상은 지역주민과 관광자 간 관계에서만 발견되는 것이 아니다. 사실 공정하지 못한 관광현상은 모든 관광분야 이해관계자 간 관계에서 발견할 수 있으며, 관광자 간 관계에서도 나타난다. 지금까지의 관광정책은 모든 관광자를 비장애인으로 전제하며, 관광수익 창출을 목적으로 한다. 그러다 보니 휠체어를 이용하는 관광자가 진입할 수 없는 관광지나 관광시설, 눈이나 귀가 아닌 다른 감각기관을 이용하여야 할 관광자들이 충분히 즐기기 어려운 관광지가 대부분이다. 또한, 경제적 어려움을 겪는 시민에게는 관광지는 접근하기 쉽지 않은 대상이 되고 있다. 관련하여 세계관광기구가 1999년 책임있고, 지속가능한 관광을 위하여 제시한 글로벌 윤리강령(global code of ethics for tourism: GCET)은 관광에 대한 보편적 권리를 강조하였다. 최근 정부에서 추진하는 근로자 휴가 보장, 열린 관광지 사업 등은 그 일환이라고 볼 수 있으나, 아직 해결해야 할 문제가 많은 상태이다.

세 번째 공정하지 못한 관계는 관광산업 내 관계에서 찾아볼 수 있다. 지난 2013년 남양유업 사태를 시작으로 '갑의 횡포, 을의 눈물'에 대한 사회적 관심이 집중되었다. 관용적으로 갑은 계약관계에서 상대적으로 지위가 높은 계약자, 을은 상대적으로 지위가 낮은 계약자를 의미하지만, 이제 우리 사회에서 갑-을 관계는 힘의 불균형이 일어나는 거래관계에서의 경제적 강자의 지위 남용과 횡포 등의 불공정 행위를 의미한다. 갑-을 관계는 우리 사회 전반에서 나타나는 현상으로, 관광분야에서도 도매여행사와 소매·가맹여행사간 힘의 불균형으로 인한 갈등과 종속의 문제가 발생한다. 여행상품은 운송·숙박시설 등에 대한 알선·계약을 통하여 유통된다는 측면에서 복잡성과 파급성을 지닌다. 특히, 상대적으로 유통구조가 복잡한 아웃바운드 상품은 저가덤핑관광 등 불건전한 관광거래 구조가 두드러지게 나타난다. 실제 복잡한 유통구조 상에서 소수의 거대여행사는 '슈퍼(super) 갑'의 지위를 누리고 있으며, 수수료, 경비 등을 소매·가맹여행사, 현지여행사 등에 전가해 이윤을 늘리고 있는 상황이다. 이러한 현상은 거대여행사의 브랜드 네임에 대한 소매·가맹여행사의 수요를 바탕으로 지속되고 있는 상황이며, 홍보비 지불, 출혈경쟁으로 인한 손실 전가 등의 문제가 지속적으로 발생하고 있다.[2]

네 번째 공정하지 못한 관계는 관광의 대상이 되는 생태와 인간 간 관계이다. 2017 국민여행실태조사 결과에 따르면, 국내 관광여행 중 주요활동은 '자연 및 풍경 감상'(28.5%)이 1위인 것으로 나타났다. 여전히 생태자원은 주요한 관광자원이지만, 우리의 관광욕구를 충족시키기 위한 효용적 가치에 집중하고 있는 것이 사실이다. 여기에서 제시한 네 가지 이슈는 공정관광의 개념적 범주 내에서 다루어지는 내용이다. 공정하지 못한 관광현상에 대한 비판에서 시작된 공정관광의 개념과 범주에 대하여 소개한다.

---

2) 이 문단은 황희정·이훈(2015)의 I. 서론 일부를 수정·보완한 내용임.

2. 공정관광의 개념과 범주[3)]

1) 공정관광 연구의 흐름

공정관광 개념은 공정무역 개념이 관광분야에 적용되면서 시작된 개념이다. 국가 간 무역에 대하여 '공정' 개념으로 접근한 공정무역은 공정성과 투명함, 존중 등을 기반으로 개발도상국의 생산자와 노동자에게 정당한 가격과 더 나은 거래조건을 보장함으로써 개발도상국의 생산자와 노동자의 자립을 지원하는 무역형태로 정의된다(박건영, 2011). 즉, 공정무역은 '공정(fair)'에 기반하여 관행 국제무역을 비판하는 논의이며, 남반구의 생산자와 북반구의 소비자 간 착취적 관계를 호혜적 관계로 개선하는 것을 목적으로 하는 대안무역의 형태라 할 수 있다(Nicolas & Opal, 2005; 엄은희, 2010). 공정무역은 생산자와 소비자 간의 공정한 거래, 남반구와 북반구 간의 공정한 거래를 토대로 한다. 공정무역은 공정한 가격, 프리미엄(개발도상국 커뮤니티 인프라 구축을 위한 추가 가격), 선불금, 장기적 관계, 직접 무역관계(중간 무역상의 배제) 등을 기준으로 한다(the Fairtrade Foundation, 2011; Cleverdon & Kalisch, 2000).

Cleverdon & Kalisch(2000)는 불평등한 무역패턴에 대한 보강을 중심으로 논의되었던 북반구의 공정무역 개념이 관광분야에 적용되고, 남반구로 확대되면서 남반구의 서비스 제공자, 즉 호스트 커뮤니티에 대한 논의로 확대되었다고 언급하였다(Cleverdon & Kalisch, 2000). 공정관광 움직임은 대량관광과 국제관광의 부정적 영향에 대한 비판이 부각되는 상황에서 고유한 관광경험에 대한 욕구가 결합되어 시작되었다(Cleverdon & Kalisch, 2000). 1960년대 관광개발의 경제적 편익이 모든 이해관계자에 공평하게 분배되지 않는다는 문제의식으로(Mvula, 2001), 관광분야의 윤리적 거래와 개발도상국 내 생산자에 대한 정당한 거래조건을 지원하자는 움직임이

[3)] 이 부분은 황희정·이훈(2011)의 일부를 수정·보완한 내용임.

형성되었다. 1970년대에는 아시아기독교협의회가 원주민의 인권, 환경문제 등 관광산업이 수반하는 사회적 문제에 대한 변화를 촉구하는 활동을 개시하였다(새가정사, 2010). 이러한 가운데 1988년 영국에서 비공식적인 네트워크를 중심으로 Tourism Concern의 활동이 시작되었는데, Tourism Concern은 여행자의 책임과 윤리적 행동을 중심으로 교육프로그램 운영, 캠페인 활동 등을 실시하여 국제관광이 지니는 사회적 문제에 대한 인식 확산을 위한 활동을 전개하여 공정관광 운동을 이끌었다. 1989년에는 미국의 반세계화운동 단체인 Global Exchange가 새로운 여행형태를 위한 운동을 시작하였는데, Global Exchange는 여행지에서의 인권 유린, 환경파괴 문제 등을 중심으로 활동을 전개한다(임영신, 2009). 공정관광에 대한 관심이 확산되면서 스위스의 ATKE(Arbeitskreis Tourismus, Entwicklung), Tourism Concern이 중심이 된 INFT(International Network on Fair Trade in Tourism), 남아프리카의 FTTSA(Fair Trade in Tourism South Africa), 그리고 responsibletravel 등이 윤리적 관광에 대한 인식 공유, 지역주민의 편익, 관광목적지의 자연자원 및 사회문화자원에 대한 보호를 목적으로 활동을 전개하고 있다(Mahony, 2007).

공정관광에 대한 초기 접근은 공정무역 개념에 대한 관광분야 적용의 가능성 논쟁을 토대로 진행되었다. 이러한 논쟁은 무형의 서비스인 관광을 일반 거래상품과 같이 공정하게 거래될 수 있는 대상으로 간주할 수 있는지에 대한 것으로(Mahony, 2007), 대량관광, 국제관광이 복합성을 지니는 관광시스템의 특성상 관광매력물뿐 아니라, 관광목적지에 대한 사회문화적 침범을 수반하는 특징을 지닌다는 점을 인식하였다(Cleverdon & Kalisch, 2000; Cleverdon, 2001). 이러한 인식으로 공정관광에 대한 남아프리카 등 국제적인 개념 접근은 유럽에서 채택한 초기 개념보다 확장되어 지역적 차원을 포함하는 개념으로 확대되었다(Mahony, 2007). 즉, 공정관광 개념은 관광목적지 공동체의 공정성 획득에 대한 논의를 토대로 관광산업에서의 권력 분배, 남반구 관광자와 북반구 지역커뮤니티 간의 불균등한 권력의 구조에 대한 개선 등을 포괄하는 개념이다.

한편, 국내에서는 공정여행(fair trade travel, fair travel), 공정관광(fair trade in tourism, fair tourism) 등의 용어가 혼용되고 있다. 공정여행은 공정여행에 대하여 현지인의 삶을 파괴하지 않고, 책임감을 토대로 환경과 공존하는 여행(한국문화관광연구원, 2010; 오익근, 2011), 여행자와 지역주민 간 존중·동반 성장과 지역공동체에 대하여 관광이익을 환원하고 생태를 보호하는 여행형태(임영신·이혜영, 2009), 그리고 지역의 환경, 사회, 문화에 대한 이해와 존중을 토대로 의미있는 관계를 형성하기 위한 규범적 행동양식을 권유하는 여행(장은경·이진형, 2009) 등으로 정의하였다. 공정관광은 공정관광에 대하여 관광주체 간 공정한 관광거래(오익근, 2011), 저가 덤핑상품 및 불공정 거래 등과 반대되는 개념(문화체육관광부 보도자료, 2011), 관광목적지 관광 종사자에 대한 동등한 인격적 대우에 기반한 공정한 거래(새가정사, 2010) 등으로 접근하고 있다. 즉, 공정여행은 여행자의 행태를 중심으로 정의되며, 공정관광은 이해관계자 간 공정한 거래를 중심으로 개념 정의된다.

2) 공정관광의 개념적 범주

'공정'은 절차 및 과정, 그리고 결과에 적용되는 개념으로, 공정관광은 관광분야에서의 이해주체 간 동등성, 관광개발 절차 및 관광과정에서의 공정성, 그리고 관광으로 인한 편익의 분배 공정성 등으로 구성된다. 관련하여 임영신(2010)은 공정관광이 이해주체 간 동등한 관계 속에서의 동등성을 보장하며, 나아가 정의까지 포함하는 개념이라고 주장하였다(장은경·이진형, 2009). 즉, 공정관광은 모든 이해주체 간 동등성이 전제되어야 하며, 동등한 이해주체 간 관광개발 및 관광활동 과정에서의 공정성, 그리고 관광으로 인한 편익에 대한 공정한 분배를 포함하는 개념이다. '공정'이 모든 이해주체 간 동등성을 전제하는 개념이라는 점을 고려할 때,

관광자, 지역주민, 관광산업 등 모든 이해주체가 추구하는 편익은 공정하게 분배되어야 하며, 관광자 간 편익 역시 공정하게 제공되어야 한다. 관련하여 FTTSA는 공정관광이 매력적인 관광경험을 원하는 관광자와 새로운 수입 및 생존, 문화적 다양성과 위엄을 원하는 지역주민을 포함한 모든 이해주체의 기대를 충족시키는 관광형태라 주장하였다.

  '공정'관광은 모든 이해주체 간 공정성을 포괄하는 개념이지만, 공정관광, 공정여행, 그리고 공정성에 대한 논의를 토대로 관광개발 및 관광활동 과정, 관광활동의 편익에 대한 관련성을 지니는 주요 이해주체인 관광자, 지역주민, 관광산업을 중심으로 설정하였다. 공정관광에서의 공정성은 관광자 공정성, 지역주민 공정성, 관광산업 공정성, 그리고 생태적 공정성으로 구성하였다. 우선, 공정관광은 관광에서의 공정성에 대한 사회적 논의와 함께 더욱 고유하고 진정성있는 관광경험에 대한 관광자의 욕구와 부합된다(Cleverdon & Kalisch, 2000). 즉, 공정관광은 관광분야의 공정성에 대한 실천을 중심으로 하며, 동시에 고유한 관광경험을 추구하는 관광자의 욕구가 충족되는 형태라 할 수 있다. 이러한 측면에서 볼 때, 공정관광은 관광자를 비롯한 이해주체가 관광을 통하여 획득하기를 기대하는 편익, 즉 관광자의 고유한 관광경험과 이외 이해주체가 추구하는 편익을 공정하게 분배하는 형태라 할 수 있다. 또한, 관광자 간 공정한 편익의 분배는 고유한 관광경험에 대한 모든 관광자의 분배를 의미한다. 즉, 관광참여가 상대적으로 제한된 소외계층에 대하여 공정한 관광참여 기회를 보장하는 형태를 의미한다. 관광참여 기회의 보장은 신체적·금전적·사회적 제약을 지닌 장애인·노인, 저소득층, 다문화인구 등을 포함한다.

  지역주민에 대한 공정성은 관광개발 및 관광활동 과정에서의 공정성, 관광으로 인하여 수반되는 편익에 대한 분배를 중심으로 구성하였다. 관광개발 과정에서의 공정성은 공공·민간의 관광개발에 대한 의사결정 과정에서 지역주민이 동등한 권리를 갖고 참여하여야 한다는 것으로,

Tourism Concern(2011)이 강조하는 관광산업과 지역주민 간 공정한 파트너십을 의미한다. 관광산업과 지역주민 간 공정한 파트너십은 관광에 대한 관여 여부와 상관없이 모든 지역주민에 형평성있는 협의 및 협상, 현지인 고용 및 트레이닝, 그리고 지역관습의 고수 등이다(Tourism Concern, 2011). 또한, 관광활동 과정에서의 공정성은 호스트커뮤니티에 대한 관광자의 방문 시, 호스트커뮤니티·지역문화에 대한 존중감을 토대로 지역주민의 권리를 침해하지 않는 선에서의 관광활동, 공정한 가격의 지불이 이루어져야 한다는 것으로, Tourism Concern(2011)의 관광자와 지역주민 간 공정한 거래를 의미한다. 관광개발이 가져오는 편익은 거의 공평하게 분배되지 않으며, 지역주민의 권리와 이익의 침해로 호스트커뮤니티의 생존능력이 낮아지는 등 개발비용이 증가하였다(Mvula, 2001). 관광편익에 대한 공정성은 관광으로 인한 경제적 이득에 대한 관광개발 주체와 호스트커뮤니티 간 공정한 분배, 관광의 부정적 영향에 대한 보상을 의미하며, Tourism Concern(2011)이 강조한 지역주민의 공정한 편익 분배를 의미한다.

관광산업에 대한 공정성은 관광기업 간·관광기업과 관광자 간 공정한 거래, 관광종사원에 대한 공정한 대우로 구성하였다. 관광기업 간 공정한 거래는 외부자본과 지역자본 간 공정한 경쟁(Tourism Concern, 2011), 대규모 관광기업과 소규모 관광기업 간 공정한 파트너십을 의미하며, 관광기업과 관광자 간 공정한 거래는 덤핑관광 배제, 상품가격의 공시 등을 의미한다. 관광종사원에 대한 공정한 대우는 공정한 임금 및 보상, 공정한 절차, 의사소통 과정에서의 존중감 등을 의미한다(장양례·배수현, 2009).

한편, 기존 공정관광의 환경적 측면에 대한 논의는 관광의 부정적 영향으로부터 지역주민의 삶의 질을 보장하기 위한 방향으로 논의되었다. 관련하여 Tourism Concern(2011)은 공정관광에 대한 기준 중 하나로 자연자원의 지속가능한 사용을 언급하였는데(Tourism Concern, 2011), 지속가능한 관광에 대하여 비판한 McDonald(2009)는 환경을 인간 외적 대상으로만 간주하는 환원주의적 접근은 인간과 환경을 이분화하여 관광의 복잡성에 대한 이해가 부족하다고 주장하였다. 이러한 비판은 지속가능한 관광이 '생태'를 '환경'으로 인식하여 인간의 욕구를 지속적으로 충족시키기 위한 효용적 가치에 집중하여 논의하였다는 비판이다. 자연자원의 사용에 대한 공정성은 자연자원을 이용하는 주체인 관광자·관광산업과 자연자원 간 공정한 관계라는 측면에서 보면, 인간의 생존을 위한 '환경'에 대한 논의를 독립된 객체로서의 '생태'와의 공정성에 대한 논의로 확대 가능하다. 관련하여 VanDeVeer(1970)는 모든 감각있는 존재를 독립적 주체로 전제하여야 한다고 주장하였으며(박재목, 2006), Wenz(1998)는 타자성을 기반으로 생태에 접근 시, 생태가 갖는 독립성에 대한 확보가 가능하다고 주장하였다. 인간과 생태 간 공정성은 관광의 부정적 영향을 최소화하고, 관리하기 위한 종래의 접근에서 생태가 갖는 독립적 타자성을 토대로 생태와 인간 간 공정성을 전제하여 생태의 존엄과 가치에 대한 보장, 생태적 안정과 균형을 해치지 않는 한도(생태계 항상성 유지) 내에서의 인간의 가치 추구로 설정하였다(최재훈, 2002).

이를 토대로, 공정관광은 관광자, 지역주민, 관광산업 등 모든 이해주체와 생태를 중심으로 각 주체 간 동등한 관계, 공정한 과정 및 절차, 그리고 공정한 결과의 분배로 구성하였다. 또한, 관광의 본질은 비일상적이고 상이한 대상에 대한 체험 욕구에 대한 만족으로, 신기성, 고유성 등이 강조된다(김지선, 2011). 즉, 공정관광은 관광분야 모든 이해주체 간 '공정'(fair)으로 접근하여 관광자, 지역주민, 관광산업 등 관광분야 이해주체·생태가 동등한 관계, 절차 및 과정, 결과의 분배에 대한 공정성을 토대로 각 이해주체가 획득하기를 기대하는 편익에 대한 공정한 분배가 이루어지는 관광이며, 이를 토대로 고유한 관광경험을 추구하는 관광을 의미한다. 공정관광 개념의 속성 및 범주는 다음과 같다.

	관광자 공정성	지역주민 공정성	생태적 공정성	관광산업 공정성
동등한 관계	• 관광자 간 동등성	• 지역주민–관광객 • 지역주민–관광산업 간 동등성	• 관광기업 간 동등성	• 인간–생태 간 동등성
공정한 절차·과정		• 관광개발 과정 공정성 • 관광활동 과정 공정성(호스트 커뮤니티·문화 존중)	• 관광기업 간 공정성 (공정거래) • 관광기업과 관광객 간 공정성(공정거래)	• 생태적 가치 존중
결과의 공정한 분배	• 고유한 관광경험을 통한 심리적 만족 • 관광참여 기회 공정성	• 관광편익 분배의 공정성		• 생태의 존엄한 가치보장(관광의 부정적 영향관리)

주 : 공정관광의 속성 및 범주는 주요 이해주체인 관광자, 지역주민, 관광산업, 그리고 생태를 중심으로 구성함. 그러나 공정관광 개념은 모든 이해주체 간 공정성을 토대로 하여 보다 확장될 수 있음.

〈그림 3-1〉 공정관광의 속성 및 범주

|4절| 더욱 정의로운 관광을 위한 철학적 논의[4)]

1. 정의의 이슈, 관광

관광은 본질적으로 정의적 이슈이다(Fennell, 2006; Higgins-Desbiolles, 2008 재인용). 지금까지 관광의 정의에 대한 논의는 '대안관광'이라는 큰 개념적 틀에서 논의되어 왔다. 최근 대 안관광의 개념적 범주는 공정관광, 책임관광, 자원봉사관광, PPT(Pro-poor Tourism) 등 새로운 개념이 지속적으로 도입되면서 확장되는 추세이다(Wearing, 2002; Higgins- Desbiolles, 2008 재인용). 특히, '생태' 중심의 논의가 '인간' 중심으로 확장되고 있으며, '관광의 대안' 중심에서 '세계의 불평등한 권력구조'에 대한으로 확장되고 있다. 따라서 새로운 가치 담론을 구성할 수 있는 철학적 논의가 필요한 시점이다.

---

4) 이 장은 황희정(2012) 일부를 발췌하여 재구성한 내용임.

공정관광 개념 역시 이러한 시도라고 할 수 있다. 또한, 해외에서는 일부 연구자에 의해 '정의관광(Justice Tourism, Just Tourism)'이라는 개념이 논의된 바 있다. Hultsman(1995)은 정의 관념과 윤리에 기반하여 정의관광 개념을 제시하였다. Hultsman(1995)은 선행 관광분야 윤리 및 철학에 대한 문헌 분석으로 생태, 마케팅, 지속가능성, 인본주의와 사회, 그리고 관광교육 등 5가지 이슈를 분석하였으며, 관광교육에 초점을 두어 정의관광 개념을 제안하였다. 정의관광에서의 '정의(just)'는 '공정한(fair)', '고결한(honorable)', '똑바른(upright)', 그리고 '적절한(proper)' 등을 내포하는 개념으로 보았으며, '일반적으로 받아들여지고 윤리적인 행동'으로 정의하였다(Hultsman, 1995). 또한, Higgins-Desbiolles(2008)는 대안적 세계화를 위한 대안관광 형태로 정의관광 개념을 제안한 바 있다. 특히, Higgins-Desbiolles(2008)는 인본주의적인 세계화에 대한 요구와 더불어 가장 급진적인 대안관광 형태로 정의관광을 제시하였다. 정의관광은 새롭고 불평등한 관광의 부정적 영향을 개혁할 뿐 아니라, 정의로운 세상을 만들기 위한 요구라고 설명되었다(Higgins-Desbiolles, 2008). Scheyvens(2002:104)는 정의관광에 대하여 '윤리적이고 공평한' 관광이라고 정의하였다. Scheyvens(2002:104)는 정의관광에 대하여 관광자와 지역주민 간 유대감 형성, 상호 이해와 형평성·분배·존중에 기반한 관계, 지역커뮤니티의 자기 충족과 결정권 지원, 그리고 지역에 대한 혜택 최대화를 제시한 바 있다(Higgins-Desbiolles, 2008).

정의관광에 대한 논의와 개념 정의는 국내에서 논의되는 공정관광 개념과 유사성을 지닌다. 정의관광과 공정관광이 하나의 개념 단위를 벗어나, 관광을 바꾸는 힘을 가지기 위하여서는 그 철학적 기반에 대한 충분한 검토 및 논의가 필요하다. 이를 위해 공정성을 중심으로 정의에 대해 논의한 대표적 정의론자, Rawls의 정의론을 소개한다.

2. Rawls의 정의론

1) 중첩적 합의

사회정의에 대한 대표적 접근은 공리주의, 자유주의, 자유지상주의, 그리고 공동체주의 사회정의론 등이 있다. 이중 자유주의자인 Rawls는 정의를 실현하기 위한 조건으로 '공정성'을 강조하였으며, Rawls의 정의론은 공정한 절차를 통한 공정한 분배라는 측면에서 '공정으로서의 정의'를 의미한다. Rawls는 사회구성원 간 협동이 필요하고, 가능한 사회, 즉 일반적인 사회의 상황을 정의의 여건으로 제시하였다. 사회는 사회구성원 간 상호 이익을 위한 협동체이나, 사회구성원 간 이해관계의 상충이라는 특성을 지닌다. 이러한 이유로 사회구성원 간 이익을 분배할 원칙이 필요하게 되는데, 이것이 정의의 여건이다(Rawls, 2011).

전기 Ralws(『정의론』)는 사회구성원 간 상충되는 이해를 분배하기 위한 원칙을 채택하는 상황에 대하여 '원초적 입장'으로 가정하였다(김기덕, 2005). 원초적 입장은 고전적 사회계약론에서의 자연상태와 유사한 개념으로, 우연성을 배제한 채 공정한 절차를 통하여 계약당사자 간 합의를 이끌어내는 가상적 상황이다. 이와 같이, Rawls는 무지의 베일을 통하여 원초적 입장을 가정함으로써 사회적 합의과정에서의 우연성을 차단하였으며, 계약당사자 간 평등한 합의가 가능한 가상적 상황을 설정하였다. 또한, 자율적 개인들이 공정한 절차, 즉 순수 절차적 정의를 통하여 도달한 합의를 가장 보편적인 정의의 원리로 보았으며, 이것이 '공정으로서의 정의'를 의미한다. 그러나 Rawls는 원초적 입장의 개념이 행위론의 일부이긴 하나, 유사한 현실적 상황의 존재에 대하여서는 회의적 입장을 취했다. 즉, Rawls의 원초적 입장은 평등한 계약당사자들이 합리적 무관심을 통하여 합의에 도달하는 가상적 상황으로, 보편적인 정의의 원칙을 도출하기 위한 도덕적 추론의 과정에 한정된다.

한편, 『정치적 자유주의』를 통하여 제시된 후기 Ralws의 정의관은 『정의론』이 지녔던 보편적 진리의 비현실성 문제를 개선하여 다원주의 사회의 다양한 가치를 인정하여 현실성을 확보하였다. 『정치적 자유주의』의 목적은 상반된 종교적, 철학적, 그리고 도덕적 교리가 상존하는 다원주의 사회에서 모든 사회구성원이 인정하는 정의를 제시하는 데에 있다(Rawls, 1998). Rawls는 원초적 입장이 지니

■ 중첩적 합의

는 추상성으로 인하여 정치적 정의관이 형이상학적 인간관, 도덕적 진리를 전제하는 것으로 인식될 수 있음을 우려하여 후기 Rawls에서는 중첩적 합의(overlapping consensus) 개념을 제시하였다. 중첩적 합의는 자유롭고 평등한 존재인 시민들이 일반적인 실천이성을 사용하여 정의를 도출하는 것을 의미하는데, 상반된 교리를 지닌 모든 사회구성원이 선택하는 일종의 합의된 평균을 의미한다. 즉, 후기 Rawls는 절차가 올바르면 모든 사회구성원이 용인할 수 있는 원칙을 발견할 수 있다고 보는 입장으로, 동등한 사회구성원 간 공정한 절차를 통하여 도출하는 순수절차적 정의는 해당 사회의 정의 원칙이 된다.

관광분야의 중첩적 합의는 자유롭고 평등한 각 사회의 이해관계자가 공정한 절차를 통하여 도출하는 정의이다. 즉, 관광분야 이해관계자 간 동등성이 전제되어야 하며, 모든 이해관계자 간 의견이 중첩되는 곳이 해당 사회의 중첩적 합의, 즉 정의이다. 각 사회의 중첩적 합의를 도출하기 위해서는 동등한 모든 이해관계자 간 의견이 중첩되는 시점까지 논의를 지속하여 중첩적 합의를 도출하여야 한다. 또한, 중첩적 합의는 관광활동 과정, 관광계획 및 개발 과정, 그리고 관광산업에서의 거래 등 관광의 전 과정에서 도출하여야 한다. 중첩적 합의는 어느 사회, 어느 상황에나 동

일하게 적용할 수 있는 '하나'가 아니며, 각 사회와 상황에서 이해관계자들이 합의를 통하여 도달하는 결론이다. 따라서 모든 가장 중요한 것은 현재 이 관광현상에 관계되는 이해관계자가 누구인가를 설정하는 것이며, 합의에 도달하기까지 논의를 지속할 수 있도록 보장하는 장치이다.

2) Rawls의 정의의 원칙

정의의 원칙은 계약당사자들이 원초적 입장에서 합의과정을 거쳐 채택하리라 생각되는 원칙이다(Rawls, 2011). 정의의 원칙은 Rawls의 정의론 체계의 가장 핵심적인 요소로 정의로운 사회의 기본구조에 대한 표현이며, 분배적 정의 구현을 위한 구체적 실천전략이라 할 수 있다(김기덕, 2005). Rawls는 정의의 원칙을 2개의 원칙으로 제시하였는데, 제1원칙은 평등한 자유의 원칙이며 제2원칙은 차등의 원칙이다. 제1원칙과 제2원칙은 축자적 순서 형태로 구성되어 있는데, 축자성은 정의 원칙의 대립적 요구를 조정하기 위한 장치이다. 즉, 제1원칙은 제2원칙에 비하여 축자적 우선성을 지녀, 제1원칙이 우선적으로 충족된 후에 제2원칙이 충족되는 형식으로 서열화되어 있다(Rawls, 2011).

① 제1원칙 : 평등한 자유의 원칙(The Principle of Equal Liberty)

Rawls의 제1원칙은 평등한 자유의 원칙이다. Rawls는『정의론』에서 모든 사회구성원들이 다른 사회구성원의 자유와 양립할 수 있을 정도의 기본적 자유에 대한 평등한 권리를 지닌다고 명시하였다(김기덕, 2005). 또한, Rawls는 후기 저서인『정치적 자유주의』에서 제1원칙을 보다 구체화하였다.『정의론』의 제1원칙에서 강조하였던 '기본적 자유'는 '기본권과 자유'로 표현하면서 보다 포괄적으로 접근하였다. '기본권과 자유'에는 사상의 자유, 양심의 자유, 정치적 자유와 결사의 자유, 인격적 통합성과 자유에 의하여 구체화되는 자유, 마지막으로 법치에 의하여 포함되는 권리와 자유 등이 포함된다(Rawls, 1998). 즉, 시민들의 기본 욕구나 필요의 충족이 기본적 권리와 자유를 실질적으로 행사하는 데에 필수적인 상황에서 제1원칙의 적용은 시민들의 기본 욕구나 필요의 충족을 전제하여야 한다는 것이다(황경식, 2002).

제1원칙 : 평등한 자유의 원칙

각자는 평등한 기본권과 자유에 입각한 완전한 적정구조에 대한 동등한 주장을 할 수 있는 권리를 가진다. 이 구조는 모든 사람에게 해당되는 동일한 구조와 양립할 수 있다. 그리고 이 구조에서는 평등한 정치적 자유, 그리고 다만 그러한 자유들이 그 공정한 가치를 보장받을 수 있도록 되어야 할 것이다.

(Each person has an equal claim to a fully adequate scheme of equal basic rights and liberties, which scheme is compatible with the same scheme for all; in this scheme the equal political liberties, and only those liberties, are to be guaranteed their fair value.)

Rawls, 1998, p. 6.

시민들의 기본적인 욕구나 필요의 충족을 전제하는 제1원칙, 평등한 자유의 원칙은 기본권과 자유를 보장한다. 헌법은 인간의 존엄과 가치, 행복 추구권, 평등권, 자유권, 사회권, 청구권, 그리고 참정권 등을 최고 가치로 하며, 국민의 기본적인 권리로 보장한다. 이중 관광정의 담론 구성과 관련하여 논의하여야 할 기본권은 행복추구권, 자유권(주거 및 사생활의 자유), 사회권(환경권, 근로의 권리) 등이며, 이와 관련하여 관광분야 이해관계자의 기본적 권리를 구체화할 필요가 있다. 이훈(2011)은 관광이 점점 사회적 권리로 인식되고 있는 가운데 관광을 행복추구권의 일원으로 보고, 관광을 하지 못하는 사회구성원에 대하여 접근할 필요가 있음을 강조하였다. 즉, 행복추구권에 대한 관광분야의 논의는 관광의 본질인 쾌락을 인간의 기본적인 권리로 인식하고, 사회적 권리로서의 관광기회 보장을 구

체화할 필요가 있다.

　주거권은 자유권(주거 및 사생활의 자유)과 사회권(환경권)을 통하여 인간의 기본적 권리로 보장된다. 헌법 제 14조, 제16조에 명시되어 있는 주거권은 자유권으로, 국가의 불법적, 부당한 행위에 대한 개인의 자유를 보장하는 소극적 권리이다(하성규, 2010). 반면, 적극적 권리라 할 수 있는 사회권은 개인의 생존과 관련하여 국가나 사회에 대해 지니는 급부청구권의 의미를 지닌다(장은주, 2006). 헌법 제35조에는 국민의 쾌적한 주거생활권 보장을 위한 국가의 의무를 명시되어 있다. 이에 근거하여 소음 및 진동, 악취 등 쾌적한 주거생활을 방해하는 행위에 대한 생활방해금지가 가능하며(조은래, 2005), 국가나 제3자에 대한 보전·조정을 요구할 수 있는 권리를 지닌다(양승엽, 2007). 주거권에 대한 관광분야 논의는 아직 제한적으로 이루어지고 있는 상황이다. 이해관계자로서의 지역주민을 전제하여 주거권에 대한 관광분야 논의가 구체화될 필요가 있다.

　근로의 권리는 헌법 제32조, 33조를 통하여 보장되는데, 적정임금 및 인간의 존엄성 보장, 여성에 대한 특별한 보호, 그리고 단체교섭권 및 단체행동권 등이 명시되어 있다. 관광종사자의 근로의 권리를 보장하기 위한 노력이 필요하며, 감정노동은 근로의 권리에 명시되어 있는 인간의 존엄성 보장이라는 측면에서 접근하여야 한다. 한편, 헌법은 생태에 대하여 인간을 둘러싸고 있는 환경이라는 측면에서 접근한다. 생태를 대상으로 하는 관광 역시 생태의 보호보다는 마케팅적 목적이 강하며, 생태적으로 민감한 지역을 대상으로 함으로써 생태에 대한 더욱 큰 훼손을 수반한다(Liu, 2003). 자연의 권리를 배려할 수 있는 개인 및 단체에 대리하여 행사할 수 있다고 본다(강재규, 2008). 관광분야 기본권에 대한 논의는 생태의 권리로 확장하여 논의할 필요가 있다.

② 제2원칙 : 차등의 원칙(The Difference Principle)

제2원칙은 자연적·사회적 우연성으로 인한 사회의 불평등 상황을 모든 사람에게 이익이 될 수 있는 사회적·경제적 불평등 방향으로 편성하는 평등 지향의 정의 원칙이다. Rawls는 재산과 소득의 분배가 모든 사회구성원에게 이익이 되는 방향으로 이루어져야 하며, 권한을 갖는 직위와 명령을 낼 수 있는 직책은 누구에게나 접근 가능해야 한다고 언급하였다(Rawls, 2011). 제2원칙은 기회 균등의 원리, 최소수혜자 우선성의 원리 등 두개의 원리로 이루어져 있다.

기회 균등의 원리는 "권한을 갖는 직위와 명령을 내릴 수 있는 직책은 누구에게나 접근 가능한 것이어야 한다"는 것을 의미하며, 직업이나 직책에 대한 기회뿐 아니라 삶의 기회에 대한 균등을 포함한다(Rawls, 2011). 또한, 기회 균등의 원리는 모든 사회구성원에게 순수절차적 정의가 실제로 실현된다는 사실을 제시하는 기능을 지니며, 분배 정의가 구현되기 위한 제도적인 전제라 할 수 있다(Rawls, 2011). 즉, 기회 균등의 원리를 토대로 정의로운 제도체계가 설립되어야 제도의 정의로운 운영이 가능하다. 또한, 기회 균등의 원리가 보장되지 않을 경우 권한을 갖는 직위의 사회구성원에 의해 더 큰 이익을 획득하게 되더라도 정의롭게 대우받았다는 인식을 제공하는 데에 어려움이 있다(Rawls, 2011). Rawls는 자존감 개념과 연결하여 인생계획에 대한 자신감, 자존감이 부재할 경우 계속에 대한 노력을 지속하기 어렵다는 점을 언급하였다(Rawls, 2011). 즉, 기회 균등의 원리는 사회구성원의 가치관 및 인생계획이 실현할 만한 가치가 있다는 데에 대한 확고한 신념, 즉 자존감을 충족시킨다는 점에서 정의의 요체가 된다(최양진, 2003).

한편, 정의의 제2원칙인 차등의 원칙은 제1원칙인 평등한 자유의 원칙에서 설명한 사회구성원의 기본적 권리·자유 행사의 방해요인, 즉 우연성으로 인하여 사회구성원 간 자유의 가치가 동등하지 않은 현실에 대한 논의이다. 정의의 제2원칙은 기본적 가치의 분배에 대한 원칙이며(남현주, 2007), 제2원칙 중 두 번째 원리인 최소수혜자 우선성의 원리는 Rawls의 분배정의의 가장 핵심이 되는 부분이다. 최소수혜자 우선성의 원리는 모든 사회구성원이 사회의 기본 구조에서 허용될 수 있는 불평등으로부터 이익을 얻어야 한다는 것이다(Rawls, 2011). 사회의 기본 구조에서 허용될 수 있는 불평등은 최소수혜자의 이익이 최우선으로 고려되며, 기대치의 차등이 최소수혜자에게 이익이 될 때로 한정된다(나항진, 2010). 이 외의 경우에는 모든 사회적 가치의 불평등한 분배가 허용되지 않는다. Rawls는 모든 사회구성원의 복지가 사회협동체제에 의존하므로 최소수혜자에 대한 이득의 분배가 사회협동체제에 대한 모든 사회구성원의 협력이라는 점에 의의를 지닌다고 언급하였다(Rawls, 2011).

제2원칙 : 차등의 원칙

사회적, 경제적 불평등은 다음 두 조건을 만족시켜야만 한다.

첫째, 이들 불평등은 공정한 기회평등의 조건하에서 모든 사람에게 개방된 직위와 직책에 결부되어야 하며

둘째, 이들 불평등은 사회의 최소 수혜자들에게 최대한의 이익을 가져올 수 있도록 해야 할 것이다.

(Social and economic inequalities are to satisfy two condition: first, they are to be attached to positions and offices open to all under conditions of fair equality of opportunities; and second, they are to be to the greatest benefit of the least advantaged members of society.)

Rawls, 1998, p. 6.

최소수혜자 우선성의 원리는 자연적·사회적 우연성으로 인하여 제1원칙에서 제시된 정의의 기준이 지켜지지 않았을 때 이를 보완하는 기능을 지니며, 이러한 측면에서 분배정의라고 한다(Rawls, 2011). 즉, 제1원칙에서 보장하여야 할 지역주민의 주거권 및 환경권, 관광자의 관광기회, 관광종

사자의 근로 권리 및 관광산업체 간 불공정성, 그리고 생태의 생명 및 안전 유지 권리 등이 동등하지 않은 현실에서 최소수혜자의 이익을 최우선으로 고려하여 분배를 보완하는 원리이다. 그러나 분배 정의를 의미하는 최소수혜자 우선성의 원리는 정의의 제1원칙, 제2원칙의 제1원리에 대한 보완적 기능을 지니는 것으로, 제1원칙, 제2원칙의 제1원리가 축자적 우선성을 지닌다(Rawls, 2011). 따라서 관광분야 이해관계자 간 중첩적 합의, 즉 정의 도출 시, 최소수혜자 우선성의 원리는 관광으로 인해 피해를 받거나 소외된 이해관계자에 대한 보상적 차원에서 논의되어야 하며, 보상이 축자적으로 동등성, 평등한 자유, 삶의 기회를 우선할 수 없다. 최근 지역주민과 관광자 간 관계에 대한 연구는 사회교환이론을 적용하여 보상과 비용 간 불균형적 교환과정으로 인하여 갈등이 발생한다고 보며, 경제적 편익이 관광자와의 교환의 대가라고 본다(고동완·정승호, 2004). 그러나 교환의 대가는 지역별 특수성을 고려하여 결정하야 하며, 대가, 즉 보상보다는 관광계획·개발 및 관광활동 과정에서의 동등성과 중첩적 합의, 즉 정의 확보가 우선하여야 한다.

3. 관광의 정의를 위하여[5]

문화 간 접촉현상은 이제 일상이 되고 있다. 상이한 문화 간 접촉으로 이전에는 발생하지 않았던 갈등과 균열현상이 나타나고 있다. 사회정의에 대한 논의 역시 과거에는 분배정의 중심으로 이루어졌으나, 이제는 정의는 분배와 인정이 서로 환원할 수 없는 정의의 두 가지 차원으로 간주된다. 인정론자들은 '다름'과 '차이'에 대한 인정을 강조한다. 여성, 노인, 장애인, 다문화인구 등 타자의 정체성과 권리에 대한 불인정(nonrecognition)과 오인정(misrecognition)을 부정의라고 본다(Fraser, 2007).

그렇다면, 관광분야의 타자는 누구이며, 누구의 정체성과 권리를 인정

---

5) 이 문단은 황희정(2015) 일부를 발췌·재구성한 내용임.

하여야 하는가? 관광지 외부에 있는 관광자 중심의 관광정책에서 관광지와 그 속에 거주하는 지역주민 역시 보여지는 대상, 즉, 타자이다(문재원·조명기, 2010). 특히, 최근 나타나고 있는 관광 혐오, 과잉관광 현상은 남반구 관광자와 북반부 지역커뮤니티 간 불공정한 거래구조에 대한 비판에서 시작되었던 공정관광 논의와는 다른 양상을 보인다. 이러한 현상이 나타나는 지역은 동남아시아가 아니라 유럽이며, 삶의 질과 권리를 되찾기 위한 투쟁인 것이다. 이와 같이, 우리는 늘 새로운 문제에 직면하게 될 것이며, 정의의 이슈는 계속 달라질 것이다. 더 정의로운 관광을 위하여서는 관광의 정의에 대한 깊은 고민으로 정의에 대한 감수성을 지니고, 정의의 이슈에 대해 계속 귀를 기울일 수 있기를 기대한다.

1. 공정관광의 성공사례는 무엇인가?

2. 관광분야의 이해관계자와 타자는 누구인가?

3. 바르셀로나 관광혐오 현상은 어떻게 해결할 수 있을까?

4. 어떻게 관광의 정의(Justice)에 도달할 수 있는가?

5. 나는 정의로운 관광자인가?

1. Rawls, J. (1998). 『정치적 자유주의』. 장동진 역. 서울: 동명사.

   대표적 정의론자인 Rawls의 저서로, 『정의론』을 정교화·구체화하여 후기 Rawls
   의 사상을 알 수 있는 정치학 서적. 상반된 종교적, 철학적, 도덕적 교리가 상존하
   는 다원주의 사회에서 모든 사회구성원이 인정하는 정의의 원칙을 도출하는 방법
   제시

2. Fraser, N. (2014). 『분배냐, 인정이냐』. 김원식·문성훈 역. 경기: 사월의책.

   대표적 인정이론가인 Fraser와 Honneth의 인정 논쟁을 담은 전문서적. 모든 정의
   의 문제를 인정 문제로 환원하는 Honneth와 재분배와 인정을 모두 포괄하여 논
   의하는 Fraser의 관점적 이원론 논쟁을 중심으로 인정이론을 체계화

3. 정란수(2012). 『개념여행』. 서울: 시대의 창.

   우리가 바라는 여행이 이런 것인가라는 문제의식으로 시작하는 여행이야기. 우리
   의 관광현실을 생각하고, 관광정책의 문제를 고민해보는 안내서로, 모두가 행복한
   여행을 위한 대안적 여행방식 모색

참고문헌

강미희 · 박찬우 · 이영주 · 김성일(2006). 제주도를 방문한 대안관광객의 차별적 여행특성 규명.『한국임학회지』, 95(6), 759-767.

강미희 · 김남조 · 최승담(2002). WTO의 지속가능관광지표를 적용한 설악산국립공원 관리 모니터링.『한국임학회지』, 96(6), 799-811.

강영애 · 민웅기 · 김남조(2011). IPA를 이용한 국립공원 생태관광프로그램의 매력성 분석. 관광연구논총, 23(1), 147-168.

강재규(2008). 자연의 권리.『행정법연구』, 30(3), 41-71.

고동완 · 정승호(2004). 관광개발에 대한 지역주민과 관광객의 태도 차이.『국토연구』, 39(2), 177-188.

고동완 · 김현정 · 김진(2010). 녹색관광이란 무엇인가? 개념과 의미.『관광학연구』, 34(6), 37-58.

김난영(2010). 책임관광에 대한 관광객 행동 연구.『관광연구논총』, 22(1), 3-24.

김도희(2008). 대안관광 활성화를 위한 명소마케팅 전략의 적용; 안성시 "I LOVE 안성맞춤 학교" 사례를 중심으로.『경기관광연구』, 12, 32-51.

김선영(2002). 장애인 복지관광 진흥에 관한 연구. 경기대학교 석사학위논문.

김성일 · 박석희(2001).『지속가능한 관광』. 서울: 일신사.

김지선(2011). 세계문화유산지의 관광체험 구조분석. 한양대학교 박사학위논문.

나항진(2010). 노년교육 활성화를 위한 정의론적 탐색; J. Rawls의 정의론을 중심으로. 한국 노인과학 학술단체연합회 '98 학술대회 및 분과학회 추계학술대회. 121-135.

남현주(2007). 사회정의연구의 두 영역; 규범적 영역과 경험적 영역.『사회보장연구』, 23(2), 135-159.

노봉옥(2008). 녹색관광 활성화 방안에 관한 연구.『한국사진지리학회지』, 18(4), 29-38

문재원 · 조명기(2010). 관광의 경로와 로컬리티-부산관광담론을 중심으로. 인문연구, 58: 825-860.

문화체육관광부(2018). 2017 국민여행실태조사.

박건영(2011). 비교우위 원리와 공정무역의 조화에 관한 연구.『관세학회지』, 12(1), 303-324.

박영미(2004). 복지개념의 생태주의적 접근.『한국사회와 행정연구』, 15(1), 333-354.

박재묵(2006). 환경정의 개념의 한계와 대안적 개념화.『ECO』, 10(2), 75-114.

박주원(2004). 근대적 개인, 사회 개념의 형성과 변화; 한국 자유주의의 특성에 대하여.『한국의 근대와 근대경험』, 1900-1904.

송재호(2003). 관광의 지속가능성 이론구조모델 개발과 검증.『관광 · 레저연구』,

15(2), 23-38.

신성정·고동완·여정태(2008). 복지관광을 위한 사회적 취약계층의 관광활동 의미 분석.『관광연구』, 23(3), 96-117.

신정식(2009). 한국 노인복지관광의 전략적 발전방안 연구.『복지행정논총』, 19(2), 79-103.

양승업(2007). 골프연습장시설의 건축과 지역주민의 환경권.『강원법학』, 25, 51-94.

엄은희(2010). 공정무역 생산자의 조직화와 국제적 관계망.『공간과사회』, 33, 143-182.

오익근(2011). 공정관광으로 가는 정책,『한국관광정책』, 43.

이훈(2011). 모두가 행복한 관광(Tourism for All); 사례와 분석.『한국관광정책』, 41, 8-17.

임영신(2009). 대안의 여행, 공정여행을 찾아서.『초점과 대안』, 124-143.

임의영(2008). 사회적 형평성의 정의론적 논거 모색; 응분의 몫 개념을 중심으로. 『행정논총』, 46(3), 35-61.

장양례·배수현(2009). 여행업 종사원들의 임파워먼트와 공정성, 직무만족에 대한 구조적 관계 연구,『호텔관광연구』, 11(1), 183-196.

장은경·이진형(2009). 공정여행의 국내 사례; 북촌 한옥마을 공정여행.『관광연구 논총』, 22(2), 27-48.

장은주(2006). 사회권의 이념과 인권의 정치.『사회와 철학』, 12, 187-216

조광익·이돈재(2010). 관광 연구의 정치화; 녹색관광의 의미 변화.『관광학연구』, 34(6), 11-36.

조은래(2005). 환경권과 생활방해에 대한 위법성판단의 연구.『법학연구』, 18, 924-954.

최영국(2000). 지속가능한 관광의 개념 및 과제.『국토』, 6-19.

최영정·최규환(2010). 관광객의 소비윤리가 노력 효과성 지각 및 책임관광에 미치는 영향. 한국관광학회 제67차 학술심포지엄, 2, 442-451.

최영희(2009). 관광학적 측면에서 자원봉사관광의 개념적 접근.『관광연구논총』, 21(2), 21-38.

최재훈(2002). 환경문제와 정의의 새로운 차원; 생태적 정의의 정립을 위하여. 경희 대학교 석사학위논문.

최종혁·이연·안태숙·유영주(2009). 문화복지 개념 정립을 위한 질적 연구; 휴먼 서비스 실천가들의 인식을 중심으로.『사회복지연구』, 40(2), 145-182.

하성규(2010). 헌법과 국제인권규범을 통해서 본 주거권과 "적절한 주거" 확보 방안. 『한국사회정책』, 17(1), 321-351.

한국문화관광연구원(2010). 관광부문 불공정 사례 및 개선방안.

한국문화관광연구원(2011). 공정사회 실현을 위한 문화관광분야 대응방안. 제5회 국정과제 공동세미나. 경제인문사회연구회, 서울시.

한규수(1997). 지속가능한 개발; 생태경제학을 중심으로. 서울: 서울시립대학교출판부.

한혜영(2010). 책임관광의 특성과 사회적 의미; 내몽고 공정여행객을 대상으로. 경기대학교 석사학위논문.

황경식·이승환·윤평중·김혜숙·박구용·송호근·김상조·이영·조영달·김비환 (2011). 『공정과 정의사회』. 서울: 조선뉴스프레스.

황희정(2012). 관광정의 담론 구성을 위한 모색. 『관광연구논총』, 24(3), 145-170.

황희정(2015). 세계유산 지역주민, 그들은 행복한가?. 『관광연구저널』, 29(3), 5-18.

황희정·이훈(2005). [Ishmael] 에 나타난 Quinn 의 생태사상으로 본 지속가능한 관광 비판. 『관광학연구』, 30(3), 271-290.

황희정·이훈(2015). 여행상품 유통경로의 갑-을 관계에 대한 갈등해결행동 분석-불공정성 지각, 갈등지각, 갈등해결행동을 중심으로. 『관광학연구』, 39(7), 39-52.

황희정·이훈(2011). 공정관광의 개념 분석-이론화를 위한 고찰. 『관광학연구』, 35(7), 77-101.

Booyens, I. (2010), Rethinking Township Tourism; Towards Responsible Tourism Development in South African Townships. Development Southern Africa, 27(2), 273-287.

Butler, R. W. (1999). Sustainable tourism: A state-of-the-art review. Tourism geographies, 1(1), 7-25.

Cape town(2011). http://www.capetown.gov.za/

Cleverdon, R. & Kalisch, A. (2000). Fair Trade in Tourism. International Journal of Tourism Research, 2, 171-187.

Cleverdon, R. (2001). Introduction; Fair Trade in Tourism; Applications and Experience. International Journal of Tourism Research, 3, 347-349.

Cohen, E. (1987). "Alternative Tourism"—A Critique. Tourism Recreation Research, 12(2), 13-18.

Fraser, N. (2007). Feminist Politics in the Age of Recognition : A Two-Dimensional Approach to Gender Justice. Studies in Social Justice, 1(1), 1-23.

George, R. & Frey, N. (2010), Creating Change in Responsible Tourism Management through Social Marketing. S. Afr. J. Bus. Manage, 41(1), 11-23.

Goodwin, H. & Roe, D. (2001). Tourism, Livelihoods and Protected Areas; Opportunities for Fair-trade Tourism in and around National Parks. International Journal of Tourism Research, 3, 377-391.

Higgins-Desbiolles, B. F. (2008). Justice Tourism and Alternative Globalisation.

Journal of Sustainable Tourism. 16(3), 345-364.

Higgins-Desbiolles, B. F. (2008). Justice Tourism and Alternative Globalisation. Journal of Sustainable Tourism. 16(3), 345-364.

Hultsman, J. (1995). Just tourism. Annals of Tourism research, 22(3), 353-567.

Hultsman, J. (1995). Just Tourism; An Ethical Framework. Annals of Tourism Research, 22(3), 553-567.

Lu, J. & Nepal, S. K. (2009). Sustainable tourism research: an analysis of papers published.

Mahony, K. (2007). Certification in the South African Tourism Industry; the Case of Fair Trade in Tourism. Development Southern Africa, 24(3), 393-408.

McCabe, S., Mosedale, J., & Scarles, C. (2008). Editorial Research Perspectives on Responsible Tourism. Journal of Sustainable Tourism, 16(3).

McDonald, J. R. (2009). Complexity science: an alternative world view for understanding sustainable tourism development. Journal of Sustainable Tourism, 17(4), 455-471.

Middleton, V. T., & Hawkins, R. (1998). Sustainable tourism: A marketing perspective. Routledge.

Milne, S. (1998). Tourism and Sustainable Development. The Global-Local Nexus. In. Hall, C. M. and Lew, A. A. (eds.). Sustainable Tourism. A Geographical Perspective, Longman: UK.

Mvula, C. D. (2001). Fair Trade in Tourism to Protected Areas; A Micro Case Study of Wildlife Tourism to South Luangwa National Park, Zambia. International Journal of Tourism Research, 3; 393-405.

Rawls, J. (1998). 『정치적 자유주의』. 장동진 역. 서울: 동명사.

Rawls, J. (2011). 『정의론』. 황경식 역. 서울: 이학사.

Scheyvens, R. (2002). Backpacker tourism and third world development. Annals of tourism research, 29(1), 144-164.

Timur, S. & Getz, D. (2009). Sustainable Tourism Development: How Do Destination Stakeholders Perceive Sustainable Urban Tourism? Sustainable Development, 17; 220-232.

Tourism Concern (2011). http://www.tourismconcern.org.uk/

UNESCO 홈페이지. http://www.unesco.org/

Weaver, D. B., & Lawton, L. J. (2002). Overnight ecotourist market segmentation in the Gold Coast hinterland of Australia. Journal of Travel Research, 40(3), 270-280.

4장 _ 관광에서의 진정성 문제

심 창 섭 (가천대학교 교수)

4장 _ 관광에서의 진정성 문제

심 창 섭 (가천대학교 교수)

Highlights

1. 관광에서 진정성이 왜 중요한 개념인지 이해한다.
2. 객관적, 구성적, 실존적 진정성의 개념을 이해한다.
3. 관광자가 진정성을 경험하게 만드는 요인이 무엇인지 생각해본다.
4. 현대사회에서 관광자는 여전히 진정성을 추구하는지에 대해 생각해본다.

|1절| 관광과 진정성

진정성(authenticity, 고유성) 개념은 관광이라는 현상이 발생하게 된 근원적인 욕구를 설명하기 위해 1960년대부터 최근까지 많은 관광연구자들에 의해 활발하게 논의되고 있는 개념이다. 진정성 개념에 따르면 관광자들은 다양한 형태로 관광에 참여하지만 이들의 궁극적인 지향점은 '진짜'에 대한 욕구를 충족시키는 것이라고 할 수 있다(Wang, 1999; 심창섭·칼라산토스, 2012). 서구의 근대화 과정에서 합리성과 효율성이 우선시되면서 인류는 그동안 경험해본 적 없는 분화(differentiation)를 경험하게 된다. 분화된 사회 속의 하나의 부속물로서 일상을 영위하는 개인은 산업화·도시화된 일상에서 '진짜'를 경험하는 것이 점차 어렵게 되고 결국 소외(alienation)를 겪게 된다. 이들에게 있어 관광은 현대사회가 지닌 일상의 특징과 규범이 일시적으로 유예되는 '경계의 공간(liminal space)'으로의 일시적 이동으로 일상에는 존재하지 않는 '진짜'를 경험할 수 있는 거의 유일한 수단이라고 할 수 있다. 일상(비진정성)/관광(진정성)으로 구분된 관광에서의 진정성 개념은 복잡하고 맥락적인 사회현상을 진짜/가짜라는 형식적이고 이분법적인 범주로 이해하고자 하는 서양철학의 실용주의에 근거하고 있다. 즉 진정성 개념의 등장은 사실/규범, 실재/이상, 개별성/보편성 등의 구분이 모호해진 서구의 근대화 과정에서 규범적인 이상향이 필요했다는 것을 반영한다(Ferrara, 1997; Kim & Jamal, 2007; Reisinger & Steiner, 2006; Wang, 1999).

관광학에서 현재 논의되고 있는 진정성 개념의 이론적 뿌리는 박물관 연구(museum studies)와 실존주의 철학(existentialism)이라고 할 수 있다. 우선 박물관 연구에서는 박물관의 유물·예술품·자료 등의 소장품의 가치를 감정하는 과정에서 가짜(fake)가 아닌 진품(genuine)인지 여부를 판단하는 개념으로 진정성의 개념을 사용하였다. 이 관점에서 진정성은 박물관의 소장품이 진품이고 유일무이하기 때문에 높은 가격을 지불할 가치와 귀중하게 대우를 받을 가치가 있는가를 해당 분야의 전문가가 감정한 것으로 정의되어 왔다(Trilling, 1972). 한편 하이데거로 대표되는 실존주의에서는 진정성을 개인이 진정한 자아를 경험한 상태로 정의해 왔다. 개인의 자아와 정체성 상실이 현대사회의 중요한 이슈가 되면서 관광은 심리적, 정신적, 경험적 측면이 강조되기 시작했고 이에 따라 실존주의적 관점의 진정성 개념도 최근 관광학에서 진정성 논의의 큰 축으로 자리잡게 되었다(Reisinger & Steiner, 2006; Wang, 1999). 상대적으로 학문적 역사가 길지 않은 관광학에서는 박물관 연구와 실존주의를 진정성 논의의 출발점으로 설명하고 있지만 이후 관광산업의 급속한 발전과 영역의 확장 속에서 진정성 개념은 현재까지도 끊임없이 계승, 비판, 수정을 거듭하며 관광 현상을 설명하기 위한 중요한 분석틀로 인정되고 있다.

| 2절 | 진정성의 유형

Boorstin(1964)과 MacCannell(1973) 이후 진정성 개념은 다양한 연구자들에 의해 서로 다른 관점에서 논의가 되어 왔는데 Wang(1999)는 그동안의 관련 논의를 총 망라하여 〈표 4-1〉과 같이 관광에서의 진정성의 유형을 객관적, 구성적, 실존적 진정성의 세 가지로 구분하였다.

〈표 4-1〉 Wang(1999)의 진정성 분류

대상 관련 진정성	활동 관련 진정성
객관적 진정성은 원본의 진정성이다. 따라서 관광에서의 진정성 경험은 원본의 진정성에 관한 인지적 경험이다.	실존적 진정성은 관광활동으로 활성화되는 존재의 잠재적인 실존적 상태이다. 따라서 관광에서의 진정성 경험은 관광이라는 역치의 과정에서 활성화된 존재의 실존적 상태를 달성하는 것이다. 실존적 진정성은 관광대상의 진정성과는 무관하다.
구성적 진정성은 관광자 또는 관광개발자가 관광 각자의 상상, 기대, 선호, 믿음, 권력 등의 측면에서 관광대상에 투영하는 진정성이다. 같은 대상에 대해 다양한 형태의 진정성이 존재한다. 따라서 진정성 경험과 관광대상의 진정성은 서로에 대한 구성요소이다. 즉 관광대상의 진정성은 사실 상징적 진정성이다.	

자료 : Wang, 1999.

첫 번째 유형은 객관적 진정성(objective authenticity)이다. 관광에서의 진정성에 대한 객관주의자(근대주의자, 본질주의자)의 관점이라고 할 수 있는 이 유형은 진정성이라는 것이 실제로 존재하고 실체가 있으며 객관적인 기준으로 측정 가능한 가치라고 인식한다. 이 관점에서는 진정성은 전근대적인 가치로서 근대화에 따라 근대화 이전에 존재했던 진정성은 점차 사라지고 있다고 설명한다. Boorstin(1964)은 상업화된 현대사회를 비판하면서 관광자가 관광을 통해 경험하는 것은 오직 동질화되고 표준화된 '가짜 사건(pseudo event)' 뿐이라고 주장하였다. 그가 말하는 가짜사건이란 관광자의 즐거움과 만족을 위해 관광산업에 의해 상업적으로 연출된 관광매력물을 의미한다. 유사한 관점에서 MacCannell(1973, 1976)은 Goffman(1959)의 전면/후면(front/back stage)의 틀을 차용하여 관광자들이 주로 경험하는 것은 관광자를 위해 준비된 전면(front stage)이며 이곳에서는 오직 의도적으로 만들어진 '무대화된 진정성(staged authenticity)'만이 존재한 다고 주장한다. '가짜 사건'과 '무대화된 진정성'의 개념 속에서 관광자는 상업적 목적으로 의도적으로 연출된 관광매력물의 희생자로서 이해되며 관광대상은 연출 또는 왜곡되지 않은 있는 그대로의 상태일 때 진정성이 존재한다고 생각하는 객관적 진정성의 정의를 잘 보여준다. 그러나 박물 관 연구에서 정의되는 진정성 개념, 즉 진짜/가짜의 이분법적 틀로 요약 되는 객관적 진정성은 과거와 달리 관광의 유형과 대상이 다양화되는 최 근의 복잡한 관광환경에서 그 유효성에 대해 많은 도전에 직면하고 있다.

두 번째 유형은 구성적 진정성(constructive authenticity)이다. 구성적 진정 성 개념은 1980년대 이후 후기구조주의(post structuralism) 및 사회구성주의 (social constructivism)의 영향을 받은 진정성에 대한 관점이라고 할 수 있다. 이 관점의 연구자들은 객관적 진정성의 이분법적 틀로 단순화하여 관광 이라는 복합적인 현상을 설명하는 것은 한계가 있다고 비판하며 진정성 은 상대적이고 맥락적인 개념으로 관광자의 문화적 배경, 기대, 욕구 등 을 바탕으로 사회적으로 구성되는 것이라고 주장한다. 이들은 서구적 사 고에 만연되어 있는 진품(origin)과 복제품(reproduction)의 구분은 특정 시대 에 살고 있는 관광자가 관광대상에 투영하는 꿈, 상상, 이미지, 해석 등의 역할을 무시하고 있다는 것이다. 즉 관광 대상의 진정성은 본질적으로 정 해진 절대적 가치가 아니며 하나의 과정으로 이해되어야 하며 서로 다른 관광자들의 관광 대상에 대한 해석과 관점들의 지속적인 협상의 과정이 라는 것이다. 따라서 진정성이 객관적인 특질을 지니고 있지 않은 이상 진정성은 전문가에 평가에 의해 결정될 수 없으며 관광자의 욕구를 충족 시키기 위해 연출되고 상품화되는 과정도 진정성의 구성 과정으로 이해될 수 있다. 더 나아가 구성적 진정성의 관점에서 진정성의 형성 과정은 권력 투쟁의 일환으로서 누가 진정성을 결정할 권리를 지니는가의 논의로도 이해될 수 있다(Wang, 1999; 심창섭·칼라산토스, 2012). Chhabra(2012)는 진정성이 형성되는 과정에 대해 〈그림 4-1〉과 같이 설명하고 있다.

자료 : Chhabra, 2012.

〈그림 4-1〉 **진정성 형성의 개념적 구조**

구성적 진정성의 특징을 잘 보여주는 사례는 다음과 같다. Bruner(2001)는 케냐의 마사이족이 어떤 방식으로 '진짜' 마사이족을 관광자에게 보여주는지에 대하여 연구하였다. 연구결과는 Mayers Ranch, Bomas of Kenya, Out of Africa Sundowner라는 세 곳의 서로 다른 특징을 갖고 있는 관광지를 통해 마사이의 진정성이 서로 다르게 구성된 사례를 보여준다. Mayers Ranch에서 관광자들은 전통적인 분위기에서 완벽하게 연출된 마사이 공연을 관람하게 되는데 이곳은 현대화된 부분은 최소화시키고 공연자와 관광자의 교류가 불가능한 구조로 되어 있는 등 서양인들이 상상하는 '진짜' 아프리카 케냐의 모습을 충족시키고자 노력하고 있다. Bomas of Kenya는 외국인 관광자보다는 케냐인들이 즐겨찾는 곳으로서 이곳에서 이루어지는 공연은 과거의 케냐에 집착하기 보다는 전통적 과거부터 다양한 문화의 유입으로 인해 변화된 현재까지의 '진짜' 케냐의 모습을 보여주고 있다. Out of Africa Sundowner의 경우에는 야외에서 이루어지는 파티 형태의 관광지인데 이곳에서 관광자들은 케냐인 공연자들과 함께 교류하며 즐기는 분위기로 '진짜' 케냐를 경험하게 된다. 이 사례에서 볼 수 있듯이 관광에서의 구성적 진정성은 관광자의 기대나 관점에 따라 다양한 형태로 실현될 수 있다.

세 번째 유형은 실존적 진정성(Existential authenticity)이다. Wang(1999)은 지금까지 관광학에서 진정성에 대한 논의가 과도하게 관광 대상이 '진짜'인지 여부에 초점을 맞추고 있었다는 사실을 상기하며 객관적, 구성적 진정성 이외에 실존적 진정성의 개념을 처음으로 소개했다. 이 관점에서는 관광자의 진정성 경험이 관광 대상의 진정성만으로 설명될 수 없으며 관광의 과정에서 관광자가 진정한 자아(authentic self)를 경험하는 것과 관련된다고 주장한다. 하이데거의 실존주의에 기반한 실존적 진정성 개념에서는 관광의 과정에서 관광자의 주체성(subjectivity)의 역할을 강조하는데 근대화된 일상에서의 소외된 개인들은 일상 속에서 진정한 자아를 경험하기 힘들기 때문에 관광 참여를 통해서 실존적 진정성을 추구한다고 설명한다. 특히 Wang(1999)은 실존적 진정성의 경험은 관광 대상이 진정성 여부와는 아무런 관련이 없다고 주장하며 솔직한 자기표현, 자아 정체성의 발견, 진실된 인간관계 등이 실존적 진정성을 경험하게 하는 요소라고 설명한다. 예를 들어 캠핑, 트레킹, 등산, 낚시, 스포츠 등의 관광활동은 관광대상의 진정성과 무관하나 관광자들은 이러한 경험을 통해서도 진정성을 경험할 수 있다는 것이다. 실존적 진정성 개념은 경계성(liminality)의 개념과 밀접한 관련을 갖는데 일상에서 벗어난 관광 환경은 일상의 규범과 제약이 유예된 역치의 공간으로서 관광자들이 진정한 자아를 경험하는데 보다 자유롭고 편안한 조건을 제공하게 된다. 최근 관광자들이 경험적, 정서적, 감정적인 측면을 중요시하면서 실존적 진정성은 관광연구 및 관광산업에서 점점 더 많은 관심을 받고 있다(Kim & Jamal, 2007; Steiner & Reisinger, 2006; Wang, 1999).

실존적 진정성의 특징을 잘 보여주는 사례로는 Kim & Jamal(2007)의 연구가 있다. 이 연구에서 저자들은 미국 텍사스의 르네상스축제 참가자이 실존적 진정성을 어떻게 경험하는지를 분석하였는데 이들이 추구하는 실존적 진정성 경험이 내재적(intrapersonal), 관계적(interpersonal) 측면으로 구분될 수 있다는 사실을 밝혀냈다. 내재적 측면에서는 성적 경험이나 음주와 같은 요소를 통해 신체적인 경험을 추구하기도 하고, 축제라는 자유로운 익명의 공간에서 평소와는 다른 내면의 자아를 발견하거나 새로운 변화를 추구함으로서 실존적 진정성을 경험하는 것으로 나타났다. 관계적 측면에서는 축제라는 공간이 일상 속의 규범에서 벗어나 모두가 평등한 관계를 형성하게 하고 상호 간의 이해가 가능해지며 놀이적 분위기가 조성되는 관광공동체(touristic communitas)를 형성하여 실존적 진정성을 경험할 수 있게 한다는 것으로 보여주고 있다. 비슷한 맥락에서 Ryu, Hyun & Shim(2015)은 일본 노인들이 관광을 통해 새로운 친구를 만드는 것이 활발해지고 있다는 사실에 주목하고 이를 실존적 진정성의 측면에서 분석하였다. 이 연구에 따르면 일본 사회가 지닌 위계적 질서, 규범과 금기, 체면 등의 특징 때문에 일상 속에서는 새로운 인간관계를 만들기 힘든 일본의 노인들이 관광에 참여함으로써 각자의 배경에 대해 전혀 알지 못하는 사람들과 새로운 친구를 만들고자 하는 욕구를 갖고 있다고 설명한다. 관광이라는 환경이 주는 익명성의 평등한 공간은 노년에 새로운 자아를 구축하고 새로운 관계를 형성하고 싶은 현대 일본사회의 노인들이 '진짜' 인간관계를 경험할 수 있는 계기를 제공한다고 설명하고 있다.

|3절| 진정성 관련 주요 쟁점

1. 관광자는 정말 진정성을 추구하는가?

관광연구자들은 오랫동안 무엇이 사람들을 관광에 참여하게 만드는가, 즉 관광동기에 대해 관심을 기울여 왔으며 여러 가지 연구방법을 통해 휴식, 일탈, 배움, 모험, 신기성, 인간관계 등 다양한 관광동기가 있다는 사실을 밝혀냈다. 그러나 관광학에서 진정성은 다른 모든 관광동기의 근원에 내재되어 있는 궁극적인 욕구로 인식되어 왔다. 예를 들어 MacCannell(1973)은 과거 성지순례자들이 진정한 종교적 경험을 목적으로 하듯이 관광자의 동기를 형성하는 기본적인 요소는 방문한 사회와 문화에 대한 깊이 있는 몰입에서 비롯되는 진정한 경험이라고 주장하고 있다. 그러나 관광자가 어느 정도로 진정성을 추구하는지에 대해서 관광연구자들은 서로 다른 견해를 보이고 있다.

우선 MacCannell(1973, 1976)과 같은 연구자들에게 진정성은 관광자가 관광에 참여하도록 하는 가장 중요한 근원적인 욕구로서 일상에서 진정성을 경험할 수 없는 현대인들은 관광을 통해 진정성을 추구한다고 주장한다. 이들에 따르면 현대의 일상은 인공적이고 부자연스러운 것들로 가득한 진정성이 사라진 공간이기 때문에 관광자들은 근대화의 손길이 닿지 않은 태초의 원시적 깨끗함, 즉 진정성을 추구한다. 그러나 관광자가 방문한 관광목적지에서 실제로 경험하는 것은 오직 관광자의 만족을 위해 준비된 전면(front stage)의 '무대화된 진정성'인 경우가 많고 관광자는 실제 지역의 살아있는 삶, 즉 진정성을 경험하기 위해 후면(back stage)로 진입하고 싶어 한다. MacCannell과는 대조적으로 Boorstin(1964)은 현대의 대중관광자가 과거의 순례자와는 달리 진정성을 추구하지 않는다고 주장한다. 그는 관광자는 수동적인 존재이자 오직 즐거움만을 추구하는 존재로 관광자의 만족을 위해 연출된 '가짜 사건'에도 만족한다고 설명한다. 즉 관광자는 진정성에 대해서는 관심이 없으며 진품과는 관계없는 잘 만들어진 모조품과 이미지에 의해 지배된 것으로 보았다.

한편 Baudrillard(1983, 1991), Eco(1986), Urry(1990) 등의 포스트모던 연구자들은 진정성 개념 자체가 포스트모던 사회의 관광동기를 설명하는데 적절하지 않다고 주장한다. 예를들어 Baudrillard(1983, 1991)는 디즈니랜드와 같이 진짜와 가짜의 경계가 모호한 초현실(hyperreality)가 가득한 포스트모던 사회의 관광환경에서 진짜는 더 이상 의미가 없다고 주장한다. 같은 맥락에서 Eco(1986)는 많은 관광지들이 역사적 뿌리보다는 판타지나 상상력에서 만들어진 상황에서 관광자의 목적이 진정성의 추구일수는 없으며 관광자들은 진짜보다 더 진짜 같은 경험을 하기를 원한다고 주장한다. Urry(1990)의 경우에도 포스트모던 관광에서 대표적인 관광활동인 쇼핑, 테마파크, 해양크루즈, 스포츠관광 등은 전통적인 진정성 개념으로 이해되기 쉽지 않고 포스트모던 관광자들은 관광매력물이 진짜가 아니라는 사실을 알면서도 게임과 같이 즐긴다고 주장한다.

Cohen(1979)은 진정성과 관광동기의 관계를 설명하기 위해 '중심(centre)'의 개념을 사용하는데 여기서 '중심'이란 한 사회가 지닌 가장 최고의 궁극적인 가치를 의미한다. 그는 관광자의 진정성 추구에 대한 MacCannell과 Boorstin의 주장을 모두 부정하며 관광자들이 방문한 장소의 '중심'에 관심이 있는 정도가 저마다 다르다고 설명한다. 그는 '중심'에 대한 추구의 정도에 따라 관광자는 위락형(recreational), 기분전환형(diversionary), 경험형(experiential), 실험형(experimental), 실존형(existential)으로 구분하고 있다.

2. 진정성은 관광행동에 어떻게 영향을 미치는가?

　진정성이 관광목적지의 선택, 관광소비, 만족, 행동의도 등 관광행동의 여러 단계에 어떤 방식으로 영향을 미치는지에 대한 실증적인 연구는 그동안 충분히 진행되지는 못한 상황이다. 특히 기존의 많은 연구들이 진정성을 단일차원의 개념으로 접근하여 진정성이 내포하고 있는 다양한 세부차원이 어떻게 관광행동에 영향을 미치는 지에 대해서는 충분한 지식이 축적되지는 못한 상황이다. 또한 일부 진행된 연구에서도 축제, 에스닉푸드, 외식업, 박물관 등 특정 맥락에서의 진정성 경험에 대해서만 분석된 한계를 지니고 있다.

　예를 들어, Robinson & Clifford(2012)의 연구에서는 호주의 문화유산이벤트를 방문한 관광자들을 조사하였는데 이들이 지각하는 음식서비스에 대한 진정성이 이들의 이벤트에 대한 전반적 만족 및 재방문의도에 유의한 영향을 미치는 것으로 나타났다. Jang, Ha & Park(2012)의 연구에서는 미국의 한국음식점 방문자들을 조사하였는데 이들이 지각한 한국음식의 진정성이 이들의 해당 음식점에 대한 감정, 가치, 재방문의도에 유의한 영향을 미치는 것으로 나타났다.

　또한 몇몇 연구에서는 관광자의 진정성에 대한 서로 다른 정의가 이들의 관광행동에 미치는 영향을 살펴보고 있다. 예를 들어 Littrell, Anderson & Brown(1993)은 미국인 관광자들을 조사하였는데 이들이 어떻게 진정성을 정의하는지에 따라 기념품 구매행동이 달라진다는 사실을 밝혀냈다. 즉 진정성에 대한 각자의 정의에 따라 일부는 전통적 색상, 자연적 재료, 장인정신 등 기념품의 객관적인 특징에 보다 관심을 가졌으며 또 다른 일부는 기념품 쇼핑경험, 기능, 이용가능성 등 다른 요소에 관심을 가지는 것으로 나타났다. Chabra(2010)의 연구는 Y세대의 진정성 지각이 관광행동에 미치는 영향을 분석하였는데 객관적 진정성에 초점을 맞추는 응답자일수록 구성적, 실존적, 포스트모던적 진정성에 관심이 많은 응답자들에 비해 시간여행을 하고자하는 유산관광자인 경우가 많다는 사실을 보여준다. Kolar & Zabkar(2010)의 연구에서는 객관적 진정성과 실존적 진정성 모두 관광자의 특정 유산관광지에 대한 충성도에 긍정적 영향을 미치는 것으로 나타났으나 객관적 진정성이 더욱 큰 영향을 미친다는 것을 보여주었다. Ramkissoon & Uysal(2010)의 연구에서도 섬여행자들의 재방문 및 추천의도가 객관적 진정성 및 지역 진정성의 경험에 긍정적인 영향을 받는 것으로 분석되었다.

국내에서도 진정성이 관광행동에 미치는 영향에 대한 연구가 일부 진행되고 있으나 연구대상에 따라 결과는 일관되지 못한 상황이다. 최정자(2014)는 경주를 방문한 관광자들의 진정성 경험에 대한 분석을 진행하였는데 이들의 대상관련 진정성 및 실존적 진정성이 모두 만족, 재방문의도, 추천의도 등 관광후 평가에 영향을 미치는 것으로 나타났다. 이태숙 외(2012)의 연구에서는 문화축제 참가자들의 진정성 지각이 만족도에 미치는 영향을 살펴봤는데 구성적 진정성 및 실존적 진정성은 만족도에 유의한 영향을 미쳤지만 객관적 진정성의 영향은 유의하지 않은 것으로 나타났다. 변찬복·한수정(2013)의 연구에서는 세계문화유산인 수원화성을 방문한 관광자를 대상으로 분석을 실시하였는데 이들이 경험하는 실존적 진정성은 관광만족도에 영향을 미치는 반면 객관적 진정성은 유의한 영향을 미치지 않았다. 박은경 외(2014)의 연구에서는 안동하회마을의 관광자의 경험을 분석하였는데 객관적·구성적·실존적 진정성 모두 만족도에 유의한 영향을 미쳤으나 언어권을 막론하고 전반적으로 실존적 진정성이 가장 유의한 영향을 미치는 요인으로 조사되었다.

이상의 국내·외 선행연구 결과를 살펴보면 관광자의 진정성 경험은 관광자의 행동에 대체적으로 유의한 영향을 미치는 것으로 나타났으나 관광의 대상, 관광자의 특성, 관광유형 등에 따라 세부차원별로 서로 다른 영향을 미치는 것으로 보인다. 또한 최근 연구로 갈수록 객관적 진정

성보다는 구성적·실존적 진정성 경험이 관광자의 행동에 미치는 영향력
이 커지고 있다고 판단할 수 있다.

3. 실존적 진정성은 관광대상의 진정성에 영향을 받는가?

오랫동안 관광대상이 진짜인지 여부에 초점을 맞추어 온 진정성 논의
가 Wang(1999)의 실존적 진정성에 대한 소개 이후 관광경험의 진정성으
로 무게중심이 급격히 옮겨지고 있다. 즉 객관적·구성적 진정성으로 대
표되는 그동안의 관광대상에 대한 진정성 논의가 현대관광의 관광동기를
충분히 설명하고 있지 못했다는데 공감대가 형성되면서 보다 심리적, 정
적, 영성적인 측면에 초점을 맞추는 실존적 진정성은 최근의 관광행태를
잘 설명하는 개념으로 인정받고 있다. 그러나 실존적 진정성을 경험하는
데 있어 관광 대상의 진정성이 영향을 미치는지에 대해서는 연구자들에
따라 서로 다른 의견을 제시하고 있다. 즉 일부 연구자들은 실존적 진정
성은 관광 대상이 진짜인가 여부와는 아무런 관련이 없다고 주장하는 반
면 다른 연구자들은 관광대상의 진정성에 대한 경험이 실존적 진정성에
도 영향을 미친다고 주장하고 있다.

우선 Wang(1999), Reisinger & Steiner(2006) 등 실존적 진정성의 중요성
을 주장하는 연구자들은 주로 실존적 진정성을 경험하는 것과 관광대상
의 진정성 여부는 완전히 별개의 독립적인 사안이라고 주장한다. 즉 하이
데거의 실존주의를 관광경험에 적용시킨 이들의 주장에 따르면 실존적 진
정성 경험은 관광자가 각자의 진정한 자아를 만나는 것으로서 이들이 경험
하는 관광대상, 즉 장소, 음식, 유적, 예술품 등이 진품이 아니더라도 충분
히 달성이 가능한 것으로 보고 있다. 심지어 Steiner & Reisinger(2006)는
실존적 진정성이 관광대상에 대한 진정성까지도 포함한 포괄적 진정성으
로 이해해야 하며 진정성의 존재론적인 측면을 간과하고 있는 관광 대상
에 대한 진정성은 사실 불필요한 개념이라고까지 주장한다.

반면 Bellhassen & Caton(2006), Bellhassen et al.(2008), Lau(2010) 등은 실존적 진정성의 등장에도 불구하고 여전히 객관적 진정성은 관광경험을 이해하는데 유효한 개념이라고 주장한다. 이들은 관광현장의 현실에 초점을 맞추며 관광자는 실제로 실존적 진정성에 생각보다 많은 관심을 갖고 있지 않으며 관광 대상의 진정성이 홍보마케팅의 과정이나 관광자의 기대의 형성에 있어 여전히 중요한 역할을 하고 있다고 역설한다. 특히 이들은 실존적 진정성과 관광 대상의 진정성이 서로 독립적인 개념일 수 없으며 밀접하게 연관을 갖는다고 주장한다. 예를 들어 Bellhassen et al. (2008)의 연구에서는 예루살렘을 방문한 기독교인 성지순례자들에 대한 분석을 실시하였는데 관광자들은 건축물, 장소, 경관, 스펙타클 등 외적, 물리적 환경에서 진정성을 추구하고 있으며 이러한 관광대상에 대한 진정성이 이들의 실존적 경험에 밀접한 영향을 미치고 있음을 발견했다. 최정자(2014)의 경주 관광자에 대한 연구에서도 객관적 진정성을 높게 지각한 관광자일수록 실존적 진정성에 대한 지각이 높아지는 것을 보여주고 있다.

| 4절 | 진정성 연구의 방향

관광학에서 진정성 관련 논의가 시작이 된지도 50여년 이상의 시간이 지나면서 다양한 개념적, 실증적 연구들이 축적되고 있다. 동시에 교통과 정보통신의 발달, 자본주의의 고도화, 도시화의 진전 등 관광산업을 둘러싼 거시적 환경도 유례없이 큰 변화를 경험하고 있어 관광학에서 진정성 개념의 위상과 역할의 새로운 정립이 요구되고 있다. 관광학에서 진정성 연구의 향후 방향에 관해서는 다양한 관점이 있을 수 있지만 특히 다음과 같이 네 가지의 세부 주제는 중요성이 더욱 커질 것으로 보인다.

첫째, 진정성이 여전히 관광현상을 이해하기 위한 유효한 수단인가이다. 진정성 개념이 처음 등장한 20세기 중반과 달리 최근의 관광 분야는 근원적인 변화를 경험하고 있다. 우선 경제수준의 향상과 여가시간의 증대로 인해 관광 참여의 총량이 크게 늘어났으며 관광은 더 이상 특별한 (extraordinary) 활동이라기보다는 일상적인(ordinary) 삶의 일부로 이해되고 있다. 이에 따라 관광자가 참여하는 관광활동의 유형도 크게 확장되어 이제는 관광매력물의 범위를 한정하는 것이 무의미한 상황이 되어 버렸다. 즉 세계화, 상업화, 도시화 등이 일반화된 현대사회의 모든 것이 관광의 대상이 될 수 있는 현실에서 진정성 개념에서 의미하는 '진짜'와 '가짜'의 구분이 과연 여전히 유효한 프레임인가에 대해 일부에서는 회의적인 시각까지도 등장하고 있다.

그러나 진정성의 개념은 관광자의 '근원적' 동기로서 개념적 가치만 지닌 것이 아니라 포스트모던 사회에서 다원적인 의미를 지닐 수밖에 없는 관광이라는 현상을 이해하기 위한 포괄적인 분석틀로서 방법론적 가치를 지닐 수 있다. 즉 객관적 진정성에서 구성적 진정성으로, 더 나아가 실존적 진정성으로 논의의 확장이 진행되는 진정성의 관광학적 논의과정은 우리 인류가 '진짜'라는 규범적 가치에 대해 사회문화적·과학기술적 진보를 배경으로 어떤 개념적 변화를 경험하고 있는지를 보여주고 있다. 따라서 진정성 개념은 급속한 양적 성장 속에 다차원적이고 복잡하게 진화되어 온 관광산업의 현실에서 관광학이 어떤 점에 초점을 맞추는 것이 필요할지에 대한 이정표 역할을 할 수 있을 것으로 기대된다.

둘째, 진정化(authentication)와 관련된 주제이다. 앞서 살펴보았듯이 지금까지 관광학에서 진정성 논의의 흐름은 초기에는 관광대상에서 관광경험으로 무게중심이 옮겨지고 있으며 절대적 객관성에 한정되었던 논의가 상대적 주관성으로 확대되고 있는 것으로 요약될 수 있다. 즉 관광에서의 진정성은 태생적으로 주어져있는 것이라기보다는 관광자의 서로 다른 관광경험을 통해 형성되는 것으로 인식이 변화하고 있다. 이런 관점에서 최근에는 무엇이 관광대상 또는 관광경험을 '진짜'로 만드는 것인가와 관련된 진정화에 대한 논의가 관심을 끌고 있다. 표2와 같이 Cohen & Cohen (2012)의 차가운 진정화(cool authenticity)와 뜨거운 진정화(hot authenticity)의 구분도 진정화의 대표적인 예 가운데 하나이다.

　예를 들어, UNESCO 세계문화유산과 같은 전 세계적으로 권위있는 기관에서 지정한 장소는 지정된 이후부터 관광자에게 '진짜'로 인식된다고 할 수 있다. 해당 장소는 UNESCO의 지정 이전이나 이후에도 그 본래 가치에는 변화가 없으나 세계문화유산 지정이라는 이유로 관광자들의 인식에는 '진짜'가 되는 진정화의 대상이 된다고 할 수 있다. 각국의 중앙정부나 지자체가 인증하는 관광지, 미슐랭 가이드 등에서 지정하는 레스토랑 등도 유사한 맥락에서 '진짜'를 만드는 예라고 할 수 있다. 진정화의 또다른 대표적인 사례는 TV나 신문 등 대중매체에 의한 '진짜' 관광지 만들기이다. 예를 들어, 소비자에 대한 대중매체의 영향력이 커지면서 TV프로그램에서 매력적인 관광지로 추천된 장소는 사람들의 인식 속에 '진짜'로 자리매김하게 되고 순식간에 인기 관광지로 발돋움하게 된다. 즉 대중매체에 등장하기 전과 후에 해당 장소의 객관적 속성이나 가치가 변화한 것이 없음에도 불구하고 그 장소의 진정성에는 변화가 일어나는 진정화가 진행되는 것이다. 권위에 의한 인증이나 대중매체에의 등장 등 진정화의 과정은 각 시대별로 관광자의 인식과 행동에 가장 큰 영향을 미치는 요소가 무엇인지에 대한 논의로 이해될 수 있으며 그 요소는 지속적으로 변화하게 된다.

〈표 4-2〉 Cohen & Cohen(2012)의 진정化 분류

기준	차가운 진정化	뜨거운 진정化
권위의 기반	과학적 지식, 전문성, 증명	믿음, 관여, 몰두
행위자	권위를 부여받은 개인 및 기관	특정 행위자가 없으며 참여한 대중의 실천적 결과
접근	공식 기준, 허용된 절차	분산적, 확산적
공공의 역할	관찰자로서 낮음	중첩적이고 참여적으로 높음
실천	선언, 인증, 승인	의식, 공물, 공동체의지지, 저항
시간성	일회성, 정적	점진적, 동적, 누적적
형성하는 경험	객관적 진정성	실존적 진정성
지속성	행위자의 신뢰도에 의존	반복적인 재확인
관광지에의 영향	침체효과, 화석화	의미의 확장 및 변혁

자료 : Cohen & Cohen, 2012.

셋째, 현대적 진정성(contemporary authenticity)과 관련된 주제이다. 객관적 진정성의 개념이 가장 유효한 개념으로 인식되던 20세기 중·후반에는 단체관광이 관광의 대부분의 형태로서 관광의 대상도 자연자원이나 역사 유적이 대부분을 차지했다. 즉 관광에서의 진정성은 잘 보전된 있는 그대로의 모습에서 비롯된다고 인식되어 왔다. 그러나 최근의 관광시장은 단체관광보다는 개별관광(FIT)이 일반적이며 즐겨찾는 관광목적지도 쇼핑명소, 거리, 골목, 맛집, 마을, 대학 등 범위가 확장되고 있다. 이러한 변화의 과정을 진정성의 측면에서 살펴보면, 객관적 진정성 논의가 관광대상의 역사와 전통에 대한 보존이 잘 되어있을 때 가치를 인정받는다는 과거지향적 접근이었다면 현대적 진정성 논의는 관광대상의 가장 최신의 상태에 가치를 두는 현재지향적 접근이라고 할 수 있다.

예를 들어, Shim & Santos(2014)의 연구에서는 외국인 관광자들이 '진짜' 서울을 경험하기 위해서 코엑스몰 등 서울의 쇼핑몰을 방문하며 수많은 서울시민들이 밀집해있는 쇼핑몰에서 동시대를 살고 있는 서울시민들의 패션, 음악, 음식문화 등을 통해 살아있는 현대적 진정성을 경험한다

는 것을 보여주고 있다. 심창섭·상삼요(2017)의 연구에서는 신사동 가로
수길을 방문한 중국인 관광자들을 분석하였는데 이들이 가로수길을 방문
하는 이유는 연출되지 않은 일상적인 진정성, 지속적인 변화를 통한 최신
유행의 진정성 등을 통한 현대적 진정성의 경험인 것으로 나타났다. 조은
경(2019)에서도 오사카를 방문한 관광자들이 해당 지역에서만 할 수 있는
경험, 일상적인 경험, 미디어에 등장한 것에 대한 경험, 최신 트렌드에 대
한 경험 등을 진정성으로 인식하는 것으로 나타났다. 이와 같이 현대적
진정성에 대한 논의는 앞으로 구성적 진정성 논의의 중요한 축으로서 현
대관광이 전통적인 관광과 같는 차이를 이해하기 위한 분석 방향으로서
의미를 지닐 것으로 보인다.

생각해볼 문제

1. 진정성 개념은 관광학 및 관광산업에서 여전히 유효한 개념일까?

2. 관광대상에 대한 진정성(객관적, 구성적 진정성)과 관광경험에 대한 진정성(실존적 진정성)은 서로 어떤 관계를 갖는가?

3. 관광자에게 관광대상이 진짜로 인식하게 만드는 요인은 무엇인가? 관광자는 어떤 요소가 있을 때 그 관광대상이 진짜라고 생각할까?

4. 실존적 진정성을 구성하는 세부차원은 무엇이 있을까? 관광자는 어떤 경험을 했을 때 진정한 나 자신을 만났다고 느낄까?

5. 현대인들이 많이 참여하는 관광의 유형 가운데 진정성 개념으로 설명이 어려운 관광의 유형은 무엇인가?

1. MacCannell, D. (1976). *The tourist: A new theory of the leisure class*. New York: Schocken Books.

   관광학 분야의 잘 알려진 고전 가운데 하나로서 관광현상을 사회이론의 관점에서 진정성의 개념을 중심으로 접근하였음. 관광자는 서구의 탈산업사회에서 국제관광이 가능해진 중산층으로서 현대의 일상 속에서는 사라진 진정성을 추구하는 존재로 설명됨

2. Wang, N. (1999). Rethinking authenticity in tourism experience, *Annals of Tourism Research*, 26, 349–370.

   그 동안의 관광학에서 진정성 관련된 논의를 종합하여 객관주의, 구성주의, 포스트모더니즘 등의 관점에서 어떻게 진정성을 개념화하는지를 설명함. 또한 관광경험의 중요성을 강조하며 하이데거의 개념을 바탕으로 실존적 진정성 개념을 소개함

3. **심창섭 · 칼라산토스(2012). 도시관광에서의 진정성 개념에 관한 탐색적 고찰. 『관광연구논총』, 24(3), 33–56.**

   포스트모던 관광의 복잡한 특징을 잘 반영하는 관광의 유형으로 최근 중요성이 더욱 커지고 있는 도시관광에서 진정성을 어떻게 이해할 수 있을지를 살펴본 개념연구임. 빠르게 변화하는 현대사회에서 관광과 진정성의 관계를 어떻게 바라봐야 하는지에 대해 논의함

박은경·조문수·최병길(2014). 문화유산관광에서의 진정성이 관광자의 만족도와 관광기념품 구매행동에 미치는 영향. 『관광연구저널』, 28(8), 29-46.

변찬복·한수정(2013). 세계문화유산의 관광체험, 진정성 및 관광만족간의 관계. 『호텔경영학연구』, 22(4), 261-282.

심창섭·칼라산토스(2012). 도시관광에서의 진정성 개념에 관한 탐색적 고찰. 『관광연구논총』, 24(3), 33-56.

심창섭·상삼요(2017). 도시관광에서 현대적 진정성의 의미. 『관광연구』, 32(2), 430-448.

이태숙·박주영·황지영(2012). 문화관광축제의 진정성 인식이 참가만족도와 재방문의도에 미치는 영향. 『관광학연구』, 36(7), 95-114.

조은경(2019). 도시관광에서의 구성적 진정성 척도개발 연구. 가천대학교 일반대학원 석사학위논문.

최정자(2014) 진정성 체험이 문화유산 관광 후 평가에 미치는 영향: 관광동기의 조절효과. 『관광학연구』, 38(2), 11-32.

Baudrillard, J. (1983). Simulations. New York: Semiotext.

Baudrillard, J. (1991). Two essays. Science-fiction Studies, 18(3), 309-320.

Belhassen, Y., & Caton, K. (2006). Authenticity matters. Annals of Tourism Research, 33(3), 853-856.

Belhassen, Y., & Caton, K. (2006). Authenticity matters. Annals of Tourism Research, 33, 856-858.

Belhassen, Y., Caton, K., & Stewart, W. (2008). The search for authenticity in the pilgrim experience. Annals of Tourism Research, 35(3), 668-689.

Boorstin, D. (1964). The Image: A Guide to Pseudo-Events in America. New York: Harper and Row.

Bruner, E. (1994). Abraham Lincoln as authentic reproduction. American Anthropologist, 96, 397-415.

Bruner, E. M. (2001). The Maasai and the Lion King: Authenticity, nationalism, and globalization in African tourism. American Ethnologist, 28(4), 881-908.

Chhabra, D. (2010). Back to the past: A sub-segment of Generation Y's perceptions of authenticity. Journal of Sustainable Tourism, 18(6), 793-809.

Chhabra, D. (2012). Authenticity of the objectively authentic. Annals of Tourism Research, 39(1), 499-502.

Cohen, E. (1979). A phenomenology of tourist experiences. Sociology, 13, 179-201.

Cohen, E. (1988). Authenticity and commoditization in tourism. Annals of Tourism Research, 15, 371-386.

Cohen, E., & Cohen, S. A. (2012). Authentication: Hot and cool. Annals of Tourism Research, 39(3), 1295-1314.

Eco, U. (1986). Travels in Hyperreality. London: Picador.

Ferrara, A. (1997). Authenticity as a normative category. Philosophy & Social Criticism. 23, 77-92.

Goffman, E. (1959). The Presentation of Self in Everyday Life. Harmondsworth: Penguin.

Jang, S., Ha, J., & Park, K. (2012). Effects of ethnic authenticity: Investigating Korean restaurant customers in the U.S. International Journal of Hospitality Management, 31, 990-1003.

Kim, H., & Jamal, T. (2007). Touristic quest for existential authenticity. Annals of Tourism Research, 34, 181-201.

Kolar, T., & Zabka, V. (2010). A consumer-based model of authenticity: An oxymoron or the foundation of cultural heritage marketing? Tourism Management, 31, 652-664.

Lau, R. W. K. (2010). Revising authenticity: Social realist approach. Annals of Tourism Research, 37(2), 478-498.

Littrell, M. A., Anderson, L. F., & Brown, P. J. (1993). What makes a craft souvenir authentic?. Annals of Tourism Research, 20(1), 197-215.

MacCannell, D. (1973). Staged authenticity: Arrangements of social space in tourist settings. American Journal of Sociology, 79, 589-603.

MacCannell, D. (1976). The tourist: A new theory of the leisure class. New York: Schocken Books.

Metro-Roland, M. M. (2011). Tourists, Signs and the City: The Semiotics of Culture in an Urban Landscape. Surrey: Ashgate.

Ramkissoon, H., & Uysal, M. S. (2011). The effects of perceived authenticity, information search behaviour, motivation and destination imagery on cultural behavioural intentions of tourists. Current Issues in Tourism, 14(6), 537-562.

Ramkissoon, H., & Uysal, M. S. (2011). The effects of perceived authenticity, information search behaviour, motivation and destination imagery on cultural behavioural intentions of tourists. Current Issues in Tourism, 14(6), 537-562.

Ryu, E., Hyun, S. S., & Shim, C. (2015). Creating new relationships through tourism: A qualitative analysis of tourist motivations of older individuals in Japan. *Journal of Travel & Tourism Marketing, 32*(4), 325-338.

Shim, C., & Santos, C. A. (2014). Tourism, place and placelessness in the phenomenological experience of shopping malls in Seoul. Tourism Management, 45, 106-114.

Steiner, C., & Reisinger, Y. (2006). Understanding existential authenticity. Annals of Tourism Research, 33, 299-318.

Trilling, L. (1972). Sincerity and Authenticity. London: Oxford University Press.

Uriely, N. (2005). The tourist experience: Conceptual developments. Annals of Tourism Research. 32(1), 199-216.

Urry, J. (1990). The tourist gaze: Leisure and travel in contemporary society. London: Sage.

Wang, N. (1999). Rethinking authenticity in tourism experience. Annals of Tourism Research, 26, 349-370.

5장 _ 유산관광과 세계화

최 석 호 (서울신학대학교 교수)

5장 _ 유산관광과 세계화

최 석 호 (서울신학대학교 교수)

Highlights

1. 유산과 유산관광의 개념을 이해한다.
2. 근대사회에서 유산의 중요성이 대두되는 배경을 이해한다.
3. 근대성과 유산관광의 연관성을 이해한다.
4. 유산의 보존론과 보호론의 차이를 이해한다.

|1절| 개관

미셸 푸코(Michel Foucault)의 시선(gaze) 은유에 기반해서 근대관광을 분석한 어리(John Urry)는 관광지를 세 종류의 이분법으로 구분한다. 첫 번째 이분법은 낭만적 시선(romantic gaze)의 대상이냐 아니면 집합적 시선(collective gaze)의 대상이냐에 따라 관광지를 구분한다. 두 번째 이분법은 역사적 시선(historical gaze)의 대상인지 아니면 근대적 시선(modern gaze)의 대상인지에 따른 구분이다. 마지막으로 진정성 시선(authentic gaze)과 비진정성 시선(inauthentic gaze)에 따라 관광지를 구분한다. 예를 들면, 알톤 타워 레저파크(alton towers leisure park)는 근대적인 놀이공원이다. 즉, 대중적인 집합적 시선과 전통과 대비되는 근대적 시선 그리고 근대사회가 상업적으로 만들어낸 즐거움을 추구하는 비진정한 시선을 끌어모으는 근대관광지다. 반면에 빼어난 자연경관을 자랑하는 잉글랜드 북서부 레이크 디스트릭트(lake district)는 19세기 낭만주의를 통하여 새롭게 발견한 진정한 자연유산이다. 낭만적 시선과 역사적 시선 그리고 진정한 시선으로 응시하는 유산관광지다(Urry, 2002, p. 94).

　근대관광의 맹아가 형성되던 시기에 출발한 유산관광은 근대성이 세계화하는 상황에서 관광의 중심을 차지하기 시작한다. 그러나 보호론이 대두하면서 유산은 상업화와 소비주의에 오염된다. 도시재활성화 또는 도시재생의 도구로 전락한다. 한편에서는 종교이념 때문에 다른 한편에서는 돈 때문에 유산관광지는 잠시도 편할 날이 없다. 한편에서 유산관광 마케팅에 열을 올리고 다른 한편에서는 과잉관광화(overtouristification)의 전형으로 낙인찍는다. 이러한 비판적 시각은 역으로 유산관광의 중요성이 대두되고 있다는 것을 반증한다. 중요성과 비판이 동시에 대두되고 있는 유산관광과 유산관광자에 대한 정의로부터 논의를 시작한다.

| 2절 | 개념정의

1. 유산

　유산관광은 근대사회 이전부터 존재했다. 귀족에게 국한되기는 하지만 그랜드 투어의 인기는 이를 증언하고 있다. 따라서 근대적 발명은 아니다. 그럼에도 불구하고 근대사회에서 유산의 중요성이 대두되는 이유를 다음과 같은 몇 가지 측면에 생각해 볼 수 있다(Williams, 2009, pp. 238-242).

　첫째, 인간적 지향(human disposition)이다. 인간은 독특한 자취를 남긴다. 인류의 과거에 대한 지식을 통해 그 자취를 확인할 수 있다. 인간은 본능적으로 과거에 대한 관심을 갖는다. 모든 사람은 우리가 어디에서 왔는지 자신이 누구인지를 중요하게 생각하기 때문이다. 과거를 오늘 우리에게 연결시켜 주는 유산을 통해 인간의 자취를 확인한다. 나를 발견한다.

둘째, 상실과 향수(nostalgia) 때문에 유산은 여전히 중요하다. 탈산업화로 말미암아 우리가 익숙했던 생활방식으로부터 멀어졌다. 1970년대부터 1990년대까지 세계화의 충격과 신자유주의 정치로 말미암아 도시와 농촌 공동체는 파괴된다. 21세기에 이르러 몰개성적이고 소외된 삶에 대한 저항이 거세진다. 노인의 지혜는 쓸모없어진지 오래다. 그러나 청년이 오늘을 헤쳐 나갈 수 있는 새로운 생활방식은 수립되어 있지 않다. 오늘을 살아 간 방식대로 내일도 살 수 있을지 확신할 수 없다. 오늘 내가 내일도 나로 남을 수 있을지 확신할 수 없는 존재론적 불안(ontological insecurity)이 일상화된다(Giddens, 1990, pp. 92-100). 오늘 우리가 느끼는 상실감과 절망 그리고 불안은 과거에 대한 향수와 과거의 유산에 대한 새로운 발견으로 이어진다.

셋째, 근대 소비사회에 맞서는 반근대적 소비주의가 발전한다. 자연을 새롭게 볼 수 있게 했던 19세기 낭만주의를 재발견한다. 쉴 새 없이 변동하는 고도근대사회에서 구성원들은 사회로부터 뿌리 뽑히고 상실감에 빠진다. 취향은 과거로 회귀하여 전통적인 방식으로 만들고 전통적인 스타일을 지니고 있는 제품에 큰 가치를 부여한다. 유산 소비주의(hertage consumerism)가 유행한다.

넷째, 진짜 생활방식이 근대관광의 주요한 동기를 형성한다. 근대화와 세계화는 모든 것을 똑 같이 만들어버렸다. 진짜는 없고 가짜만 판을 친다. 인공적인 환경 속에서 만들어낸 가짜 즐거움을 구가하는 근대인에게 해독제가 필요하다. 관광자는 진정성을 찾아 나선다. 유산에서 진짜 생활방식을 발견한다.

이상과 같은 이유로 유산을 찾는 관광자가 해마다 늘어나고 있다. 그에 비례해서 유산관광의 중요성도 한 층 커졌다. 유산을 적극적으로 관광자원화 하는 사례가 다양한 차원에서 진행되고 있다. 유산을 중요하게 여기고 유산을 찾는 이유가 여러 측면을 가지고 있는 것처럼 유산관광도 다양한 차원을 가지고 있다.

2. 유산관광

역사와 전통 그 자체로부터 관광을 차별화하고자 하는 영국에서는 '역사적인 장소·경관·기념물 등을 방문하여 지역 전통·사회적 관습·종교 실천 등을 체험하는 것을 유산관광'이라고 정의한다(Zeppel & Hall, 1992). 관광경쟁력을 키워서 더 많은 관광자를 끌어들이고자 하는 관점에서 유산관광을 정의하고 있다.

유산을 발굴하고 관리하고 향유하게 하는 책임을 맡고 있는 텍사스역사위원회(Texas Historical Commission, 2011)에서는 '도시·지방·국가 등지에 있는 유산을 체험하고자 하는 여행을 유산관광'이라고 정의한다. 보다 많은 주민들에게 유산 향유의 기회를 제공하는데 초점을 맞춘 정의다. 역사보존국가신탁(the National Trust for Historic Preservation)에서는 "주민과 방문자의 삶의 질을 개선시켜주는 문화·역사·자연 등 자원을 활용하여 과거와 현재의 사람과 이야기를 진정성 있게 재현함으로써 장소·유물·활동 등을 체험하는 여행"(Gibson, 2015)을 문화유산관광이라고 정의한다. 유산관광 현장에 있는 활동가의 관점에서 유산관광지 방문자에 초점을 맞춰서 내린 정의다.

보다 학문적인 정의를 살펴보면, Kaminski, Benson 그리고 Arnold (2017, pp. 4-9)는 "가시적인 과거의 증거와 그 증거가 갖는 현재의 함의에 대한 서사를 체험하기 위해 여행하는 것"을 문화유산관광이라고 정의한다. 시간이 흐르고 사회가 변동함에 따라 문화유산과 그 중요성도 바뀌기 때문에 문화유산관광에 대한 정의도 유동적일 수밖에 없다는 점을 고려한 정의다. 실제로 원래 문화유산은 '예술명품이나 역사적인 가치를 지닌

걸작'을 지칭했다. 요즘 들어서는 '사람들에게 특히 중요한 것'을 문화유산이라고 정의함으로서 그 폭을 넓혔다. 따라서 문화유산관광에 대한 정의도 보다 포괄적이면서 유연하게 내린 것이다.

유산관광에 대한 정의가 다양한 것은 다양한 측면에서 유산관광을 조명할 수 있기 때문이다. 달리 보자면, 유산관광은 문화관광의 하위 영역으로서 학문적으로 신생분야여서 근본적인 동기나 목적에 대한 질문을 제기하지 않고 있다. 유산관광의 역사는 오래되었지만 학문적으로 접근하기 시작한 역사는 일천하기 때문에 제대로 된 정의 조차 내리지 못하기 때문에 지금과 같은 단편적인 정의밖에 내리지 못한다. 또한 유산활용 분야에서 전문적으로 일하고 있는 사람들은 실제적인 임무를 수행하고 있다. 학술적으로 연구한다는 것은 엄두도 못 내고 있다는 뜻이다. 그러다보니 유산연구는 사례연구 위주로 이루어지고 있을 뿐이다. 이론적인 차원에서 유산관광에 대한 연구는 더 열악하다. 기존 유산, 관련사건, 의미 등에 맞춰서 짜맞추기 식으로 이론을 적용하고 있는 실정이다(Ashworth & Turnbridge, 2017, pp. 20-27).

그럼에도 불구하고 일정부분 성과는 나오고 있다. 시간이 흘러가면서 연구 성과는 누적되고, 누적된 연구는 뚜렷한 방향성을 띤다. 특히 유산관광 활성화가 유산에 미치는 영향에 주목한 연구들은 단순보호에서 활용으로 방향을 옮겨가고 있다. 문화유산 관광자원화에 대한 연구 역시 지배계급의 스펙터클한 유산을 찾는 관광에서 보통사람들의 평범한 일상생활을 세밀하게 들여다보는 관광으로 옮겨가는 현상이 두렷하게 나타나고 있다.

|3절| 연구동향

1. 보존에서 보호로

여행은 힘들고, 비싸고, 불편하고, 위험했다. 이 모든 것을 감수하고 여행에 나선 사람들은 강한 종교적 영성을 지난 순례자이거나, 건강 때문에 여행을 해야만 하는 환자이거나, 아니면 엄청난 사회적 특권과 돈으로 편안하고 안전하게 여행할 수 있는 귀족이었다. 순례자들은 순례관광을, 환자들은 온천관광을, 귀족 자녀들은 그랜드투어를 떠났다. 그랜드투어의 목적은 자녀를 유럽 문화중심지로 보내서 교육을 시키기 위한 것이었다. 값진 골동품이나 예술품을 소장하고 있는 대저택을 방문하거나 책·원고·회화·조각 등을 구매했다. 1815년 나폴레옹 전쟁 이래로 귀족뿐만 아니라 부르주아도 그랜드투어 대열에 합류했다. 1855년 Thomas Cook이 알프스관광 상품을 출시하면서 더 많은 계층을 포함했다. 1959년 최초로 제트여객기 정기운항을 시작하면서 국제관광까지 포함한 근대적 대중관광 시대를 열었다(Williams, 2009, pp. 27-28, 53-54; Shaw & Williams, 2008, pp. 55-81). 근대관광의 기원을 형성하고 있는 그랜드투어는 애초에 유산관광이었고, 유산관광은 근대적 대중관광 시대를 열었던 초석 중 하나다. 그랜드투어의 인기가 고조되면서 유산 보존론(preservationists' argument)도 신뢰를 얻었다. 보존론은 문화적 중요성을 지닌 장소와 대상을 대부분 원형 그대로 유지(the retention)하고자 하는 것을 말한다(Larkham, 1995, p. 86).

보존론자들이 일군 성과와 함께 보존한 자원을 더 많이 활용하려는 시도가 등장했다. 무작정 보존만 하는 것이 능사가 아니라는 말이다. 실용적인 필요도 충족시키려는 이러한 시도는 보존과 활용이라는 두 마리 토끼를 한꺼번에 잡고자 하는 일종의 타협안이다. 유산을 계획하고 관리하고 활용하는 보호론(the conservation paradigm)이 바로 그 타협안이다(Ashworth, Gregory

& John E. Turnbridge, 2017, pp. 22-24).

　보호론은 유산을 단순하게 원형 그대로 보존하는 것을 넘어서서 오래된 장소나 건물을 근대적 필요에 따라 복구(the restoration)하고자 한다(Larkman, 1995, p. 86). 따라서 보호론은 도시 재활성화(revitalisation) 또는 재생(regeneration)과 연계된 유산 재활용으로 귀결된다. 이를 일컬어 유산의 적용적 재활용(adaptive reuse)이라 하는데, 여기에 공공부문 또는 상업부문이 연계된다. 적용적 재활용은 도시계획의 모토로 자리 잡는다(Tiesdell et al., 1996).

　그러나 상업화함으로써 소비의 대상이 된 역사는 가짜 역사(bogus history)일 뿐이라는 비판에 직면한다. 보호론자가 말하는 유산은 산업(heritage industry)일 뿐이다. 산업으로서 유산은 사회적 불평등을 은폐한다. 얄팍한 상업주의와 소비주의를 겉만 보기 좋게 위장한다(Hewison, 1987, p. 89). 특히 유형유산과 그 속에서 이루어진 삶을 시각화해서 보여주는 과정에서 전쟁·착취·굶주림·질병 등과 같은 사회적 경험들을 쓸데없는 것으로 치부하고 슬쩍 넘어가버린다(Urry, 2002, p. 102). 유산 보호론은 이처럼 유산을 상업적으로 활용하는 것을 정당화하는 논리가 되었다.

　1980년대 문화관광이 처음 대두할 무렵, 탈산업경제로 전환하던 유럽과 북미에서는 문화유산을 새로운 유전(new oil)이라고 생각했다. 애지중지 보존해야 할 소중한 자산이었다. 지금은 보호해야 할 새로운 책무(liability)를 부여하고 있다(Richards, 2018, pp. 397-411).

　초기 문화관광자는 일부 유형유산을 집중적으로 찾았다. 이로 말미암아 방문자를 관리해야 한다는 목소리가 커졌고, 지역주민들은 유산관광의 부정적인 영향을 받기 시작했다. 해결책은 아직 알려지지 않은 유산관광지의 가시성과 접근성을 개선함으로써 관광자를 분산하는 것이었다. 일례로 2010년 프랑스 박물관을 찾은 방문자는 5,700만 명이었는데, 이중 36%는 파리에 있는 4대 박물관에 집중되었다(Richards, 2016). 많은 관광자들이 소수 유산관광지에 몰리면서 새로운 문제가 발생했다. 부동산가격 상승, 신종 숙박시설 등장, 현지 공공서비스 관광중심 비즈니스로 대체 등과 같은 관광 젠트리피케이션이 발생한 것이다.

유산관광도시의 좁은 도심지에서는 어김없이 이와 같은 문제가 야기되었다. 적정 수용규모가 1100만 명인 베니스는 전형적인 사례로 꼽힌다. 연간 2200만 명의 유산관광자가 도심지를 가득 채우면서 관광은 도시를 위협하고 있다. "위기에 처한 베니스 캠페인"(Venice in Peril Campaign)까지 등장했다(UNESCO Venice Office, 2011). 관광자로 말미암아 도시는 정상작동을 멈췄다. 주민들은 관광자 반대 시위에 동참했다. 대형 크루즈선 취항을 허용한 시장과 관광성장은 아무런 문제를 야기하지 않는다고 했던 공무원에게 반기를 든 것이다(Independent, 2015).

유산을 보존하고자 하는 결정은 활용의도와 관련이 있다. 목적은 과거의 어떤 것을 보존하고자 하는 것이 아니라 과거를 현재에 활용하고자 하는 것이다. 보존하기 위해서 활용하는 것이 아니라 활용하기 위해서 보존한다. "유산은 어떤 것을 보존하는 것이 아니라 무엇인가를 창조하는 것이다"(Lowenthal, 1985). 유산 패러다임에서 모든 가치는 보편적이지도 않고 변치 않는 것도 아니다(Ashworth, Gregory & John E. Turnbridge, 2017, p. 23).

2. 권력에서 일상으로

유산관광은 상층계급을 기념하는 문화적인 장소에 초점을 맞춰왔다. 관광자가 주목해야 할 가장 전통적이면서 바람직한 관광매력은 주교좌성당·정부청사·역사적인 기념물·성·요새 등과 같은 놀라운 건축물들이었다. 최근 변화가 감지되고 있다. 일부 관광자들은 보통사람들의 일상생활을 보여주는 보다 독특하고 진정한 체험을 하고자 한다. 유산관광개발은 주민의 라이프스타일과 일상생활 공간 등 무형유산으로 전환되기 시작했다(Timothy, 2017, p. 32).

변화는 1993년 유네스코의 진정성 문서(UNESCO's Nara Document on Authenticity)와 함께 시작되었다. 유형유산 뿐만 아니라 무형유산도 중요하다는 것을 인식한 문서다. 2003년에 이르러 유네스코 무형문화유산 보호협약(the UNESCO Convention for the Safeguarding of Intangible Cultural Heritage)으로 결실을 맺었다. 드디어 기념비적인 건축물을 넘어서서 문화적인 요소에 초점을 맞추기 시작했다. 이 협약으로 말미암아 정부와 세계공동체는 시골담장·시골집·바깥채·헛간·축사 등 비물질적이고 일상적인 유산이 지닌 가치를 구체적으로 생각하게 되었다. 그러나 정치적 의지나 불평등한 권력관계로 말미암아 평범한 유산을 보존하는 데에는 제약이 따랐다. 유산은 많고 재원과 인력은 부족했다. 그러나보니 웅장한 유산에만 매달렸다. 그러면 그럴수록 평범한 유산은 보존할 수 없고 팔수도 없는 것이라는 인식이 배태되었다. 관광자들이 번듯한 것만 찾는 통에 문화유산이라는 이름으로 현실을 환상과 맞바꿨다. 그러나 점점 더 많은 학자들이 불편한 과거라서 꼭꼭 숨겨놨던 지저분한 역사도 알려야 한다는 데에 뜻을 같이 하고 있다. 많은 관광자들이 찾아다녀서 이미 닳아버린 잘 알려진 관광지를 넘어선 새로운 유산관광지로 관광소비가 확대되고 있다. 전 세계적으로 알려진 문화매력과는 전혀 관련이 없는 곳들이 유산관광지로 그 이름을 알리기 시작했다(Timothy, 2017, pp. 32-37).

그러나 혹독한 대가도 따랐다. 관광자를 무심히 지나칠 수 있는 대도시 뿐만 아니라 지방소도시와 농촌까지 관광자들로 붐볐다. 인구밀도가 높은 남부 유럽 지중해 연안지역은 길거리 카페 관광자로 인한 소음에 시달리기 시작했다. 지방유산은 상업화되고 열악해진 환경과 험악해진 사회분위기는 지역주민에게 고스란히 전가되었다(Richards, 2018, pp. 397-411).

|4절| 세계의 유산관광

1. 유산관광 현황

2009년 전 세계 10000명을 대상으로 국가 브랜드 인덱스 온라인조사 (Nation Brand Index, 2009) 결과에 따르면, 문화와 역사가 방문 할 관광지를 선택에 강한 영향을 미친다고 응답한 사람은 57%에 이르렀다. 특히 영국을 방문한 외국인 방문자 중 73%는 대저택이나 성 같은 건축유산을 보겠다고 응답했고, 교회나 주교좌성당 같은 종교유산을 방문하겠다는 방문자도 63%나 되었고, 왕실유산도 60%에 이르렀다. 실제로 방문한 관광자를 조사한 국제방문자조사(International Passenger Survey, 2006- 2007)에서도 비슷한 결과가 나왔다. 영국 외국인 방문자 중 제일 많은 방문자는 의류 및 액세서리 쇼핑(45%)을 선택했지만, 두 번째부터 네 번째까지는 골동품 쇼핑(42%), 펍(40%), 교회·대저택·역사적 기념물·성 방문(31%) 등 모두 유산관광지를 방문했다. 2008년 영국을 찾은 외국인 방문자가 가장 많이 방문한 25곳 중에서 무려 22곳이 유산관광지였고, 1위부터 10위까지는 모두 유산관광지였다. 결과적으로 영국을 찾은 인바운드 방문자는 매년 45억 파운드를 지출함으로써 10만개의 일자리를 창출하고 있다. 45억 파운드는 인바운드 방문자 전체 지출에서 약 25%를 차지하는 규모다 (VisitBritain, 2010, pp. 6-29).

〈표 5-1〉 2008년 영국 10대 관광지 연간방문자 숫자

1위	2위	3위	4위	5위	6위	7위	8위	9위	10위
대영 박물관	테이트 모던	국립 박물관	국립역사 박물관	과학 박물관	런던타워	빅토리아 알버트 박물관	국립해양 박물관	국립초상 화박물관	성바울 대성당
590만명	490만명	440만명	370만명	270만명	220만명	210만명	210만명	180만명	170만명

자료 : VisitBritain, 2010, p. 29.

우리나라의 경우, 국민 관광자 중 약 절반 정도는 역사문화유적지를 매년 방문하고 있다. 방문횟수는 한 해 평균 2.5회 정도다. 역사문화유적을 보기 위해 우리나라를 관광목적지로 선택한 외국인 방문자는 전체에서 약 20% 내외를 차지한다. 우리나라를 찾은 외국인 방문자가 실제로 고궁을 비롯한 역사유적지를 방문한 비율은 2011년 이래로 매년 증가하고 있다. 2011년에는 14.3%였으나 2014년 이후로 10% 가량 늘어난 25% 전후를 기록하고 있다. 고궁 및 역사유적지 관광 만족도 역시 증가세를 보이고 있다. 고궁 및 역사유적지 관광이 가장 좋았다고 응답한 외국인 방문자도 2011년에는 5.1%였으나 2017년에는 8.7%로 증가했다.

〈표 5-2〉 국민 관광자 역사문화유적지 방문 경험 및 횟수 (단위 : %)

연도	2006	2008	2010	2012	2014	2016
비율(순위)	51.4(2.8)	51.5(2.5)	47.19(2.5)	45.3(2.4)	55.2(2.3)	53.1(2.3)

자료 : 한국문화관광연구원, 각년도.

〈표 5-3〉 역사문화유적을 고려하여 한국 방문을 선택한 외국인 방문자 (단위 : %)

연도	2011	2012	2013	2014	2015	2016	2017
비율(순위)	19.1(4위)	21.5(4위)	17.7(5위)	25.2(4위)	27.6(4위)	25.6(4위)	19.8(5위)

자료 : 한국관광공사, 각년도.

〈표 5-4〉 한국 방문 기간 중 고궁 및 역사유적지 방문자 비율 (단위 : %)

연도	2011	2012	2013	2014	2015	2016	2017
비율	14.3	14.2	16.2	27.2	26.2	25.0	23.4

자료 : 한국관광공사, 각년도.

〈표 5-5〉 고궁 및 역사유적지 관광이 가장 좋았다고 응답한 외국인 방문자 (단위 : %)

연도	2011	2012	2013	2014	2015	2016	2017
비율(순위)	5.1(4위)	5.5(5위)	5.5(6위)	7.5(4위)	7.7(4위)	7.9(4위)	8.7(4위)

자료 : 한국관광공사, 각년도.

2014년 1월 유럽연합 회원국 국민 30,101명을 대상으로 관광선호도를 전화 면접조사 한 결과에 따르면(European Commission, 2015, pp. 12-16), 한 해 동안 1박 이상 휴가여행을 다녀온 사람은 70%를 넘었다. 4박 이상 휴가여행을 다녀온 사람 중에서 국내여행은 2/5를 차지했다. 유럽연합 국가로 해외여행을 다녀 온 사람은 약 40%를 자치했고 나머지 10% 가량은 유럽연합 국가가 아닌 다른 나라로 해외여행을 떠났다. 유산관광을 포함한 문화관광을 떠난 사람 중에서 성별 차이는 그다지 크지 않았다.

반면에 학력(교육연한)은 큰 차이를 보였다. 휴가여행으로 문화관광을 선택한 사람 중에서 대졸이상은 31%였는데, 대졸미만은 18%밖에 되지 않았다. 역사문화를 관광지 재방문 이유로 꼽은 휴가여행자는 평균 30%였다. 이를 학력별로 살펴보면, 고졸은 역사문화를 재방문 이유 네 번째로 꼽았는데 비율은 평균에 훨씬 못 미치는 19%에 불과했다. 대졸은 세 번째로 꼽고 비율은 평균에 가까운 27%였다. 대학원졸 이상 학력을 가진 사람은 역사문화를 재방문 이유 두 번째로 꼽았고 비율은 평균을 상회하는 36%를 차지했다.

〈표 5-6〉 유럽연합 국민 관광지 재방문 이유

자연경관	숙박시설	역사문화	가격	여가활동	서비스	편의시설
47%	33%	30%	27%	24%	22%	6%

자료 : European Commission, 2015, p. 14.

2. 세계유산 현황

1972년 유네스코에서는 세계유산에 대한 전반적인 보호 및 관리와 세계유산 보호를 위한 체계적인 국제지원을 제공하기 위해 세계유산협약(World Heritage Convention)을 맺었다. 협약에 가입한 국가는 세계유산위원회 회원국으로서 기금 조성에 기여하고, 협약에 따라 뛰어난 보편적 가치(outstanding universal value)를 지닌 유산을 보호한다(Smith, 2003, p. 105).

2019년 1월 현재 유네스코가 지정한 세계유산은 167개국 1092개에 달한다. 이 중에서 유럽이 가장 많고, 아시아 그 뒤를 잇고 있다. 전 세계적으로 지역 간 불균등 분포를 보이고 있는 것에서도 알 수 있듯이 세계유산목록 등재 역시 유산 그 자체의 보편적 가치로부터 도출되는 것만은 아니라는 점을 알 수 있다.

〈표 5-7〉 유네스코 지정 세계유산 종류 및 지역 분포

	문화유산	자연유산	혼합유산	전체	비율	세계유산 보유국가
아프리카	52	38	5	95	8.7%	35
중동	76	5	3	84	7.7%	18
아시아 · 태평양	181	65	12	258	23.6%	36
유럽 · 북미	440	63	11	514	47.1%	50
남미 · 카리브해연안	96	38	7	141	12.9%	28
전체	845	209	38	1092	100.0%	167

자료 : 유네스코 세계유산센터[1]

세계유산 목록에 등재된 세계유산의 특징이 손상될 수 있는 위험에 처했을 경우 '위험 세계유산'(world heritage in danger)에 지정함으로써 특별 관리한다. 세계유산위원회는 세계유산이 지니고 있는 탁월한 보편적 가치를 손상시킬 수 있는 위험을 명백한 위험(ascertained danger)과 잠재적 위험(potential danger) 두 가지로 구분한다. 세계문화유산의 경우에 명백한 위험은 역사적 진정성이나 문화적 중요성을 심각하게 손상시킬 수 있는 위험을 일컫는다. 잠재적 위험은 보존정책 결여, 보호수위 하향 조정, 위협적인 전쟁이나 난개발을 초래하는 도시계획 등을 말한다. 세계자연유산의 경우에 명백한 위험은 질병이나 밀렵 등으로 보호동식물 개체 수가 급격하게 줄어들거나 저수지 건설이나 벌목 또는 농약 등으로 말미암아 자연의 아름다움이나 과학적 가치를 손상을 시키는 경우를 말한다. 잠재적 위

---

[1] http://whc.unesco.org/en/list/stat

험은 세계자연유산의 내재적 가치를 위협하는 무력충돌, 난개발, 부실한 관리계획, 기후변화 등을 말한다.[2]

세계유산협약 제14조에 적시한 문화재 보호 및 재건 국제연구센터(the Rome Centre), 자연 및 자연자원 국제연맹(IUCN), 기념물 및 장소 국제위원회(ICOMOS) 등과 같은 국제기구와 협업을 통하여 위험 세계유산으로 지정하고 위험 세계유산 목록에 등재한다.[3] 위험 세계유산 목록에 등재함으로써 위험 요소를 제거하도록 유도하기 위한 것이다.

우리나라 세계유산 중에는 위험 세계유산 목록에 등재된 경우는 없다. 위험 세계유산에 등재된 두 가지 사례를 살펴보자. 예루살렘 구도심과 성벽은 유대교·기독교·이슬람 등 세 종교의 성지로 등재했다. 등재 이듬해인 1982년 위험 세계유산에도 등재했다. 이스라엘은 무단으로 고고학적인 발굴을 계속하고 있는데다가 불법적인 터널 공사를 하고 있다. 요르단·팔레스타인·터키 등 회원국들은 다마스커스 게이트에 이스라엘이 설치하고 있는 파수대 공사를 중단할 것을 요구했다. 세계유산의 보편적인 가치를 훼손하고 있다는 이유에서다. 그러나 이스라엘은 파수대는 언제든 철거할 수 있을 있다는 이유를 들어서 공사 중단을 거부했다. 대신 안전이 확보되면 철거하겠다고 말했다. 관리부재 및 무력충돌로 인한 위험에 직면해 있어서 위험 세계유산 목록에 올랐지만 아직도 해제되지 않고 있다.[4]

영국 리버풀 해양상업도시(Maritime Mercantile City)는 18세기와 19세기 주요한 세계무역중심지 중 한 곳이다. 리버풀은 대영제국의 성장에 중요한 역할을 했고 북유럽과 미국으로 인력을 실어 나른 주요 항구로 성장했다. 리버풀은 현대 도크 기술과 교통체계 및 항구관리 등 분야에서 선구자

---

2) UNESCO World Heritage Centre. 2017. *Operational Guidelines for the Implementation of the World Heritage Convention*. pp. 49-51.

3) UNESCO World Heritage Centre. 2017. "Convention concerning the protection of the world culutral and natural heritage". *Basic Texts of the 1972 World Heritage Convention*. p. 8.

4) https://whc.unesco.org/en/soc/3786

였다.5) 이상과 같은 점을 감안해서 2004년 세계유산 목록에 올랐으나 2012년 위험 세계유산에도 등재되는 불명예를 겪고 있다. 수로 건설과 도크랜드 재개발을 추진하면서 적절한 관리계획과 전반적인 관리체계를 갖추지 않았다. 뛰어난 보편적 가치를 지닌 도시경관 특성에 대해서 적절하게 분석하거나 기술하지 않았다. 세계유산 수변과 배후지 신규 건축물에 대한 고도제한을 법제화하지 않았기 때문에 세계유산 경관 훼손 우려가 있다.6)

우리나라는 모두 13개의 유산을 세계유산목록에 등재했다. 세계자연유산으로 등재한 제주도를 제외한 12개는 모두 세계문화유산이다. 정식목록에는 오르지 못했지만 잠정목록 오른 세계유산도 있다. 1994년 강진 청자가마터를 시작으로 2019년 가야 고분까지 모두 16개를 잠정목록에 올렸다. 우리나라는 유네스코 세계유산을 보유한 167개국 중에서 22번째로 많은 세계유산을 보유하고 있다. 경제력에 비하면 적은 숫자다. 선진국과 비교했을 때, 유산에 대한 사회적 관심이 상대적으로 약한 것을 원인으로 꼽을 수 있겠다.

〈표 5-8〉 유네스코 세계유산목록에 등재한 우리나라 세계유산

등재 연도	세계유산	종류
1995년	종묘/석굴암과 불국사/팔만대장경	문화유산
1997년	창덕궁/화성	문화유산
2000년	경주역사지구/(고창 · 화순 · 강화) 지석묘	문화유산
2007년	제주도	자연유산
2009년	조선왕릉	문화유산
2010년	(양동마을 · 하회마을) 전통마을	문화유산
2014년	남한산성	문화유산
2015년	백제역사지구	문화유산
2018년	산사	문화유산

자료 : 유네스코 세계유산센터7)

---

5) https://whc.unesco.org/en/list/1150

6) https://whc.unesco.org/en/soc/3772

7) https://whc.unesco.org/en/statesparties/kr

<표 5-9> 유네스코 지정 세계유산 13개 이상 보유국가

순 위	등재 세계유산 숫자	국 가
1위	54개	이탈리아
2위	53개	중국
3위	47개	스페인
4위	44개	프랑스/독일
6위	39개	인도
7위	35개	멕시코
8위	31개	영국
9위	28개	러시아
10위	23개	이란 · 미국
12위	22개	일본
14위	21개	브라질
15위	19개	호주/캐나다
17위	18개	터키/그리스
19위	15개	폴란드/포르투갈/스웨덴
22위	13개	한국/벨지움

자료 : 유네스코 세계유산센터[8]

3. 유산관광 세계화

신자유주의적 세계화는 상실감과 향수를 불러일으킨다. 진정성을 추구하는 관광이 늘어난다. 관광 그 자체가 세계화되면서 역사와 전통에 대한 관심이 고조된다. 패키지투어가 다양화되면서 유산관광이 발흥한다. 역사와 전통에 대한 관심은 상업화된다(최석호, 2006, pp. 34-36; Lash & Urry, 1998, pp. 327-368; Edensor, 2002, pp. 139-170; Meethan, 2001, pp. 91-95; Urry, 2002, pp. 94-123, 141-161). 유네스코 세계유산목록 작업은 유산과 유산관광에 대한 관심을 한층 더 높였다. 유산을 세계유산목록에 등재하면 해당 유산은 글로벌 아이콘이 된다. 국가적으로도 민족정체성을 대변함으로써 상징적 중요성을 획득한다. 유산을 중심으로 지역주민의 응집력이 강화된다. 국내외 언론에서 주목하고 빈번하게 보도한다. 국민방문자와 외국인 방문자가 줄을 잇는다. 이처럼 세계유산목록 등재는 유산을 지방과 국가 지역

---

8) 유네스코 세계유산목록에 등재한 유산을 보유한 나라를 167개국이며, 등재한 유산이 없는 나라는 26개국이다(http://whc.unesco.org/en/list/stat).

및 세계와 연결시킴으로써 세계화를 촉진했다(Smith, 2003, pp. 108-113).

어느 지방 또는 어느 나라 사람이라는 것은 정체성 구성에 핵심이다. 특정 장소에 소속된다는 것은 곧 정체성을 구성한다는 뜻을 함축한다. 그러나 유산관광 세계화와 노동이주 그리고 이중국적 등 유동적인 삶은 유동적인 정체성과 잡종 정체성을 확산시킨다. 해외여행 급증과 유산 산업화는 동전의 양면처럼 서로 뗄 수 없어진다. 세계유산은 지방과 국가를 넘어 인류 공통의 문화유산이 된다. 전 세계 사람들이 찾는 글로벌 유산으로 성장하면 성장할수록 지역주민은 유산에서 소외되기도 한다(Graham et. al., 2000, p. 238). 이처럼 유산관광 세계화 로컬과 글로벌이 역동적으로 상호작용하는 지방정체성·민족정체성·지역정체성·글로벌정체성 등 정체성 정치의 장으로 발전한다.

유산관광은 세계화가 초래하는 사회변동으로부터 추가적인 동력을 얻는다. 인구증가와 함께 신흥경제국 중간계급 증가로 말미암아 유산관광은 경제적으로 더욱 지속가능하게 된다. 중간계급은 유산관광의 저장소다. 한·중·일 3개국에서 역사에 대한 관심이 고조되고 있다. 최근 10년 동안 중국에 새로 생겨난 박물관은 1200개로 지난 100년 동안 증가한 숫자와 같은 규모로 증가했다. 2050년에 이르면 아시아·태평양 지역 개발도상국 경제규모는 지금보다 5배가량 커질 전망이다. 아시아·태평양 지역 유산의 세계유산목록 등재가 늘어나면서 저가항공과 호텔 등 관광인프라도 빠른 속도로 개선되고 있다. 이는 다음 10년 동안 유산관광 증대에 기여할 것이다. 또한 정보통신기술 발달은 가상현실을 통해 최적의 유산관광 체험을 제공할 것이다. 이 체험은 실제 유산관광으로 이어지기 때문에 정보통신기술 발달 역시 유산관광에 추가적인 동력을 제공할 것이다 (Kaminski, Benson & Arnold, 2017, pp. 320-332).

|5절| 유산관광 사례연구

1. 걷기여행

2007년 제주 올레길을 처음 열었을 때 한 해 동안 3,000명의 걷기여행자가 올레길을 걸었다. 4년 뒤 2011년 올레길을 걸은 여행자는 100만 명을 넘었다. 삼성경제연구소는 매년 10대 히트상품을 선정하고 있다. 2009년에는 도보체험관광을 10대 히트상품으로 선정했다. 2007년 산림청에서 국가숲길을 조성하기 시작한 이래로 2009년 문화체육관광부 '이야기가 있는 문화생태탐방로', 2010년 국토부 '누리길', 2011년 안전행정부 '누리마을 녹색길' 등 걷기여행길 조성사업이 줄을 이었다.

서울시 종로구 골목길, 춘천 물레길, 순천 꽃길, 안동 유교문화길, 목포 생명길, 강화 나들길 등 지방자치단체도 팔을 걷고 나섰다. 걷기여행길이 우후죽순처럼 늘어나자 2013년에는 걷기여행길 종합안내포털(koreatrails.or.kr)을 개설해서 전국 480개 길에 대한 정보를 제공하기 시작했다. 2017년 517개로 불었다. 2019년 걷기여행길과 자전거여행길을 두루누비(durunubi.kr)로 통합해서 시범운영 중이다.

2017년 5월 문화부는 처음으로 걷기여행에 관한 설문조사를 했다. 4,000명의 응답자 중에서 놀이공원으로 놀러가는 것에 관심을 보인 사람은 8.4%밖에 되지 않았다. 가장 작은 수치다. 그러나 걷기여행에 관심을 가진 사람은 66.0%로 가장 많았다. 걷기여행에 나선 사람들은 하루 평균 81,711원을 쓴다고 응답했다. 우리나라 국민 1회 평균 여행지출액 60,731원보다 훨씬 많은 돈을 쓰고 있다. 향후 걷기여행 의향을 묻는 질문에 87.1%가 다시 걷겠다고 응답했다. 주변 사람들에게 걷기여행을 추천하겠다고 응답한 사람은 이보다 많은 88.7%에 달했다. 걷기여행을 통한 지역 경제 활성화 가능성을 확인했다(최석호, 2017).

제주 올레길 걷기열풍은 북한산 둘레길과 지리산 둘레길 등 자연유산 관광에 대한 새로운 발견을 가져왔다. 군산원도심·인천개항장·전주한 옥마을·양림동 등과 함께 최근 쟁점으로 떠오른 목포원도심까지 이어진 걷기열풍은 문화유산관광과 도시재생의 공존가능성을 확인시켜 주었다. 우리나라 걷기여행 열풍은 유산관광을 국민관광으로 자리 잡게 했다.

2. 브래드포드 산업유산관광[9]

개별 국민국가는 해외 관광자를 유치하기 위해서 관광시장 차별화에 나선다. 스페인의 값싼 패키지 관광, 태국의 이국적 관광, 프랑스의 문화 관광, 영국의 유산관광 등은 관광세계화로 인한 관광국제분업의 산물이 다. 잉글랜드 북부지방 산업도시 브래드포드(Bradford)를 유산관광지로 개 발하기 시작한 것은 이와 같은 사회적 맥락에서 지방정부가 전략적으로 선택한 것이었다. 섬유산업도시로 성공을 구가하던 19세기와 20세기 전 반에 갖가지 이유로 파키스탄·인도·독일·폴란드·우크라이나·방글라 데시 등지에서 상인과 노동자들이 이주해 왔다(Montgomery, 1997, pp. 99-109). 그러나 섬유산업 쇠퇴와 세계화 맞물리면서 일자리는 급속하게 줄어들었다. 지방정부는 브래드포드를 유산관광지로 개발하기 시작했다.

브래드포드는 유산관광도시로 거듭나기 위해서 가장 영국적인 것과 세 계적인 것을 동시에 이용했다. 산업화의 상징인 케글리와 워스 계곡 철도 (Keighley and Worth Valley Steam Railway)를 달리는 증기기관차와 철도여행박 물관(the Museum of Rail Travel), 영국 국교회 목사 패트릭 브론테(Patrick Bronte)의 세 딸 샤롯데·에밀리·앤 브론테(Charlotte, Emily, Anne Bronte)의 삶과 문학작품을 조명한 '브론테 교구목사관 박물관'(the Bronte Parsonage Museum), 영국판 전원일기 〈에머데일〉(Emmerdale)의 촬영지 에쉬홀트 마을 (Esholt Village), 영국 고산황무지(moor)와 골짜기(dale) 걷기여행길, 2001년

---

9) 최석호(2006)에서 재구성.

유네스코가 세계유산으로 지정한 19세기 산업공동체 모형 솔테어(Saltaire), 아시아계 이주노동자로 말미암아 자연스럽게 형성된 식당가 '아시아의 맛'(taste of Asia), 브래드포드의 주된 산업생산물인 울(wool) 교역으로 상당한 부를 누렸던 독일계 섬유상인이 1855년에서 1890년 사이에 조성한 '리틀 저머니'(Little Germany).

그러나 세계화는 브래드포드에 사는 영국인들의 정체성을 자극했고, 영국의 역사와 전통이 살아 숨 쉬어야 할 브래드포드 인구의 15%를 차지하고 있는 아시아계 노동자들은 거추장스러운 존재로 전락한다. 피부색깔이 다르고 영어를 잘 못하는 아시아계 노동자는 유산관광도시로서 브래드포드의 이미지를 손상시켰다. 가장 영국적인 도시이어야만 하는 현재에 아시아계 노동자는 최대의 적이었다.

산업도시에서 유산관광도시로 이미지 전환에 성공한 결정적인 이유는 지방자치단체의 적극적인 관광전략과 미디어를 통해 매개된 시선이었다. 산업도시를 유산관광도시로 전환하기 위한 야심찬 계획을 추진하려고 했던 1970년대만 하더라도 전례가 없었기 때문에 브래드포드 시의 관광전략은 방송사와 잡지의 집중적인 조명을 받았고, 이것은 유산관광도시로 이미지를 전환하는데 결정적인 역할을 했다. 그러나 무엇보다 중요한 것은 텔레비전 연속극 〈에머데일〉이었다. 요크셔 텔레비전에서 제작한 〈에머데일〉이 영국 전역에 방송됨으로써 공중화장실도 없는 촬영지 에쉬홀트 마을에 연간 75만 명이나 되는 관광자가 찾고 있다(Davidson & Maitland, 1997, pp. 204-206; Williams, 2009, pp. 251-252).

그러나 브래드포드의 백인공동체와 아시아인공동체는 서로 접촉을 회피함으로써 자신들만의 정체성과 문화를 보호하려하고 있으며, 노동시장과 작업장에서 아시아인공동체는 동등한 기회를 제한당하고 있다(Ouseley, 2001, pp. 9-14). 백인 영국인으로 구성된 민족전선·영국국민당 등 극우 파시스트 집단의 폭력에 대하여 아시아계 영국인들이 대응폭력으로 맞서면서 폭력충돌사태가 벌어지고 있다. 브래드포드에서만 모두 세 차례의 인종폭동이 일어났다. 1995년에 3일 동안 계속된 인종폭동으로 41명이 구속되고 백만 파운드에 달하는 손해를 입은데 이어, 2001년 4월 16일에는 인도계 영국인의 결혼식 연회에 참석한 아시아계 하객에게 펍에서 술을 마시던 백인이 위협을 가한 것이 발단이 되어 또 다시 인종폭동이 발생했다. 약 4시간 동안 계속된 백인 영국인과 아시아계 무슬렘 영국인 간의 폭력사태로 약국·펍 등이 파괴되고, 챠량 8대가 전소되었으며, 4명이 구속되었다. 백인 영국인과 아시아인 영국인간의 인종갈등은 여기에서 끝나지 않았다. 2001년 7월 6일 브래드포드에서 아시아인·경찰·극우정당 지지자들 간의 폭력사태가 또 발생했다. 극우정당인 민족전선(National Front) 지지자들이 펍주변에서 인종차별을 종용하는 구호를 외침으로써 시작되었다. 일부 아시아인들이 구타를 당하는데도 출동한 영국인 경찰들이 미온적으로 대처함으로써 인종갈등은 폭력사태로 발전되었다. 하루를 넘긴 7일 새벽 5시 30분경에 평온을 되찾았으나, 이 사태로 10명의 백인 남성과 1명의 백인 여성 그리고 7명의 아시아인을 포함하여 모두 18명이 체포되었다(Harris, 2001; Leader, 2001; Wainwright, 2001). 백인 경찰들은 아시아계 영국인들로부터 공정성을 의심받고 있을 뿐만 아니라 유독 아시아계 영국인들에게만 공권력을 무자비하게 행사한다는 의혹을 받고 있다. 또한 브래드포드의 제2세대 및 제3세대 아시아계 영국인들은 부모로부터 물려받은 문화전통과 학교에서 배운 영국의 문화전통 사이에서 갈등을 겪고 있다(Leeds Metropolitan University, 2005, pp. 26-33).

1. 유산관광의 기원은 무엇인가?

2. 유산관광자는 누구인가?

3. 세계화 또는 탈산업화 상황에서 관광자들이 유산관광에 관심을 기울이는 이유는 무엇인가?

4. 유산관광의 활성화가 유산에 미치는 영향은 무엇인가?

더 읽어볼 자료

1. 최석호(2006). "관광의 세계화 – 유산관광개발 한·영 비교사례연구". 『관광학연구』 30(3), 29–49.

2. Richards, Greg 편저(2000). 『문화관광론』(*Cultural Tourism in Europe*). 조명환 역. 서울: 백산출판사.

3. Williams, Stephen(2009). "Chapter 10 The past as a foreign country – heritage attractions in comtemporary tourism". *Tourism Geography – A New Synthesis*. Routledge.

최석호(2006). 관광의 세계화-유산관광개발 한·영 비교사례연구. 『관광학연구』 30(3), 29-49.

최석호(2017). "걷기여행". 『헤럴드경제』, 12월 17일자.

최석호(2018). 『골목길 역사산책 - 개항도시편』. 시루.

한국문화관광연구원(각년도). 『문화향수 실태조사 보고서』. 문화체육관광부.

한국관광공사(각년도). 『외래관광객 실태조사 보고서』. 문화체육관광부.

Ashworth, Gregory & John E. Turnbridge (2017). "Heritage and tourism - between practice and theory". Jamie Kaminski, Angela M. Benson & David Arnold (eds.). *Contemporary Issues in Cultural Heritage Tourism*. Routledge.

Davidson, Rob & Robert Maitland. 1997. *Tourism Destinations*. Hodder and Stoughton.

Edensor, Tim (2002). *National Identity, Popular Culture and Everyday Life*. Berg.

Ennen, Elke & Eugenio van Maanen (2017). "Telling the truth or selling an image? - Communicating heritage as an instrument in place marketing". Jamie Kaminski, Angela M. Benson & David Arnold (eds.). *Contemporary Issues in Cultural Heritage Tourism*. Routledge.

European Commission (2015). "Preferences of European towards tourism 2015". European Union.

Gibson, Jamesha (2015). "Today's word - Heritage Tourism". National Trust for Historic Preservation.
(https://savingplaces.org/stories/preservation-glossary-todays-word-heritage-tourism#.XF66HlwzYTc)

Giddens, Anthony (1990). *The Consequences of Modernity*. Polity.

Harris, Paul (2001). "Bradford under Siege after Day of Race Riots". *The Observer*. 8th July 2001.

Hewison, R. (1987). *The Heritage Industry - Britain in a Climate of Decline*. Methuen.

Kaminski, Jamie, Angela M. Benson & David Arnold (2017). "Cultural heritage tourism - Future drivers and their influence". *Contemporary Issues in Cultural Heritage Tourism*. Routledge.

Larkman, P. J. (1995). "Heritage as planned and conserved". D. T. Herbert (ed.). *Heritage Tourism and Society*. Mansell Publishing.

Lash, Scott & John Urry (1987). *The End of Organized Capitalism*. Polity.

Leader (2001). "Bradford reignited – Even harmonious cities can explode". *The Guardian*. 17th April 2001.

Leeds Metropolitan University. 2005. *Researching Bradford*. Joseph Rowntree Foundation.

Lowenthal, D. (1996). *The Heritage Crusade and the Spoil of History*. Cambridge University Press.

Meethan, Kevin (2001). *Tourism in Global Society – Place, Culture, Consumption*. Palgrave.

Ouseley, Herman (2001). *Community Pride Not Prejudice – Making Diversity Work in Bradford*. Bradford Vision.

Richard, Greg (ed.). (1996). *Cultural Tourism in Europe*. CAB Internatioal.

Richards, Greg 편저(2000). 『문화관광론』(*Cultural Tourism in Europe*). 조명환 역. 백산출판사.

Richards, Greg (2016). *ATLAS Cultural Tourism Report 2016*.

Richards, Greg (2018). "Heritage tourism – Benefit or liability for cities?". *Caritaditalia – Rivista di italiana contemporanea*. Isitituto Italiano di Cultura.

Shaw, Gareth & Allan Morgan Williams. 2008(2002). 『관광지리학』(*Critical Isssues in Tourism – A Geographical Perspective*). 이영희·김양자 역. 한울.

Smith, K. Melanie (2003). *Issues in Cultural Tourism Studies*. Routledge.

Texas historical Commission (2011). *Heritage Tourism Guidebook*. (https://thc.state.texas.us/fags/fagt.shtml)

Tiesdell, S. Oc, T. & T. Heath (1996). *Revitalising Historic Urban Quarters*. Architectural Press.

Timothy, Dallen J. & Gyne P. Nyaupane (2009). *Cultural Heritage and Tourism in the Developing World – A Regional Perspective*. Routledge.

Timothy, Dallen J. (2017). "Views of the vernacular – Tourism and heritage of the ordinary". Jamie Kaminski, Angela M. Benson & David Arnold (eds.). *Contemporary Issues in Cultural Heritage Tourism*. Routledge.

UNESCO World Heritage Centre (2017). "Convention concerning the protection of the world culutral and natural heritage". *Basic Texts of the 1972 World Heritage Convention*.

UNESCO World Heritage Centre (2017). *Operational Guidelines for the Implementation of the World Heritage Convention*.

Urry, John. 2002. The Tourists Gaze. Sage.

VisitBritain (2010). *Culture and Heritage*.

Wainwright, Martin. 2001. "Pubs and cars wrecked in Bradford riot". *The Guardian*. 17th April 2001.

Williams, Stephen (2009). *Tourism Geography - A New Synthesis*. Routledge.

Zeppel & Hall (1992). "Arts and heritage tourism". Weiler, B. & C. Hall (eds.). *Special Interest Tourism*. Bellhaien.

현상과 실제

6장 _ 유산관광과 문화유산

송 화 성 (수원시정연구원 연구위원)

6장 _ 유산관광과 문화유산

송 화 성 (수원시정연구원 연구위원)

Highlights

1. 유산관광의 개념과 유산관광의 대상에 대해 이해한다.
2. 유산관광자를 이해하고자 하는 이론적 접근을 통해 그 특성을 이해한다.
3. 유산관광자의 유형화를 통해 그 다양성을 대해 이해한다.
4. 유산관광지 즉 장소적 관점에서의 유산관광을 이해한다.

| 1절 | 개관

여행지에서 새로운 문화를 접하기 위해 흔히 찾아가는 곳이 바로 박물관, 민속촌, 유적지와 같은 장소이다. 이들 장소에서는 역사의 흐름 속에서 형성된 다양한 문화적 자취를 엿볼 수 있기 때문이다. 이처럼 선대의 역사적, 문화적 발자취를 고스란히 지니고 있는 유무형의 자산을 유산(heritage)이라 부른다. 즉, 유산관광(heritage tourism)은 문화관광의 가장 대표적인 유형 중 하나라 할 수 있다. 비단 문화관광의 관점에서뿐 아니라 전체 관광수요에도 큰 영향을 미칠 수 있는 매우 영향력 있는 관광자원이라는 점에서 유산관광의 중요성은 매우 높다. 일반적인 기대를 넘어 실제 유네스코(UNESCO) 세계문화유산 등재가 해외관광 수요에 긍정적인 영향을 미쳤음을 밝힌 연구도 다수 있다. 따라서 본 장에서는 문화관광과 관련한 현상의 첫 번째로 유산관광을 다루고자 한다. 우선 '유산관광은 무엇인가?'에 대한 논의로부터 시작해서 유산관광자(heritage tourist)의 특성과 유형, 끝으로 유산관광에 대한 새로운 시각들을 담고 있다.

| 2절 | 유산관광에 대한 이해

1. 유산관광이란?

유산관광이란 무엇일까? 우선 단순히 생각하면 문자 그대로 유산(遺産)을 보고, 듣고, 체험하는 관광이다. 따라서 유산관광에 대해 이해하기 위해 유산의 의미와 범주를 생각해 볼 필요가 있다. 먼저 유산이란 무엇일까? 표준국어대사전에서 유산의 사전적 의미는 '앞 세대가 물려준 사물 또는 문화'로 정의하고 있으며, 영미권에서 'Heritage'의 의미도 유사하다. 또한 일반적으로 문화유산(cultural heritage)은 '역사적·문화적 의미를 지니는 유·무형의 유산'이라 할 수 있다.

유산의 의미에서 알 수 있듯이 유산 혹은 문화유산이라는 것은 매우 넓은 범주를 지칭한다. 우선 각종 건축물, 기록물과 같은 유형(tangible) 유산뿐 아니라 전통음악, 무술 등과 같은 무형(intangible) 유산도 존재한다. 넓게 보면 가치를 막론하고 선대로부터 물려받은 모든 것을 유산이라 할 수 있다. 하지만 모든 유산이 관광의 대상이 되는, 즉 관광자원으로써의 가치를 지닌다고 보기는 어렵다. 유산관광을 이해하기 위해서는 최소한의 관광가치를 지닌 유산으로 범주를 좁힐 필요가 있다. 예를 들어 시골 마을에서 흔히 발견할 수 있는 장승이나 사당도 의미 있는 문화유산임에는 틀림이 없다. 하지만 일반적으로는 시골 마을의 장승을 보기 위해 1박

이상 여행을 하지는 않는다. 국제적으로 관광자를 '일상의 범위를 벗어나 1박 이상을 여행하는 방문자'로 정의한다(UNWTO, 2010)는 점을 떠올려 보면 유산관광의 대상을 조금 좁혀 볼 수 있다.

2. 유산관광과 세계문화유산

특정 유산에 대한 관광자원으로써의 가치란 개인의 선호에 따라 다를 수 있다. 따라서 유산관광의 소재가 되는 문화유산에 대한 절대적 기준을 제시하기는 어렵다. 개인의 선호에 따른 유산관광자의 특성과 분류는 뒤에서 다시 자세히 알아보도록 하겠다. 여기서는 국제적으로 그 가치를 검증받아 누구나 쉽게 동의할 수 있는 유산관광의 대상이라 할 수 있는 유네스코 세계문화유산을 중심으로 선정 기준과 사례를 살펴봄으로써 유산관광의 대상과 성격을 유추해보고자 한다.

1972년 유네스코는 인류의 유산을 보존하고자 '세계유산협약'을 채택하

〈표 6-1〉 **유네스코 문화유산 선정 기준**

구분	기준	사례
I	인간의 창의성으로 빚어진 걸작을 대표할 것	호주 오페라 하우스
II	오랜 세월에 걸쳐 또는 세계의 일정 문화권 내에서 건축이나 기술 발전, 기념물 제작, 도시 계획이나 조경 디자인에 있어 인간 가치의 중요한 교환을 반영	러시아 콜로멘스코이 성당
III	현존하거나 이미 사라진 문화적 전통이나 문명의 독보적 또는 적어도 특출한 증거일 것	태국 아유타야 유적
IV	인류 역사에 있어 중요 단계를 예증하는 건물, 건축이나 기술의 총체, 경관 유형의 대표적 사례일 것	종묘
V	특히 번복할 수 없는 변화의 영향으로 취약해졌을 때 환경이나 인간의 상호 작용이나 문화를 대변하는 전통적 정주지나 육지*바다의 사용을 예증하는 대표 사례	리비아 가다메스 옛도시
VI	사건이나 실존하는 전통, 사상이나 신조, 보편적 중요성이 탁월한 예술 및 문학작품과 직접 또는 가시적으로 연관될 것 (다른 기준과 함께 적용 권장)	일본 히로시마 원폭돔

자료 : 유네스코와 유산 홈페이지(http://heritage.unesco.or.kr)를 바탕으로 재구성.

고 인류 보편적 가치를 지닌 유산을 '세계유산(world heritage)'으로 지정하였다(유네스코와 유산, 2018). 세계유산은 크게 자연유산(natural heritage)과 문화유산(cultural heritage)으로 구분되는데, 2018년 12월 기준 전 세계 1,092개 유산이 세계유산에 등재되어 있으며, 이중 883개가 문화유산이다(혼합유산 38개 포함). 유산관광의 주요 대상이라 할 수 있는 세계문화유산은 건축물·구조물·유물 등의 기념물과 유적지로 분류되며, 선정 기준과 사례는 〈표 6-1〉과 같다.

그렇다면 유네스코가 지정한 한국의 세계문화유산은 어떠한 것들이 있을까? 2018년 12월 현재까지 지정된 곳은 총 12곳으로 각 유산들의 개요는 〈표 6-2〉와 같다.

〈표 6-2〉 한국의 세계문화유산 개요

연번	명칭	지정연도	등재번호	기준1)	위치
1	석굴암과 불국사	1995년	736	I, IV	경북 경주
2	해인사 장경판전	1995년	737	IV, VI	경남 합천
3	종묘	1995년	738	IV	서울
4	창덕궁	1997년	816	II, III, IV	서울
5	수원화성	1997년	817	II, III	경기 수원
6	경주역사유적지구	2000년	976	II, III	경북 경주
7	고창·화순·강화 고인돌 유적	2000년	977	III	전북 고창, 전남 화순, 인천 강화
8	조선왕릉	2009년	1319	III, IV, VI	서울, 경기, 강원 분포
9	한국의 역사마을 하회와 양동	2010년	1324	III, VI	경북 안동, 경주
10	남한산성	2014년	1439	II, IV	경기 광주, 성남, 하남 일원
11	백제역사유적지구	2015년	1477	II, III	충남 공주, 부여, 전북 익산
12	산사, 한국의 산지 승원	2018년	1562	III	경남 양산, 경북 영주, 안동, 충북 보은, 충남 공부, 전남 순천, 해남

자료 : 유네스코와 유산 홈페이지(http://heritage.unesco.or.kr)를 바탕으로 재구성.

1) 유네스코 세계문화유산 등재기준(〈표 6-1〉)

예를 들어 1997년 유네스코 세계문화유산으로 지정받은 수원화성은 유네스코의 선정기준에 따르면 그 이전 시대에 조성된 우리나라 성곽과 구별되는 새로운 양식의 성곽으로 기존 성곽의 문제점을 개선하였을 뿐만 아니라 외국의 사례를 참고해 포루, 공심돈 등 새로운 방어 시설을 도입하고 이를 우리의 군사적 환경과 지형에 맞게 설치하였으며(II), 전통적인 성곽 축조 기법을 전승하면서 군사, 행정, 상업적 기능을 담당하는 신도시의 구조를 갖추고 있으며, 18세기 조선 사회의 상업적 번영과 급속한 사회 변화, 기술 발달을 보여 주는 새로운 양식의 성곽이다(III)는 평가를 받았다. 특히 수원화성은 수원화성 자체의 문화적 가치뿐만 아니라 '화성성역의궤'라는 자료를 통해 1700년대 당시 원형 그대로 모습으로 복원이 가능하다는 점에 세계유산 지정 시 높은 점수를 받았다. 1922년 홍수로 유실되었던 수원화성의 남수문은 화성성역의궤에 따라 2010년 복원하였다(한겨레, 2012).[2]

이처럼 세계적으로 인정받는 우수한 문화유산은 관광자원으로써의 가치 역시 높을 것이다. 수원화성의 경우 조건부가치추정법(contingent valuation method: CVM)을 이용하여 입장료 지불의사(willingness to pay: WTP)를 추정한 최근의 연구에 따르면 잠재적 관광수요에 기반을 둔 관광자원으로써의 가치는 연간 약 150억 원에 달하는 것으로 추정된 바 있다(박찬열·송화성, 2016).

---

2) http://www.hani.co.kr/arti/society/area/536338.html

수원화성 전경

화성성역의궤

남수문

화성성역의궤에 기록된 남수문 설계도

자료 : 수원문화재단, 2019(수원화성관광. https://www.swcf.or.kr/).

〈그림 6-1〉 **수원화성과 화성성역의궤**

| 3절 | **유산관광자**

1. 유산관광자의 개념과 특성

앞에서는 유산관광의 대상으로 가장 대표적인 유네스코 세계문화유산을 중심으로 살펴보았다. 그렇다면, 이곳을 방문하는 관광자는 어떤 사람들일까? 단순한 질문처럼 보이지만 유산관광과 유산관광자의 개념 정의부터 유산관광자의 유형 분류까지 다양한 논의와 연구들은 지금도 진행 중이다.

1990년 초까지 문화관광은 유산관광과 혼용되어 왔다(오정학·윤유식, 2010).

이때 문화관광자 혹은 유산관광자는 타 지역이나 타 국가를 방문하는 관광자 중 문화유적, 박물관 및 갤러리, 역사적 장소, 종교적 장소, 공연 및 축제 참가 등 문화경험을 주목적으로 하여 일반 관광자와 구별되는 관광자를 의미했다(Prentice, 1993). 이후 문화관광과 비교하여 유산관광은 역사적 장소나 건물, 기념물 등에 관련된 방문에 더 가까운 반면, 문화관광은 시각적이고, 행동적인 예술 및 축제 등에 좀 더 가깝다고 보았다(Formica & Uysal, 1998). 즉 유산관광은 역사적 장소나 건물, 기념물 등에 관련된 역사·문화적 유산을 방문한다는 점에서 일반적인 문화관광과 구분한 것이다. 이에 따라 최근에는 유산관광자를 유산 경험을 주목적으로 하여 대상지를 방문하는 사람들로 정의한다(Liu, 2014).

대체로 유산관광자는 쉽게 구분해 낼 수 있고 매력적인 관광 소비자로 묘사된다. 유산관광자의 인구통계학적 특성은 일반 관광자 대비 고연령·고학력자이며, 경제적으로도 부유하다(송화성, 2014; Kerstetter et al., 2001; Teo et al., 2014). 또한 여성들의 비중이 상대적으로 높고, 한 곳에 오랫동안 체류하며 더 많은 활동에 참여하고 관광 소비 수준이 높을 뿐 아니라 방문 만족도와 재방문 의향도 높다(송화성, 2014; Kerstetter et al,, 2001; Teo et al., 2014). 더불어 관광경험이 풍부하며, 적극적인 참여와 교류를 통해 지식을 쌓고 학습하고자 한다(McKercher, 2004). 즉 유산관광자는 유산 방문 동기의 중요성이 높을 뿐 아니라 보다 적극적으로 배우고 참여하고자 하는 특성을 지니고 있다.

2. 이론적 접근

유산관광자의 특성을 이해하기 위한 방법 중 하나로 전문화(specialization) 개념을 적용해 유산관광자가 관광 활동에 몰입해가는 과정을 살펴볼 수 있다(Kerstetter et al., 2001). 여기서 전문화란 발전적 과정으로 특정 활동의 초보자에서부터 전문가에 이르는 단계를 거치며 다양하게 나타나는 태도와 행동의 연속체를 의미한다(Bryan, 1977). Kestetter et al.(2001)은 유산관광경험, 지식과 관여, 투자와 같은 전문화 요소를 통해 유산관광자를 분석해보았다(그림 6-2 참조). 그 결과 보다 전문화된 유산관광자는 학력이 높고 부유하며, 여성이 대다수를 차지하였다. 또한 그들은 역사적 사건의 학습과 진정성(authentic)을 경험하고 싶은 욕구가 강한 것으로 나타났다.

자료 : Manning, 2010.

〈그림 6-2〉 레크리에이션 전문화의 구성요소

다른 접근으로는 유산관광자를 매슬로(Maslow)의 욕구위계이론(Maslow, 1970)을 바탕으로 한 여행경력단계(Travel Ladder Model)와 수정 모형인 여행경력패턴(travel career pattern)로도 설명이 가능하다. 이러한 접근에서도 여행 경험이 축적될수록 여행 동기가 휴식과 일상탈출에서 자기개발과 자아실현 단계로 나아간다고 설명하고 있는데(Pearce, 1998), 이는 전문화의 과정과도 유사하다. 특히 여행경력패턴 모형에 따르면 여행 경력이 높아질수록 관광 대상지의 역사나 문화에 대한 외적 자기개발과 교류에 대한 욕구가 강해진다고 본다(Ryan, 1998).

성취
꿈의 실현
자신을 더욱더 이해함
내적 평화와 조화 경험

자율적
기술개발
특별한 관심
능력과 숙달

자기 존중
및 개발

타율적
외적보상, 명성
여행의 매력
자부심 감정

자율적
사랑과 애정을 주기
관계유지

관계

타율적
애정받기
집단 그룹형성
관계 시작

자율적
본인의 안전을 위한
걱정

자극

타율적
타인의 안전을 위한
걱정

자율적
신체적 회복 욕구
휴식

휴식

타율적
외적인 흥분 욕구
신기성

[외부동기층]
(덜 중요)
고독, 향수 등

[중간동기층]
(높은 여행경력)
자연/자기개발

[핵심동기층]
(매우 중요)
신기성
일상탈출/휴식 관계

(낮은 여행경력)
자아실현/자기개발

자료 : Ryan, 1998.

〈그림 6-3〉 **여행경력단계(Travel Career Ladder)(좌),**
여행경력패턴(Travel Career Model) 모델 (우)

시간이 흐를수록 이전 세대에 비해 고학력층 비중이 높아지고, 경제적
여유가 있는 베이비붐 세대들이 나이가 들어감에 따라 유산관광도 더욱
주목을 받고 있다(이수진 외 2인, 2011; Kaufman & Weaver, 2006). 높은 교육수준
은 문화학습 및 체험을 통한 자기개발 욕구와 함께 유산관광의 강력한
동기로 작용할 수 있다. 또한 일반적으로 나이가 들수록 과거 역사적 사
건을 포함하여 지난 시절에 관심을 기울이는 성향이 있어 최근의 이러한
변화에 따라 향후 유산관광 시장은 더욱 커질 것이라고 예측된다(Coathup,
1999; McKercher & Cross, 2002).

|4절| 유산관광자의 분류

1, 유산관광자의 유형

유산관광자는 어떻게 분류할 수 있을까? 시장세분화의 관점에서 유산관광자를 인구통계학적 기준, 동기, 관광행동 등을 기준으로 분류한 연구가 다수 있으며, 주로 특정 국가 및 지역 방문자를 대상으로 하고 있다 (McKercher, 2002; Poria et al., 2004; Espelt & Benito, 2006; Alazaizeh et al., 2016).

대표적인 분류 방법을 하나 소개하자면 McKercher(2002)는 문화유산관광자 유형화를 위해 관광지 방문결정에 있어 문화적 동기의 중요성과 체험수준에 따라 〈그림 6-4〉와 같이 목적형 문화유산관광자', '유람형 문화유산관광자', '우연형 문화유산관광자', '부수형 문화유산관광자', '예상 외 의미 발견형 문화유산 관광자'로 구분하였다(McKercher, 2002). 먼저 '목적형'은 문화나 유산에 대해 배우는 것이 방문의 주목적이고, 많은 체험을 추구하는 집단이다. '유람형'은 문화유산에 대해 배우는 것이 주 목적이지만, 얕은 수준의 오락적 체험을 추구한다. '우연형'은 유산관광 추구 외에 다른 목적 즉 겸목적을 갖고 대상지를 방문하며, 얕은 수준의 체험을 추구한다. '부수형'은 유산관광만을 목적으로 하지 않고 체험의 깊이도 얕다. 마지막으로 '예상 외 의미 발견형'은 문화 관광이 목적지 방문 결정에 거의 작용하지 않으나, 문화유산을 깊이 체험한 사람들이다. McKercher(2002)의 유형화는 후속 연구들의 이론적 근거로 널리 활용되었다.

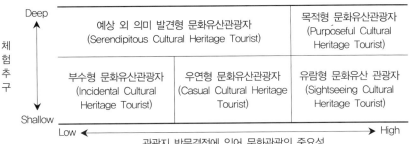

자료 : McKercher, 2002, p. 36.

〈그림 6-4〉 McKercher(2002)의 문화유산관광자 유형화 모형

2. 세계 문화유산관광자의 유형화 사례

세계 문화유산관광자를 대상으로 한 유형화 사례는 다음과 같다.

첫 번째 사례로는 요르단 페트라의 관광자를 대상으로 McKercher (2002)의 모형을 적용해 유산관광자를 구분한 연구가 있다(Alazaizeh et al., 2016). 여기서도 '예상 외 의미 발견형'을 제외한 네 가지 유형이 유산관광 자의 대부분을 차지하는 것으로 보았다. 이 지역은 1985년에 이미 유네 스코 세계유산으로 등재되었으며, 세계 7대 불가사의 중 하나인 페트라 는 가장 입장료가 비싼 여행지 중 하나이다(〈그림 6-5〉).

특히 '인디아나 존스', '트랜스포머', '미생' 등 국내외 영화와 드라마의 배경이기도 해서 유산의 학습 추구형부터 가벼운 관광형까지 다양한 유 형의 유산관광자가 방문한다고 할 수 있다. 즉 유산관광의 목적으로 대상 지를 방문하였다 할지라도 일반적인 관광의 주목적이 일상탈출이나 즐거 움 추구임을 미루어볼 때, 목적형보다는 유람형이 일반적이다. 또한 집단 별 특성 비교를 통해 각 집단별 유산 가치(heritage values) 인식과 관리 활 동(management actions)에 어떠한 차이가 있는지 살펴보았다. 그 결과 '목적 형'과 '유람형' 관광자가 '우연형'과 '예상 외 의미 발견형' 관광자보다 보존 적 가치를 높게 인식하고, 직접적 관리 활동에 더 적극적으로 참여하는

것으로 나타났다. 즉, 각 집단별로 보존적 가치(preservation values) 인식과 직접적 관리활동에는 차이가 있는 것으로 나타났으나 사용적 가치(use values) 인식 및 간접적 관리 활동에는 차이가 없는 것으로 확인되었다.

자료 : 유네스코 세계문화유산, 2019(https://whc.unesco.org/en/list/326/gallery/).

〈그림 6-5〉 **요르단 페트라**

또 다른 사례로는 이스라엘의 유적지 중 통곡의 벽과 마사다 두 지역을 방문하는 관광자들을 대상으로 한 연구가 있다(Poria et al., 2004). 우선 이곳을 방문하는 관광자를 문화유산 체험(heritage experience), 학습 체험(learning experience), 여가 체험(recreational experience)을 목적으로 하는 관광자로 구분하였다. 연구결과 주로 유산경험 및 여가경험 동기를 보이는 관광자들이 유적지의 일부인 것처럼 느끼는 정도가 높게 나타나 동기에 따라서 관광지에 대한 인식에 차이가 있음을 확인하였다(〈그림 6-6〉).

자료 : 유네스코 세계문화유산, 2019.

〈그림 6-6〉 **이스라엘 마사다**

한편 유산관광자의 여행 행동을 중심으로 분류해본 결과 성별과 연령은 유산관광자 유형에 영향을 미치지 않는다는 연구결과도 있다(Espelt & Benito, 2006). 여기서는 접근가능지점의 수, 방문지점의 수, 총 방문 소요 시간, 지점 당 소요 시간, 지점간 평균 도보시간, 일정 중 이동거리, 도보 지점 수, 보행태도, 주요 지점 도보 방문 수, 보조 지점 방문 수 등 아주 구체적인 여행 행동을 중심으로 스페인 지로나 지구 관광자를 분류하여 총 4개의 세부 집단을 도출하였다(<그림 6-7>).

첫째, 비문화관광자(noncultural tourist)는 여행 지점의 수와 일정이 모두 매우 낮은 집단이다. 둘째, 의식적 관광자(ritual tourist)는 평균치에 가장 가까운 행동 양상을 보이며, 개인적 경험보다는 집단적 의식에 의해 행동하는 경우가 많은 집단이다. 셋째, 흥미 위주 관광자(interested tourist)는 평균에 가까운 행동 양상을 보이나 각 지점에서 더 많은 시간을 소비하는 집단으로 보통 유산소비주의(heritage consumerism)와 개별 경험, 유산지역의 실생활 경험 등에 의해 행동한다. 마지막으로 박식한 관광자(erudite tourist)는 유산관광자 중 가장 낮은 비율을 차지하고 있는데, 모든 지표들이 높게 나타나며, 특히 내부 응집성(internal coherence)이 높고, 단순경험만이 아니라 지식을 찾는다는 특징을 지닌다.

자료 : 스페인 관광청, 2019.

〈그림 6-7〉 스페인 지로나 지구

마지막 사례로는 인도네시아의 세계문화유산 지정 도시인 말라카의 국내외 관광자를 대상으로 문화유산관광자 행동에 대한 연구를 소개하려한다(Teo et al., 2014). 여기서는 결론적으로 관광자 행동의 차이는 문화적으로 유의한 관광자(culturally significant tourist)인가 하는 것에서 비롯된다고 파악했으며, 외국인 관광자들이 보다 높은 값을 보였다. 하지만 기억에 남는 관광경험(memorable tourist experience), 책임감 있는 관광자(responsible tourist), 비용 지불 관광자(willingness to pay tourist), 친환경 관광자(green tourist)인가 하는 부분에 있어서는 큰 차이가 없는 것으로 나타났다.

　이 곳 말라카는 500여 년간 말레이시아, 중국, 인도 3개 유럽 식민지 강대국과의 상업과 거래로 형성되었고, 각각의 건축과 도시 형태, 기술과 기념비적인 예술에 족적을 남겼다는 점에서 유네스코 세계유산으로 등재된 곳이다(〈그림 6-8〉). 말레이시아의 최대항구이자 관광도시로 유명하며, 뉴욕 타임즈의 '올해 반드시 방문해야 하는 45개 도시'로 선정(The Star, 2012.1.9.)되었을 정도로 국제적 지명도를 지니고 있는 곳이기에 거주지 즉 국적에 따라 유산관광자를 분류할 수 있었다.

자료 : 유네스코 세계문화유산, 2019(말라카. https://whc.unesco.org/en/list/1223/gallery/).

〈그림 6-8〉 말레이시아의 말라카

|5절| 유산관광에 대한 새로운 시각

1. 유산관광자의 다양한 유형

전통적 정의에 따르면 유산관광자는 유산의 매력에 깊이 빠져있고, 지적 풍부함을 얻고자 하는 욕구가 강하며 유산관광체험에 참여하는데 관심이 많은 상위 단계의 관광자이다(Poria et al., 2001). 그런데 이들만이 유산관광지(heritage site)를 방문하며, 이들만을 유산관광자로 분류할 수 있을까?

〈표 6-3〉에 정리된 바와 같이, 방문동기, 체험강도, 체류시간 및 방문지점 수 등 분류 기준에 따라 다양하게 구분된다. 이는 문화유산의 가치, 위치, 개발상황(관련 정책, 사업 등) 등 관광자에게 해당 대상지가 어떻게 인식되고 있는지에 따라 다양한 사람들이 방문하기 때문이다. McKercher (2002)의 유형화만 보더라도 체험에 대한 추구 욕구가 얕고, 대상지 방문결정에 있어 문화관광의 중요성이 낮은 '부수형', '우연형' 문화유산 관광자가 존재한다. 이는 유산에 대한 관심 외에 다른 목적으로 유산관광지를 방문하는 다양한 유형의 사람들이 있음을 의미한다.

〈표 6–3〉 유산관광자 유형 분류

연구자 (발표년도)	연구 대상지	조사 대상	분류 기준	집단세분화 및 특성	
				집단 분류	특성
McKercher (2002)	홍콩	관광자 (2,066명)	관광지 방문결정에 있어 문화적 동기의 중요성, 체험수준	목적형 문화유산관광자 (purposeful cultural heritage tourist)	(높은 동기부여 · 많은 체험) 다른 사람의 문화나 유산에 대해 배우는 것이 목적지 방문의 주요 이유이며, 많은 문화적 체험을 추구함
				유람형 문화유산관광자 (sightseeing cultural heritagetourist)	(높은 동기부여 · 적은 체험) 다른 사람의 문화나 유산에 대해 배우는 것이 목적지 방문의 주요 이유이지만, 이러한 유형의 비중은 낮으며 오락적인 체험을 추구함
				우연형 문화유산관광자	(보통과 낮은 동기부여 · 적은 체험) 문화관광이 목적

연구자 (발표년도)	연구 대상지	조사 대상	분류 기준	집단세분화 및 특성	
				집단 분류	특성
				(casual cultural heritage tourist)	지 방문 결정에 제한적 역할을 하며, 문화관광의 참여 비율은 낮은 편임
				부수형 문화유산관광자 (incidental cultural heritage tourist)	(낮은 동기부여·적은 체험) 문화관광이 목적지 의사결정과정에서 의미 있는 역할을 하지 않으나, 목적지에 있는 동안에는 문화관광적 활동에 참여하여 경미한 수준의 체험을 함
				예상 외 의미발견형 문화유산 관광자(Serendipitous Cultural Heritage Tourist)	(낮은 동기부여·많은 체험) 문화관광이 목적지 방문 결정에 거의 작용하지 않으나, 문화관광 활동은 많이 참여함
Poria et al. (2004)	이스라엘 남부 통곡의 벽(Wall in Jerusalem), 마사다 (Massada)	관광자 (398명)	관광동기	문화유산 체험 (heritage experience)	문화유산을 관광자 자신의 일부로 인식하고, 감정적으로 관여하고자 하는 집단, 문화유산에 대한 체험에 참여하고자 하는 욕구가 가장 큰 것이 특징
				학습 체험 (learning experience)	관찰하고 배우기 위해 역사적인 장소를 찾는 집단, 문화유산 경험 집단과 달리 '실제적 경험', '역사적 관찰'은 긍정적이었지만, '역사적 경험'은 부정적 상관관계를 가짐
				여가 체험 (recreational experience)	일탈 욕구, 세계적으로 유명한 장소를 구경하며 긴장을 풀고자 하는 욕구를 가진 집단, 레크리에이션 활동에 참여하고 싶은 욕구가 큰 집단
Espelt & Benito (2006)	스페인 도시 지로나 (Girona)	관광자 (532명)	여행 행동	비문화관광자 (the noncultural tourists)	평균 1.82지점 방문(보조지점 0.37), 구간별 이동 속도 2분 56초, 1.5km 이내 일정 등 전체적으로 모든 지표가 낮게 나타남
				의식적 관광자 (ritual tourists)	평균 3.1지점 방문(보조지점 0.73), 1시간 반 정도 방문, 지점당 30분 정도 소요, 구간별 이동속도 4분, 2km이상의 일정

연구자 (발표년도)	연구 대상지	조사 대상	분류 기준	집단세분화 및 특성	
				집단 분류	특성
				흥미위주 관광자 (interested tourists)	2,425m이상 일정, 평균 4.23 지점 방문, 2시간 정도 방문, 구간별 이동속도 5분, 지점당 41분 소요
				박식한 관광자 (erudite tourists)	평균 3시간 소요, 4km(38 구간) 이상 일정 등 모든 지표가 전체적으로 높게 나타남
Teo et al. (2014)	말레이시아 도시 믈라카 (melaka) (유네스코 세계문화 유산)	국내외 관광자 (505명)	거주지	국내 관광자 (local visitors)	문화적으로 유의한 관광자 (culturally significant tourist) 특성 낮음	기억에 남는 관광경험(memorable tourist experience), 책임감 있는 관광자(responsible tourist), 비용 지불 관광자(willingness to pay tourist), 친환경 관광자(green tourist) 특성은 큰 차이 없음
				국외 관광자 (foreign visitors)	문화적으로 유의한 관광자 (culturally significant tourist) 특성 높음
Alazaizeh et al. (2016)	요르단 페트라 (Petra) 지역	관광자 (301명)	체험수준, 여행 동기로서 유산관광의 중요성	목적형 유산관광자 (purposeful heritage tourist)	(높은 동기부여·많은 체험) 유산에 대한 체험과 배움이 목적지 방문 주요 목적인 집단
				유람형 유산관광자 (sightseeing heritage tourist)	(높은 동기부여·적은 체험) 유산에 대한 체험과 배움이 목적지 방문의 주요 목적이나, 활동은 비교적 적으며 오락적인 체험을 추구하는 집단
				우연형 유산관광자 (casual heritage tourist)	(보통과 낮은 동기부여·적은 체험) 유산에 대한 배움이 여행 결정과정에서 제한적으로 작용하는 집단으로 적은 체험으로 목적지에 관여하는 집단
				부수형 유산관광자 (incidental heritage tourist)	(낮은 동기부여·적은 체험) 유산에 대한 배움이 여행 결정과정에서 적게 작용하거나 아예 작용하지 않으나, 관광지 내에서 유산관광 활동에 참여하여 적은 체험을 하는 집단

연구자 (발표년도)	연구 대상지	조사 대상	분류 기준	집단세분화 및 특성	
				집단 분류	특성
				예상 외 의미 발견형 유산관광자 (serendipitous heritage tourist)	(낮은 동기부여·많은 체험) 낮은 중심성/얕은 체험, 유 산에 대한 배움이 여행 결 정과정에서 적게 작용하거 나 아예 작용하지 않으나, 결국 유산관광활동에 깊이 참여하는 집단

한편 관광과 여가의 경계가 사라지며, 지역민에게도 유산관광지는 경치감상, 운동, 건강증진의 여가의 공간이 될 수 있다. 또한 문화유산 근교에 사는 사람은 유산관광지는 유산 경험 외에 관광으로서의 가벼운 나들이 목적으로 방문할 수 있는 곳이다. 또한 유산관광지를 개발하고 관리하는 정책과 사업에 의해 방문자는 유산의 고유성(authenticity)보다는 관광상품화된 유산을 경험하기를 원할 수 있다.

예를 들어 수원화성의 경우 성곽의 중요 부분이 잘 보존되어 있고, 건축 당시의 특성이 잘 남아있어 완전성(integrity)과 진정성(authenticity)을 높게 평가받아 유네스코 세계문화유산으로 지정받았다. 이후 〈그림 6-9〉에서 보듯 수원화성이 위치하고 있는 수원시에서는 수원화성을 중심으로 무예 24기와 정조능행차 등 각종 공연과 체험 프로그램을 지속적으로 개발하였다. 또한 2016년 관광 편의를 높이고 볼거리를 제공하기 위해 열기구와 화성열차를 도입하였다(강영애, 2016; 송화성, 2018).

실제로 수원화성을 역사문화적 가치와 관광자원적 가치로 구분하여 AHP(의사결정 계층분석)를 통해 전문가들이 느끼는 경제적 가치의 중요도를 매겨본 결과 역사문화적 가치는 57.2%, 관광자원적 가치는 42.8%로 나타났다(송화성, 2015; 박찬열·송화성, 2016). 이는 역사문화적 가치에 대한 중요도가 관광자원적 가치 대비 높으나, 관광자원적 가치 역시 간과할 수 없다는 것이다.

| 플라잉 수원 | 화성열차 |

자료 : 수원문화재단, 2019(수원화성관광. https://www.swcf.or.kr/).

〈그림 6-9〉 **수원화성의 각종 관광 프로그램**

2. 장소적 관점에서의 유산관광자 분류

유산이 시간의 흐름과 시대적 상황에 따라 해당 자원의 가치를 인정받았음을 미루어볼 때, 유산관광지가 처음부터 역사, 문화, 유산으로서의 가치를 보유하지는 않았을 것이다. 유산관광지를 장소의 관점에서 바라본다면 해당 장소를 방문하는 다양한 사람들과 다양한 결합을 가질 수 있으며, 이는 각자의 장소에 대한 가치 평가로 이어질 것이다. 유산이 지역의 진정성, 역사를 나타내는 것임을 감안할 때, 방문자가 해당 장소를 어떻게 평가하고 인식하는지에 대한 연구도 필요하다. 특히 유산관광지의 경우 해당 유산이 위치하고 있는 장소의 특성에 따라 역사문화자원의 성격에서 나아가 자연자원, 도보관광자원, 도시관광자원, 농촌관광자원, 해양관광자원 등 다양한 관광속성과 편익이 혼재되어 있다. McKercher (2002)의 유형 분류 중 '예상 외 의미 발견형', '우연형', '유람형', '부수형' 관광자는 문화관광이 주 목적이 아니었으며, '예상 외 의미발견형'은 그림에도 불구하고 깊은 체험을 추구하였다. 이에 방문 선택에 영향을 미치는 장소적 측면을 고려하여 유산관광지 장소 자체의 특성 즉 해당 장소를 방문자들이 어떻게 인지하고 평가하고 있는지에 대한 연구가 시도되고 있다.

하나의 사례로 유네스코 세계문화유산인 남한산성을 대상으로 Ralph (1985)의 장소 형성 요소를 모형화한 Brown(2005)의 장소가치 인식 모형을 바탕으로 지역민과 외지 관광자와의 인식차이를 비교한 연구를 들 수 있다(김예은·김현·백난영, 2015). 여기서 지역민과 관광자 모두 장소의 매력적(경치/향기/소리)가치, 정신적으로 특별한 장소로 가치, 심신을 건강하게 하는 장소로서 가치로 높게 평가하였다. 지역민이 관광자보다 다양한 동식물로서의 가치에 대해 높게 평가하였다면 외지인은 지역유산적 가치와 배움을 얻을 수 있는 가치를 높게 평가하였다. 대상지인 남한산성은 요새화된 도시를 보여주며 산성의 구조, 옛 산성의 기능을 이해하는데 필요한 문화유산으로서의 특성을 인정받아 유네스코 문화유산으로 등재되었다. 그러나 산 위에 조성된 곳이니만큼 방문자는 문화유산 방문 목적 외에 심신 단련, 자연 감상 등 다양한 목적으로 방문하며, 해당 가치로 평가할 수 있다(〈그림 6-10〉).

자료 : 유네스코 세계문화유산, 2019(남한산성, https://whc.unesco.org/en/list/1439/gallery/).

〈그림 6-10〉 **남한산성**

유산관광지 방문자의 인식에 대한 또 다른 사례로 수원화성 방문자를 대상으로 장소가치 인식에 따른 유형 분류를 시도한 연구가 있다(Song & Kim, 2019). 여기서는 방문자를 '나들이형'(Outing Seekers: OS), '관광형'(Tourism

Seeker: TS), '유산형'(Heritage Seeker: HS), '진지한 여행 추구형'(Serious travel Seeker: SS)으로 구분하였다. 수원화성은 건축사적 가치에 따라 유네스코 세계문화유산으로 지정된 곳이다. 이를 반영하듯 〈그림 6-11〉에서 보듯 해당 가치는 유형별 패턴 기준의 주요 기준이 되었다.

〈그림 6-11〉 장소 가치 평가에 따른 수원화성 방문자 유형화

먼저 '나들이형'은 수원화성이 건축사적/역사적 가치에 따라 유네스코 문화유산으로 지정된 곳임에도 불구하고 해당 가치를 가장 낮게 평가하였으며 해당 장소를 가벼운 산책과 기분 전환의 장소로 인식하였다. 두 번째 '관광형'은 전반적으로 '나들이형'과 유사한 패턴을 보였으나 건축사적/역사적 가치(중간 평가)를 포함한 전체 영역에서 고르게 인식하고 있어 '나들이형' 대비 장소의 다양한 면을 인지하였다. 세 번째 '유산형'은 '관광형'과 같은 패턴을 보였으나, 건축사적/역사적 가치에 대해 특히 높게 평가하는 것으로 나타났다. 마지막으로 '진지한 여행 추구형'은 건축사적/역사적 가치를 포함하여 모든 면에서 다 높게 한 가운데 특히 '민족문화와

전통 지식 습득'에 대한 가치가 높은 곳으로 평가하였다. 이처럼 세계문화유산으로 지정되어 인류 문화유산으로 대표성이 확보된 곳이라 할지라도 해당 장소에 대한 인식이 다양하다. 따라서 유산관광자의 다양성을 고려한 관광지 개발 및 상품 구성이 필요하다.

1. 문화관광과 유산관광의 유사점과 차이점은 무엇일까?

2. 유산관광의 대상과 범위는 어떻게 정할 수 있을까?

3. 유산 답사 혹은 체험이 주 방문 목적인 사람들만이 유산관광자로 분류할 수 있을까?

4. 유산관광지 주변에 거주하는 사람도 해당 유산관광지의 방문자로 분류할 수 있을까?

5. 유산관광자의 다양성을 고려한 상품 및 정책은 어떠한 것들이 있을까?

더 읽어볼 자료

1. Du Cross, H. & McKercher, B. (2014). *Cultural Tourism*: 2nd edition. Abingdon, London: Routledge.
문화유산관광의 개념 및 특성, 유형 분류, 대상(세계문화유산), 문화유산 관리 등 지속가능한 문화관광에 대해 설명한 서적.

2. Richards, G. (2018). Cultural tourism: A review of recent research and trends. *Journal of Hospitality and Tourism Management*, 36, 12–21.
유산관광에 대한 최근의 동향과 함께 관련 이슈 제시, 향후 연구를 제시한 논문.

3. Winter, T. (2013). Clarifying the critical in critical heritage studies. *International Journal of Heritage Studies*, 19(6), 532–545.
유산관광에 다양한 논쟁과 연구 이슈 등을 제시한 논문.

김예은·김현·백난영(2015). 남한산성도립공원 등산객과 비등산객의 장소 가치인식 비교 연구.『농촌계획』, 21(4), 127-137.

박찬열·송화성(2016). CVM 을 활용한 역사관광자원의 입장료 지불가치 추정.『지방정부연구』, 20(2), 255-271.

송화성(2014).『문화관광경험분석: 전문화를 중심으로』. 수원시정연구원.

오정학·윤유식(2010). 문화관광객 유형분류에 의한 세분시장 분석-관광형태와 선호관광지를 고려한 이단계 군집분석의 적용.『관광학연구』, 34(8), 167-189.

이수진·허선희·홍순영(2011).『베이비붐세대 은퇴에 따른 여가소비문화 활성화 방안』. 경기연구원.

Alazaizeh, M. M., Hallo, J. C., Backman, S. J., Norman, W. C., & Vogel, M. A. (2016). Value orientations and heritage tourism management at Petra Archaeological Park, Jordan. *Tourism Management*, 57, 149-158.

Brown, G. (2004). Mapping spatial attributes in survey research for natural resource management: methods and applications. *Society and natural resources,* 18(1), 17-39.

Bryan, H. (1977), Leisure value systems and recreational specialization: The case of trout fisherman, *Journal of Leisure Research,* 9 : 174-187.

Coathup, D. C. (1999). Dominant actors in international tourism. *International Journal of Contemporary Hospitality Management,* 11(2/3), 69-72.

Espelt, N. G., & Benito, J. A. D. (2006). Visitors' behavior in heritage cities: The case of Girona. *Journal of Travel Research*, 44(4), 442-448.

Formica, S., & Uysal, M. (1998). Market segmentation of an international cultural historical event in Italy. *Journal of Travel Research,* 36(4), 16-24.

Kaufman, T. J., & Weaver, P. A. (2006). Heritage tourism: A question of age. *Asia Pacific Journal of Tourism Research,* 11(2), 135-146.

Kerstetter, L. D., Confer, J. J., & Graefe, R. A. (2001), An Exploration of the Specialization Concept within the Context of Heritage Tourism, *Journal of Travel Research*, 39(3) : 267-274.

Liu, Y. D. (2013). Image-based segmentation of cultural tourism market: The perceptions of Taiwan's inbound visitors. *Asia Pacific Journal of Tourism Research*, 19(8), 971-987.

Manning, E. R. (2010). *Studies in Outdoor Recreation: Search and Research for*

Satisfaction (3rd ed). Oregon State University Press.

Maslow, A. (1970). *Motivation and Personality*. New York: Harper & Row.

McKercher, B. (2002). Towards a classification of cultural tourists. *International journal of tourism research*, 4(1), 29-38.

McKercher, B., & Du Cross, H. (2002). *Cultural Tourism: The Partnership Between Tourism* Ad Cultural Heritage.

Pearce, P. (1998). *The Ulysses factor: Evaluating visitors in tourist settings*, New York: Springer-Verlag.

Poria, Y., Butler, R., & Airey, D. (2004). Links between tourists, heritage, and reasons for visiting heritage sites. *Journal of Travel Research*, 43(1), 19-28.

Prentice, R. C., Witt, S. F., & Hamer, C. (1998). Tourism as experience: The case of heritage parks. *Annals of tourism research*, 25(1), 1-24.

Ryan, C. (1998). The travel career ladder: An appraisal. *Annals of Tourism Research*. 25(1), 936-957.

Relph, E. (1976). *Place and placelessness* (Vol. 1). Pion.

Song, H. & Kim, H. (2019). Value-Based Profiles of Visitors to a World Heritage Site: The Case of Suwon Hwaseong Fortress (in South Korea). *Sustainability*, 11(1), 132.

Teo, C. B. C., Khan, N. R. M., & Rahim, F. H. A. (2014). Understanding cultural heritage visitor behavior: the case of Melaka as world heritage city. *Procedia-Social and Behavioral Sciences*, 130, 1-10.

UNWTO(2010). *International Recommendations for Tourism Statistics 2008*, World Tourism Organization.

유네스코와 유산 홈페이지(http://heritage.unesco.or.kr)
유네스코 세계문화 유산 홈페이지(https://whc.unesco.org)
스페인 관광청 홈페이지(https://www.spain.info)
수원문화재단 홈페이지(https://www.swcf.or.kr)
한겨레(2012.06.05.). 수원화성 남수문 90년만에 복원.
http://www.hani.co.kr/arti/society/area/536338.html
한국관광공사(2012.1.9.) 올해 반드시 방문해야 하는 45개 도시.
http://kto.visitkorea.or.kr/kor/notice/data/mast/global/dnajdsj/board/view.kto?id=39
1638&rnum=740

7장 _ 종교관광

이 윤 정 (호서대학교 교수)

7장 _ 종교관광

이 윤 정 (호서대학교 교수)

Highlights

1. 문화관광의 한 분야로서 종교관광 연구의 필요성 및 중요성을 이해한다.
2. 종교관광의 연구의 중요한 개념과 이론을 이해한다.
3. 종교관광의 개념의 변화와 현대적 흐름을 이해한다.
4. 영성관광이 등장하게 된 배경과 특징을 이해한다.
5. 템플스테이의 등장배경, 특징과 연구의 동향을 이해한다.

|1절| 종교관광의 중요성

　종교를 언급하지 않고서 인류의 역사를 논하기는 어려울 것이다. 역사의 흐름 속에서 종교는 건축, 문학, 예술 등 인류 문화의 다방면에 지대한 영향을 끼쳤고 이러한 영향력은 현재에도 지속되고 있다. 바티칸, 메카, 예루살렘, 부다가야 등은 과거뿐 아니라 현재에도 많은 순례자들이 지속적으로 방문하고 있는 대표적인 종교관광지역이다. 이처럼 종교는 아주 오래전부터 여행과 밀접한 관련이 있다. 종교는 인류 문명의 초창기, 애니미즘, 토테미즘, 샤머니즘을 기반으로 한 자연신숭배 및 기복(祈福)의 목적으로 시작이 되었다고 할 수 있다. 그리고 신을 숭배하기 위해, 축복을 기원하기 위해 이동하는 종교적인 행위(순례여행)가 문명의 발전과 함께 현재 쾌락을 추구하는 세속적 형태의 관광으로까지 다변화되었다고 할 수 있다(정병웅, 2002).

　　종교관광은 이처럼 인류의 역사와 함께한 가장 오래된 관광임에도 불구하고 종교관광이 여전히 많은 학자들로부터 관심을 받고 있는 이유는 종교관광이 끼치는 사회문화적, 경제적 영향 때문일 것이다. 매년 약 3~6억의 사람들이 성지(聖地)에 방문하고 있으며 이를 경제적 수치로 환산하면 180억 달러에 이른다(Olsen, 2013). 따라서 종교관광이 효과적으로 관리, 운영이 된다면 해당 지역의 발전에 크게 기여할 수 있으며, 문화적 상호 이해를 증진시킬 수 있는 관광의 지속가능한 발전의 효과적인 수단으로 작용할 수 있을 것이다. 종교관광을 효과적으로 운영하기 위해서는 종교관광의 현황과 문제점에 대해서 제대로 파악하는 것이 중요하다. 따라서 이번 장에서는 종교관광의 주요한 연구주제들과 그간의 연구 동향, 주요 쟁점들을 중심으로 종교관광을 더 잘 이해하도록 설명하는데 초점을 맞추었다.

| 2절 | 연구동향 및 연구범위

1. 연구동향

　　1990년대 이전에는 순례여행이나 종교관광에 대한 연구가 본격적으로 시작되지 않았다. 1970년대와 1980년대에는 종교관광이라는 개념은 연구되지 않았고 성지순례와 관련하여 사회학자, 인류학자들을 중심으로 연구가 되었다. 따라서 1990년대 이전의 종교관광에 대한 연구는 순례여행과 관련하여 주로 순례자들의 경험이나 동기가 주를 이루고 있다(Cohen, 1979,

1992a, 1992b, 1998; MacCannell, 1973; Turner & Turner, 1969, 1978). '현대의 모든 관광자는 진정성(authenticity)을 찾는 순례자'라고 주장했던 MacCannell (1973)의 시작으로 관광자와 순례자에 대한 논의가 본격적으로 시작되었다. MacCannell의 관점은 이후 많은 비판을 받았지만 그럼에도 불구하고 성지순례와 관광에 대한 흥미로운 관점을 제시했을 뿐 아니라 이후 이루어졌던 순례여행과 관광에 대한 논의의 발판으로 작용하였다.

1992년 Annals of Tourism Research의 특집호(Special issue)에서 종교관광을 주제로 다루면서 종교관광 연구가 크게 성장할 수 있는 발판을 제공하였다. Smith(1992)는 이 특집호에서 관광자-순례자의 스펙트럼을 제시하며 순례자를 종교적 여행자로, 관광자를 휴양객으로 정의하면서 이들을 문화적으로 구조화된 양극단에 위치시켰다. Smith의 스펙트럼 뿐 아니라 종교관광과 관련하여 동기, 경험, 종교관광자의 구분 등 다양한 주제의 연구가 이루어졌다. *Annals of Tourism Research*의 특집호는 종교관광이 관광학 연구의 화제로 등장할 수 있도록 했을 뿐 아니라 '종교관광'이 개념화되는데 단초를 제공했다는 점에서 종교관광 연구의 크게 기여하였다.

이후 기술의 발달과 여가시간 및 소득의 증가 등으로 관광이 급격하게 발달함에 따라 사람들의 여행 동기는 다양화되었고 종교관광의 범위 자체가 매우 확대되었다. 물론 전통적인 순례여행(자신이 믿고 있는 종교와 관련하여 성지를 방문하는 것)도 여전히 활성화되고 있지만 종교와 특별히 관련이 없이 신비로운 체험이나 개인의 내면의 성장과 같이 개인적인 이유로 성지 또는 종교와 관련은 없지만 성스러운 곳이라고 알려진 곳을 방문하는 관광 (spiritual tourism)까지 종교관광의 범위에서 다루어지고 있다(Badone & Roseman, 2004; Margry, 2008).

2. 종교관광의 범위

종교관광의 범위를 어디까지로 정할 것인지, 또 종교관광 내에서 다양한 관광들을 범주화시키는 문제는 사실상 학자별로 다르게 정의된다. 〈표 7-1〉에서 제시하고 있는 종교관광의 범주는 학자들이 제시하고 있는 다양한 범주의 하나라고 생각하면 될 것이다. 각각의 범주는 서로 배타적이지 않으며 다소 혼합되어 질 수 있다. 즉 종교행사에 참여하고 난 후에 성지순례에 참여할 수도 있으며 성지순례 이후에 관광명소를 둘러볼 수도 있다.

〈표 7-1〉 종교관광 범주[1]

종류	설명	종교적 동기	종교적 성지
전통적인 성지순례 (Traditional Pilgrimage)	참가자가 종교적 헌신의 행위로 어떤 신성한 장소로 여행	O	O
종교관광 (Religious Tourism)	신성한 곳으로 알려져 있는 관광명소(tourist attractions)를 방문	상관 없음	O
종교 행사 (Religious Events)	집회, 종교관련 캠프, 종교회의, 고난주간(the Holy week) 행사 등 종교행사에 참여하는 것으로 종교적인 동기로 참여하지만 장소가 반드시 종교적 성지일 필요는 없다.	O	상관 없음
단기선교여행 (Short-term Mission trip)	주로 선교의 목적으로 종교단체에서 운영하는 자원봉사활동에 참여	O	상관 없음
종교문화길 (Religious Routes)	잘못을 용서하거나, 다른 종교적 동기를 가지고 종교적인 길을 따라 걷는 것 산티아고 순례길이나 프란치제나 길(Via Francigena)이 유명	상관 없음	O
영적인 순례여행 (Spiritual Pilgrimage)	개인의 영적인 성장을 목적으로, 평소와 다른 장소를 방문하는 것 동기나 장소가 반드시 종교와 관련이 있을 필요는 없다.	상관 없음	상관 없음

---

1) 이 범주는 Griffin, K. & Raj R. (2017) The Importance of Religious Tourism and Pilgrimage: reflecting on definitions, motives and data. *International Journal of Religious Tourism and Pilgrimage*, 5(3), Article 2.에서 p.4의 표를 번역 및 각색하여 만들어졌음

|3절| 주요 연구 주제

　지금까지 학자들이 종교관광에서 다루고 있는 주제는 크게 순례여행 (pilgrimage/ pilgrims)과 관광(tourism/tourists) 개념 간의 유사성과 차이점, 종교 관광자들의 관광행동 패턴과 특징, 종교관광의 경제적인 효과, 종교관광 이 해당 지역에 끼치는 부정적인 영향(Olsen & Timothy, 2006)으로 구분해볼 수 있다.

1. 순례여행과 관광

　종교관광에 관한 연구주제의 주요한 논쟁은 종교와 관광의 관계, 즉, 순례자(pilgrims)와 관광자(touritsts) 간의 관계를 어떻게 바라볼 것인가라는 질문으로부터 시작이 된다(Cohen, 1998). 이 논의는 '현대의 모든 관광자를 진정성(authenticity) 있는 경험을 찾아 다른 문화로 여행하는 일종의 순례 자'로 바라보는 데에서 시작되었다(MacCannell, 1973). MacCannell(1973)에 따르면 관광은 '현대적 의례'(modern ritual, p. 13)이다. 현대인은 일상적인 삶, 즉 사회에서 요구되는 노동인 '일'로부터 벗어나고자 한다. 관광이라 는 것은 이런 일상적인 삶과는 대조되는, 한정된 기간 동안 이루어질 수 있는 도덕적 삶의 특별한 형태라고 할 수 있다. 일상적이지 않은 공간에 서 제한된 시간 동안 변화를 경험하는 이러한 과정은 종교적 의례의 구 조와 일치한다. 종교적 의례의 과정(ritual process)을 살펴보면, 참여자들은 의례를 위해 자신의 집, 즉 자신의 영역을 떠난다. 그리고 제한된 기간 동안, 일상의 상태를 벗어나 종교의 핵심, 초월적 존재에 더 가까이 다가 가기 위해 의례에 참여하고 이를 통해 치료, 기적과 같은 특별한 경험을 얻게 된다. 그러므로 현대의 관광자들은 종교적 의례 과정을 겪는 순례자 와 동일하다(<그림 7-1> 참조). 모든 관광자를 성지를 찾아 떠나는 순례자(관광자 = 순례자)로 바라보는 이러한 관점은 이후 많은 비판을 받았다. 관광자가 모두 진정성 있는 경험을 찾아 떠나는 순례자라고 볼 수는 없기 때문이다.

관광객 = 순례자

〈그림 7-1〉 MacCannell의 관점

반면, 이와는 반대로 순례자와 관광자의 관계를 완전히 대조적으로 바라보는 관점이 있다. 이런 관점에서 바라볼 때, 순례자들은 관광자가 아니다(순례자 ≠ 관광자). 깊은 영적인 경험이나, 종교적인 헌신을 위해 여행을 하는 순례자들은 쾌락, 교육, 호기심, 휴식 다양한 세속적인 이유 등을 위해 여행을 가는 관광자와는 교집합이 전혀 없다(〈그림 7-2〉 참조). Cohen(1992a)은 세계의 중심(center)을 향해 여행을 떠나는 순례자들과 중심으로부터 쾌락적인 주변으로 여행을 떠나는 관광자들을 구분하였다. 이런 관점에 따르면 관광자와 순례자들은 완전히 다른 목적을 추구한다. 순례자들은 경건하고, 겸손하며, 현지문화를 존중하기에 현지문화에 민감하게 반응하는 한편, 관광자들은 쾌락적이고 자신의 필요와 욕구만을 추구하고 현지문화가 어떻든 개의치 않고 자신이 원하는 것을 요구하는 사람들이다. 이러한 관점은 순례자들과 관광자들의 동기를 쾌락 아니면 경건이라는 이분법적으로 바라보는데서 기인한다.

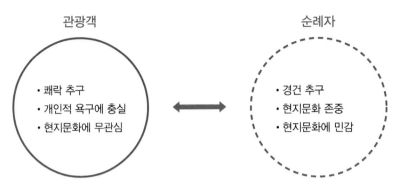

〈그림 7-2〉 **관광자 vs. 순례자**

두 가지의 상반된 견해 아래, MacCannell의 관점에서 논의를 발전시켜 Graburn(1983)은 관광자와 순례자들이 동일하다고 볼 수는 없지만 그렇다고 이 둘을 완전히 분리하여, 이분법적으로 볼 수는 없으며, 동일선 상에서 바라보아야 한다고 주장하였다(Graburn, 1983).

> "관광자의 반이 순례자라면, 순례자의 반은 관광자이다. 사람들은 해변에서 알지 못하는 수많은 사람들과 함께 모래사장에 묻혀 있을 때조차도 내가 살고 있는 일상적인 삶의 공간에서는 결코 얻을 수 없는 신성하고, 때로는 상징적이며, 공동체적인 것을 추구한다." (Turner & Turner, 1978, p. 20, 의역)

Smith(1992)에 따르면 관광자와 순례자는 관광의 근본적인 요소들(여가시간, 소득, 관광에 대한 사회적 규범)을 공유하고 있다. 또한 순례자들도 관광자들처럼 성지 주변에 있는 숙박시설, 관광편의시설을 이용한다. 즉, 관광자와 순례자는 구조적으로, 공간적으로 동일한 선상에 존재한다. 자신이 속해 있는 영역을 떠나 다른 곳으로 이동(공간적 이동) 이동의 목적을 성취한 후에 본래의 자리로 돌아온다는 점(동일한 구조)에서 순례와 관광은 다르지 않다. Smith는 이 둘을 일직선의 양 극단에 위치시키며 양 극단 사이에

는 경건함과 세속적인 것의 무수한 조합이 이루어질 수 있다고 보았다
〈그림 7-3〉.

자료 : Smith, 1992.

〈그림 7-3〉 Smith(1992)의 스펙트럼

Smith의 스펙트럼에 기반하여 Fleischer(2000)는 종교관광(religious tourism)은
이 스펙트럼 상의 가운데에 놓여있다고 주장하였다. 〈그림 7-3〉에서 볼
때 점 c에 해당하는 부분이 종교관광에 해당된다고 볼 수 있다. 이 스펙
트럼 위에서 관광자는 한 극단에서 다른 극단으로 이동할 수 있다. 즉,
순례자들이 종교적 의식을 행한 이후에 근처 해변에 가서 휴식을 즐기는
것처럼 스펙트럼 내에서 자유롭게 이동할 수 있다.

Smith가 관광과 순례의 스펙트럼을 제시한 같은 해(1992년), Rinschede
(1992)는 종교관광을 "부분적 또는 온전히 종교적인 이유로 인해 참여하는
관광의 한 형태"(p. 52)로 정의하였다. 오늘날 대부분의 학자들뿐 아니라
우리들 역시 자연스럽게 성지순례여행을 관광의 한 형태로 개념화한다.
하지만 종교관광 연구에서 이러한 관점은 매우 획기적인 생각이라고 할
수 있다.

지금은 모두가 자연스럽게 받아들이고 있는, 그리고 지금 이 장의 제목
이기도 한 '종교관광'이라는 개념이 등장했고, 여행자를 경건한 순례자 아
니면 쾌락적인 관광자로만 생각하던 이분법적 사고에서 벗어난 계기를

제공했기 때문이다. 현실적으로 순례자와 관광자를 그 동기에 따라 완전히 구분하는 것은 쉽지 않은 일이다. 실제로 종교관광자의 대부분 Smith의 스펙트럼 양 극단이 아닌 그 사이의 어딘가에 위치해 있는 사람들이라고 볼 수 있다.

2. 종교관광의 관광패턴과 특징

Rinschede(1992)는 "종교관광은 그 자체로 다른 관광의 형태와는 확실히 구분된 것"(p. 51)이라고 주장하였다. 종교관광이 그냥 관광이 아니라 '종교관광'이라고 명명되어지는 이유는 다른 관광과는 다른 특징을 지니고 있기 때문일 것이다. 따라서 종교관광 연구에 있어서 또 다른 주요한 주제는 종교관광자들은 어떤 행동패턴을 나타내는지 다른 관광과는 구별되는 특징이 무엇인지와 관련된 것이다.

종교관광자들의 동기나 여행경험과 관련한 연구는 관광학이 등장하기 이전에 인류학의 문헌에서 많이 찾아볼 수 있다. 먼저 종교관광자의 동기와 관련된 연구는 Eliade(1961)에 의해서 시작되었다. Eliade에 따르면 종교는 종교적 중심(center)을 제공하고 해당 종교를 믿는 사람들을 이곳을 방문하길 원한다. 즉, 순례자들은 자신의 종교적 중심을 향해 여행하는 사람들이다(Cohen, 1992a). Cohen(1979)은 관광자를 관광자가 살고 있는 사회와 관련하여 중심(center)의 위치와 중심을 대하는 관광자의 태도에 따라 다섯 가지 모드의 관광경험—휴식 모드(recreational mode), 기분전환 모드, 경험적 모드(experiential mode), 실험적 모드(experimental mode), 존재론적 모드(existential mode)—을 제시하였다. 이 다섯 가지 모드는 하나의 일직선상에 위치시킬 수 있다. 한 극단에는 전적으로 즐거움만을 추구하는 관광자(휴식형 모드)가 다른 극단에는 센터에서 진정한 의미를 찾는 현대의 순례자(존재론적 모드)가 위치해 있는 관광자 경험의 스펙트럼을 제시하였다. Cohen은 실존적 모드를 경험하는 관광자는 순례자와 동일하다고 보았다.

존재론적 모드의 관광자와 순례자 모두 성스러운 중심을 추구하며 그들이 살고 있는 본래의 사회와 문화에서는 벗어나 있다. 왜냐하면 그들에게 있어서 본질적이며 의미 있는 삶은 그 성스러운 중심에서 발생하기 때문이다.

Turner(1973)는 순례자인 관광자들이 겪는 두 종류의 경험을 제시하였다. 관광자들은 여행 과정 속에서 자신이 본래 살고 있는 사회와의 연결고리로부터 일시적으로 해방이 되는데 이러한 감정적 해방감을 'liminality'(경계성)라고 정의한다. liminality의 상태에서 관광자들은 자신이 일상적인 삶에서는 경험할 수 없었던 성스러운 경험을 하게 된다. 그리고 그곳에 있는 다른 관광자들과 함께 communitas(공동체)를 구성하게 된다.

행동패턴과 관련해서는 여행일정과 방문지역에 초점을 맞춰 연구가 진행이 되었다. 예를 들면, 같은 종교를 가지고 있는 관광자들 가운데에서도 신앙의 종류가 어떻게 다른지에 따라 관광지에서의 행동패턴이 다르게 나타난다고 보는 연구도 있다(Sizer, 1999). Eade(1992)는 성지인 루르데스에서의 순례자들과 관광자들의 상호 작용이 어떻게 나타나는지, Rinschede(1992)는 순례지관광지의 관광자 이용 유형이 어떻게 되는지, Bowman(1991)은 기독교 성지로서 예루살렘 지역에 대한 연구 등을 수행하였고 이 외에도 성지의 분포, 위치, 성지들 간의 위계적 관계, 순례자들의 이동경로 등이 종교관광의 특징과 관련하여 연구되었다. 하나의 예로 Fleischer(2000)와 Collins-Kreiner & Kliot(2000)은 가톨릭과 개신교 순례자들 사이에 방문패턴에 차이가 있음을 발견하였다. Fleischer(2000)의 연구에서 가톨릭 순례자들은 성경에 있거나 역사적으로 유명한 지역만을 방문하려는 경향이 있는 반면, 개신교 순례자들의 경우에는 특정한 지역보다는 성경에 있는 지역 전체에 관심이 있는 것으로 나타났다. 따라서 가톨릭 관광자들의 경우에는 방문하는 지역의 선택이 제한되어 있으며, 방문지역이 사전에 결정이 되어 있고, 매일 기도와 미사에 참여하면서 일정을 엄격하게 준수하는 반면 개신교 순례자들의 경우에는 기도와 같은 종교적 행위에 대해서 천주교 순례자들보다는 좀 더 융통성이 있는 모습을 보여주는 것으로 나타났다.

3. 종교관광의 경제적 효과

종교관광의 경제적인 부분과 관련해서는 다른 연구주제와 비교해 볼 때 많은 연구가 이루어지지 않았다(Vukonic, 2002). 연구가 많이 이루어지지 않았음에도 순례여행이 해당지역에 큰 경제적 이득을 가져올 수 있다는 것은 부정할 수 없는 사실이다. 오늘날에도 많은 주요 성지(예: Santiago de Compostela, Mecca, Medjugorje, Lourdes 등) 대부분이 주요한 관광명소일 뿐 아니라 관광산업이 이 지역의 경제 전반을 이끌어가는 역할을 한다고 해도 과언이 아니다. 종교관광은 해당 지역에 관광으로 인해 발생하는 소득의 증가, 이로 인한 고용기회를 증가시킬 수 있다. 또한 기존에 이미 가지고 있는 자원(성당, 교회 등)을 활용하여 쉽게 이루어질 수 있기 때문에 관광자들이 이용할 수 있도록 기반이 잘 닦여져 있다면 충분히 지역의 경제성장에 이바지할 수 있다.

물론, 관광자들이 너무나 많이 몰려오게 된다면 이로 인해 발생하는 부정적인 영향이 있을 수 있지만 관광으로부터 얻는 경제적 혜택은 부정적인 영향보다 훨씬 크다(Olsen & Timothy, 2006). 때문에 성지의 명소들에서 관광자 대한 규제를 할 수 없는 또는 하지 않는 이유는 관광자들이 이 장소들의 재정에 큰 이득을 가져다주기 때문이다. 이런 이유로 인해 많은 종교단체들은 관광자들이 무분별하게 자신들의 종교적인 장소를 침해하고 훼손하는 것을 기꺼이 참아내고 있다. 물론 일부 종교단체들의 경우 관광으로부터 많은 이익을 창출하는 것을 경계하고 절제하고자 하지만 그럼에도 지역운영자들은 지역의 유지와 보존을 위한 재정확보의 방법으로 방문자들을 환영하고 있다(Griffin, 1994; Willis, 1994). 종교관광의 경제적인 부분에 관해 논의한다면 경제적인 혜택뿐 아니라 관광자들로 인해 야기되는 지역의 상업화, 진정성 경험의 어려움, 영적인 가치의 훼손과 같은 문제를 다루지 않을 수 없다.

4. 종교관광의 부정적인 영향

종교관광은 때때로 해당 지역과 종교의식에 부정적인 영향을 끼칠 수 있다. 물론 관광을 통해 얻는 경제적인 혜택으로 해당 지역과 유적지가 보존되는데 기여할 수 있고, 지역경제가 발전할 수 있지만 반대로 대중관광 때문에 자연이나 문화적 환경이 훼손될 수 있다. 성지에서 관광자들이 제대로 통제되지 않고 무분별하게 관광자들을 수용했을 때 그것의 부정적인 영향은 관광자에게 고스란히 되돌아가게 된다. 성지에 관광자가 지나치게 많이 있게 되면 지역 주민들이 자신들이 살고 있는 성스러운 환경을 더 이상 즐길 수 없게 되고(Fish & Fish, 1993) 순례자들 역시 시끌벅적한 분위기에서 진정성 있는 경험을 얻기는 쉽지 않을 것이다. 현대 대중관광자들의 현지문화에 대해 존중이 없는 태도, 관광 예절의 결핍은 사람들이 성지에서 느끼고 싶어 하는 경건한 분위기를 해치게 된다. 즉, 대중관광자들의 배려 없는 행동들은 명상이나 예배를 위해, 또 종교적 의무를 이행하기 위해 성지에 방문한 사람들이 자신의 목적을 온전히 성취하는데 있어 장애가 되고 있다. 종교관광에 있어서 이러한 부정적인 영향들은 지역 주민들을 그 지역으로부터 배제시키고 관광자들의 참여를 제한하게 되며 이러한 결과로 인해 사회적 통합을 훼손시킨다(Cohen, 1998).

|4절| 영성관광(Spiritual Tourism)[2]

　최근 들어 기성종교에 기반한 전통적인 순례여행보다는 내면의 성장이나 내적인 치유 등 개인적 영성을 추구하고자 하는 관광이 학계에서 많은 관심을 받고 있다. 초창기 순례여행과 종교관광의 개념화에 학자들이 많은 시간을 할애했던 것처럼, 영성관광(Spiritual tourism)을 어떤 유형의 관광으로 포함시킬 수 있을 것인지에 대한 논의가 활발하게 진행되고 있다. Cheer, Belhassne, Kujawa(2017)는 영성관광의 개념화를 시도하였다. 이들은 영성관광의 동기에 기반하여 세속적인 동기(개인적 동기)와 종교적 동기로 구분하고 영성관광은 이러한 종교적 동기와 세속적인 동기의 교집합에 위치해있다고 개념화하고 있다(〈그림 7-4〉 참조).

자료 : Cheer, Belhassne, Kujawa, 2017, p. 255.

〈그림 7-4〉 **영성관광의 개념화**

　〈그림 7-4〉에서 영성관광의 세속적인 동기에 관해 생각해보면, 웰니스, 모험, 휴양과 같은 다양한 요인이 있겠지만 이러한 동기의 기저를 이루고

---

2) 사실상 국내 관광학계에서는 Spiritual tourism을 영성관광으로 명명할 것인가에 대한 합의점이 도출되지 않았다. 국내에서는 몇몇 연구(변찬복, 2013)에서 spiritual tourism을 영성관광으로 번역하였기에 이 장에서는 spiritual tourism을 영성관광이라고 번역하지만 추후 학계의 논의 결과에 의해 변경될 수 있다.

있는 지배적인 주제는 관광자의 자기 자신에 대한 집중이다. 즉, 세속적 동기에 있어서의 초점은 내면세계에 집중, 자아의 발견, 자아의 성장과 같은 자기 자신의 영적인 혜택을 얻는 데 있다. 반대로, 종교적 동기에 의해서 취해지는 영적관광은 대부분이 특정 종교와의 연계되어 있으며 종교적인 의식, 자신의 종교와 관련된 정체성 등을 재확인하는 데 초점을 맞추고 있다. 종교적 동기로 시작한 영적관광의 결과물은 신앙심의 성장, 종교적인 의식에 의해 얻어진 보상 등이라고 할 수 있다. 이러한 동기는 종교제도에 초점을 맞추고 있으며 많은 부분 종교적인 틀 안에서 행해지고 있다.

현대의 흐름을 살펴볼 때, 종교관광의 수요가 증가하고 있는 반면, 종교의 영향력은 쇠퇴하고 있는 역설적인 현상이 가속화되고 있다. 기존 종교기관에 대한 불신이 팽배해지면서 사람들은 자발적으로 종교로부터 자신을 분리시키고자 하고 이로 인해 발생한 정신적인 공허함을 채우기 위해 영적인 경험을 찾게 되는 역설적인 현상이 발생하게 되는 것이다 (Tacey, 2004). Sharpley and Jepson(2011, p. 53)의 설명을 빌자면, "사람들은 이제 영적인 성취를 이루기 위해 다소 덜 형식적이고, (덜) 구조적이며, (덜) 의식화된 수단을 찾는다. 관광산업이 특히 이러한 방법 중 하나로 확인되고 있다."

Norman(2011)에 따르면 영성관광자(spiritual tourists)는 영적인 행위에 참여, 또는 영적인 성장을 얻기 위해, 관광에 참여한다. Norman은 영성관광, 종교관광, 성지순례를 모두 구분하고 이 세 종류의 관광형태와의 관계를 〈그림 7-5〉와 같이 정립하였다. 〈그림 7-5〉에서 보는 바와 같이 이 세 종류의 관광은 각각 관광의 한 형태이며 서로서로 교집합을 가지고 있는 관계라고 할 수 있다. 영성관광자는 종교적인 행위에 참여할 수도 있지만 그것이 반드시 종교와 연관되어 있다고 볼 수는 없다. 반면 종교관광자는 특정 종교, 자신이 가진 신앙과 관련된 지역을 방문한다. 순례자들은 특정한 지역에 개인적인 목적을 가지고 여행을 한다. 이 세 가지 형태의 관광은 유사하고, 공통점도 존재하지만 서로 다른 관광의 한 형태라고 할 수 있다.

관광

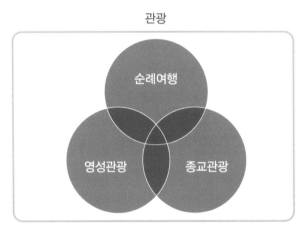

자료 : Norman, 2011, p. 200.

〈그림 7-5〉 **영성관광, 종교관광, 순례여행의 관계**

영성(spiritual)이라는 개념이 관광학에서 다루어지지 않았던 것은 아니지만, 영성관광이라는 개념은 종교관광과 똑같은 개념으로 치부되거나 단지 사원과 같은 성지에 방문하는 일반적인 지역관광으로 혼동되어 사용되기도 하였다(Piewdang, Mekkamol, & Untachai, 2013). 지금까지 대부분의 영성관광은 종교관광의 극히 제한적인 테두리 내에서만 연구되었다. 영성이 종교와 밀접한 관련이 있는 것은 분명하지만 종교관광의 카테고리 내에서만 연구가 된다면 영성여행의 많은 것을 보지 못하게 될 수도 있다. 왜냐하면 영적관광자들이 반드시 종교인은 아니기 때문이다(Timothy & Olsen, 2006).

국내에서도 영성관광의 개념을 가지고 관광자들의 진정성을 분석하는 시도가 있었다. 변찬복(2013)은 영성여행은 진정성(authenticity)의 문제와 매우 밀접하게 관련이 있다고 주장한다. 진정성을 추구한다는 것은 사회에서 개인에게 부과하는 사회적인 역할과 자신의 내면의 참된 자아 사이의 간극을 극복하고자 하는 마음의 노력이라고 볼 수 있다. 영성여행의 중요한 목적은 자신의 본래의 삶의 가치를 발견하고 이를 통해 변화와 깨달음을 얻기 위한 것이므로 영성여행과 진정성과는 일치하는 개념이다. 변찬복에 따르면 산업화 이전의 인류에게는 영성을 추구할 수 있는 장소가 종교와 관련된 장소로만 한정이 되어 있었고 영적 성장은 종교적 행위를 통해서만 이루어질 수 있다고 생각했다. 하지만 현대인들은 특정 종교의 행위에 의존하지 않고 영성(spirituality)을 추구할 수 있는 다양한 환경이 구비되어 있고 또 종교의 테두리를 떠나서도 영적인 체험을 할 수 있다는 것을 깨닫게 되었다.

명상, 요가, 정신 수양과 같은 비종교적 방법을 통해 사람들은 영성을 추구하고 있다. 스페인의 산티아고를 방문하는 모든 관광자가 특정한 종교에 기반하여 순례길에 오른다고 보기는 어렵다. 걷기, 참선, 신체적 한계에 도전하는 여정, 자발적인 문명세계와의 격리, 이런 행위들을 통해 사람들은 영적인 체험을 추구하고자 한다. 그 동기는 Cheer et al.(2017)이 언급했던 것처럼 종교적인 동기에서부터 세속적인 동기에 이르기까지 매우 다양할 것이다. 개개인마다 서로 다른 정도를 가지고 영성을 추구하지만 동기가 내면의 성장, 자아의 발견을 기대하는 것이라면 영성관광에 포함될 수 있다. 또한 영성여행의 진정성은 방문하게 되는 장소의 특성에서도 발견되어질 수 있다. 즉, 주로 사람들이 많이 찾지 않는 자연 그대로의 모습을 가지고 있으며 문명과는 다소 격리된 장소에서 진정성을 경험할 수 있다. 문명에 오염되지 않은 자연 그대로의 생활양식이나 웅장한 자연경관과 마주하게 되면 관광자가 자신을 성찰하게 되며 내면의 성장시킬 수 있기 때문이다.

영성관광은 순례여행에 그 기원을 두고 있는 것은 분명하나 이제는 종교관광의 테두리 안에서만 연구된다면 영성관광이 보여주는 새로운 현상들을 간과하게 될 수 있다. 영성관광은 그 뿌리를 두고 있는 종교관광의 테두리 내에 두어야 할지 아니면 영성관광 그 자체로 새로운 관광의 형태로 보아야 할지 아직까지는 합의점이 존재하지 않는다. 앞으로 영성관광과 종교관광, 영성관광의 개념화와 관련되어 많은 논의가 이루어질 것으로 기대된다.

|5절| 템플스테이

템플스테이(temple stay)는 2002년 한일 월드컵 대회를 기점으로 정부에서 한국 전통문화의 우수성을 알리기 위해 본격적으로 시작이 되었으며 이후 OECD가 선정한 '창의적이고 경쟁력 있는 우수 문화상품', 국가브랜드위원회(2010)의 '대한민국을 대표하는 10대 아이콘'으로 선정되는 등 한국의 대표적인 종교문화체험프로그램으로 자리매김하였다(한국불교문화사업단, 2017). 현재 137개의 사찰(2017년 기준)이 템플스테이로 지정되어 운영되고 있으며 2002년 이래 연평균 15% 증가율(연인원 기준)을 보이며 안정적인 성장을 유지하고 있다(〈표 7-2〉 참조). 또한 주목할 만 한 점은 외국인 관광자들이 꾸준히 증가하고 있다는 점이다(한국불교문화사업단, 2017). 템플스테이의 수요가 지속적으로 증가하고 있는 것 이외에도 종교관광 연구에서 의미 있는 또 다른 이유는 장소가 불교사찰이라는 특정종교와 연관된 곳임에도 불구하고 특정한 종교와 상관없이 자유롭게 종교적 문화체험에 참여할 수 있다는 점이다(변찬복, 2013).

〈표 7-2〉 템플스테이 방문자 현황 (단위: 개소 수, 명)

연도	사찰수		내국인		외국인		합계	
	개수	증감률	내국인	증가율	외국인	증가율	순인원	증가율
2012	109	-7.63	146,640	-21.97%	23,752	-3.25%	170,392	-19.80%
2013	114	4.59	164,853	12.42%	21,743	-8.46%	186,596	9.51%
2014	110	-3.51	167,828	1.80%	25,560	17.56%	193,388	3.64%
2015	122	10.91	184,275	9.80%	28,014	9.60%	212,289	9.77%
2016	123	0.82	186,186	1.04%	6,536	30.42%	222,722	4.91%

자료 : 한국불교문화사업단, 2017, p. 39.

1. 템플스테이의 개념화

템플스테이는 "한국의 사찰에서 머물며 한국불교의 전통문화, 수행정신, 사찰 내·외 문화관광적 자원과 자연환경 및 사찰의 일상생활을 체험하는 것"을 말한다(한국불교문화사업단, 2016). 템플스테이는 불교와 관련이 있지만 불교라는 종교성보다는 영성을 더욱 강조한다(Paszthory, 2017). 템플스테이 프로그램을 홍보하는 브로슈어의 슬로건들을 보면, 대부분이 불교에 초점을 맞추고 있기보다는 영적인 경험, 영적인 성장, 진정한 자아의 발견과 같은 개인의 영적인 체험을 강조하고 있음을 알 수 있다. 템플스테이 프로그램에 참여하는 외국인참가자들은 불교가 아님에도 또한 불교에 어떤 영향을 받지 않은 경우에도 템플스테이에 참여하여 불교의 종교적 행위와 전통에 참여한다. Paszthory(2017)는 템플스테이를 영성관광의 한 형태로 개념화하고 있다. 반면, 몇몇 연구자들은 템플스테이를 종교관광과 연관시켜 설명하기도 한다. 박의서(2011)는 템플스테이를 한국형 종교관광의 성공 사례라고 설명하였으며, 배금란(2011)도 템플스테이가 가지고 있는 종교체험의 내용과 종교적 상징성 때문에 이를 종교관광으로 개념화 하였다.

템플스테이는 종교와의 관련성이 없이 정의되기도 하였다. 정병웅(2002)

은 "템플스테이는 문화관광이며 체험관광으로 외부인이 사찰의 일시적인 구성원으로서 일상생활이나 의례에 참여하여 함께 생활하고 체험하며 느끼는 관광"으로 정의한다. 김철원·윤혜진(2008)은 템플스테이를 대안관광(alternative tourism)의 한 형태로 보고 있다. 대안관광이라 함은 대중관광이 가져오는 폐해 때문에 이에 대한 대안적인 의미의 관광으로 기존에 대중관광이 대규모 단체로 취해지며 환경 훼손에 대해 민감하지 않았던 것들을 지양하고 환경을 침해하지 않으면서 다양한 문화에 적극적으로 참여하는 소규모의 관광형태를 의미한다(Weiler & Hall, 1992). 김철원·윤혜진(2008)은 템플스테이 프로그램에서 이루어지는 경험과 체험 등에 초점을 맞추어 템플스테이를 대안관광이면서 체험관광, 문화관광, 명상관광 등으로 설명하고자 시도하였다. 템플스테이를 기존의 종교관광의 테두리 안에서 바라볼 것인지 아니면 종교관광과는 다른 독특한 문화적 체험으로 정의할 것인지 앞으로 논의가 필요한 부분이다.

2. 템플스테이 관광자의 참여동기

많은 학자들이 템플스테이 참여 동기가 무엇인지에 대한 연구를 진행하였다. 참여동기에 대한 연구를 살펴보면 종교적인 동기도 존재하지만 종교 외적인 다양한 동기가 있음을 알 수 있다. 예를 들면 전재균 등(2010)은 템플스테이 참가요인으로는 지식추구 및 신기성, 일탈 및 휴식, 사교성, 가족친화성의 4개의 요인으로 구분하였다. 이는 관광동기와 관련한 추진-유인(push-pull) 이론 가운데 추진요인(push)에 해당이 될 수 있다. 김정민(2011)은 템플스테이 참여 동기를 추진요인과 유인요인으로 구분하고, 추진요인으로는 자아실현, 건강추구, 자연동화감, 관계고양, 종교적 체험, 여가체험의 6개의 항목, 유인요인으로는 휴식성, 템플스테이 프로그램의 질, 사찰의 특성, 이용 편리성, 관광체험거리, 접근성과 교통 등의 6개의 항목을 제시하였다. 템플스테이에는 내국인뿐 아니라 외국인 참여자들도 많이 방문하기 때문에, 내국인과 외국인이 방문동기에 있어서 차이가 있을 것으로 보고 내국인과 외국인의 참가동기가 어떻게 다른지를 규명한 연구도 있다. 앞서 언급했던 전재균 등(2010)도 내국인과 외국인 간의 참가요인을 구별하였고 또 심원섭·김자영(2011)도 내국인과 외국인의 참가동기가 어떻게 다르게 나타나는지 연구한 결과, 템플스테이에 참여한 내국인, 외국인을 대상으로 참가동기와 체험만족도의 차이를 규명하고자 한국전통문화에 대한 관심, 불교문화에 대한 관심, 해당사찰에 대한 관심, 수행 및 자아성찰희망, 새로운 사람들과의 교류, 다른 문화체험 등과 같은 요인에서 내·외국인 간에 유의미한 차이가 발생함을 알 수 있었다.

3. 템플스테이에서 관광자의 체험

템플스테이는 체험형 관광으로 주목받고 있는 만큼 다양한 체험프로그램을 제공하고 있다(<표 7-3> 참조). 따라서 템플스테이와 관련하여 많은 연구들이 관광자가 템플스테이를 통해 어떤 경험을 하는지를 다루고 있다.

김미정·유형숙(2015)은 템플스테이 관광자의 체험유형을 자기 성장형, 치유형, 관광교육형, 스트레스 해소형으로 분류하였고, 안해연·이양희·박대환(2012)은 템플스테이 체험요인 가운데 대인교류감, 신기성, 휴식, 자연친화가 템플스테이 만족에 유의한 영향을 준다는 것을 밝혔다. 김민자·전병길(2016)은 템플스테이의 체험과 이로 인한 긍정적인 감정이 참가자들의 삶의 질에 어떻게 영향을 미치는지를 연구하였다. 분석결과 참가자들은 자연교류감, 지식획득감, 휴식과 이완체험과 관련하여 긍정적인 감정을 형성하는 것으로 나타났고 자기성장감, 휴식과 이완체험, 자연교류감은 직접적으로 삶의 질에 유의미한 영향을 주었으며 지식획득감은 해당 체험에 대한 긍정적인 감정을 매개로 삶에 질에 영향을 미치는 것으로 확인되었다. 정윤조·전병길(2009)은 템플스테이 체험의 여가심리학

〈표 7-3〉 템플스테이 프로그램 유형별 운영 현황

프로그램	빈도(명)	비중(%)	프로그램	빈도(명)	비중(%)
참선/명상	227	12.2	체육행사	61	3.3
만들기(연등/염주)	127	6.8	글쓰기/그리기	61	3.3
예불	113	6.1	불교의식	46	2.5
놀이행사	112	6.0	문화행사	45	2.4
108배	110	5.9	사찰순례행사	37	2.0
다도	105	5.6	사찰음식체험	34	1.8
사찰안내	102	5.5	자아발견	30	1.6
스님과의 대화	100	5.4	운력	19	1.0
체험행사	95	5.1	타종의식	19	1.0
포행	93	5.0	민속놀이	14	0.8
교육	87	4.7	해맞이	11	0.6
발우공양	85	4.6	치유	5	0.3
인경/사경/독송	76	4.1	기타	46	2.5

자료 : 한국불교문화사업단, 2017, p. 44.

적인 분석인 분석을 시도하였다. 참가자들의 체험을 인지적 측면과 정서적 측면으로 구분하고 감정 체험과의 관계를 살펴보았다. 인지적 차원은 자연동화감, 대인교류감, 자기성장감의 세 요인으로, 감정적 차원으로는 즐거움과 이완의 두 요인으로 구분하고, 인지적 차원의 각각의 요인들과 감정적 차원과의 관계를 분석하였다. 그 결과, 대인교류감은 이완보다는 즐거움과 정(+)의 관계에 있는 것으로 나타났다. 이것은 사찰에서 이루어지는 타인들과의 교류가 정서적으로 편안함을 유발시키는 것보다는 즐거움이라는 감정을 유발하는 것으로 해석될 수 있다. 자연동화감은 이완과 정(+)의 관계에 있는 것으로 나타났다. 참가자들이 복잡한 도심에서 벗어나 자연 속에 있는 사찰에서의 경험을 통해 자연동화감을 느끼면서 편안함을 느꼈을 것이다. 자기성장감은 주로 참선이나, 108배, 죽음체험 등과 같은 템플스테이 프로그램으로 통해 얻어졌을 것이다. 이러한 체험을 통해 편안함과 정서적인 안정감을 느꼈을 것으로 이해될 수 있다. 인지적 체험요소의 3가지 차원은 모두 즐거움에 영향을 미쳤으며 특히 자기성장 감과 같은 경우 즐거움과 동시에 이완상태를 경험하는 것으로 나타났다. 또한 이완과 즐거움이라는 감정체험은 만족에 효과를 가지는 것으로 나타났으며 인지적 체험요인들은 만족에 간접적인 효과를 보여주었다. 이러한 체험요인들은 템플스테이에 대한 만족 및 재방문의도 및 추천의도와 연결된다. 즉, 템플스테이 프로그램 체험에 만족한 경우, 다시 방문하고 싶어하거나 또는 다른 사람들에게 추천하게 되는 것이다.

이 장(종교관광)에서 템플스테이를 종교관광의 한 부분으로 다루고 있지만 템플스테이를 종교관광으로 볼 것인가에 대한 문제는 여전히 논의의 대상이다. 템플스테이 참여동기에 대한 다양한 연구를 통해 알 수 있는 것처럼 템플스테이는 종교관련 동기보다는 비종교적 동기에 의해서 이루어지는 경우가 더 많다. 템플스테이 앞선 논의에서 영성관광을 종교관광의 한 부분으로 볼 것인가에 대한 문제처럼 템플스테이도 이런 논의의 연장선상에 있다고 볼 수 있다.

|6절| 맺음말

이 장에서는 종교관광이 문화관광의 한 부분으로서 왜 중요한지, 그리고 지금까지 종교관광 연구는 어떻게 이루어졌는지, 종교관광연구가 현재에는 어느 정도 발전이 되었는지, 이와 관련하여 최근 종교관광에서 많은 관심을 받고 있는 영성관광은 무엇인지, 그리고 우리나라에서 이루어지고 있는 템플스테이는 종교관광으로 볼 수 있는지, 또 이와 관련된 연구는 어떻게 이루어지고 있는지를 다루고 있다.

종교관광은 관광의 초기부터 지금까지 관광에 있어서 지속적으로 중요한 위치를 점유하고 있으며 최근에도 꾸준히 수요가 증가하고 있다. 종교 관광 전체로 볼 때는 꾸준히 수요가 증가하고 있기는 하지만 그 종교관광 내부에서는 많은 변화가 이루어지고 있다. 무엇보다 사람들의 종교관광의 동기도 매우 다변화되고 있다. 종교관광의 동기가 다양화되면서 이전에는 종교를 통해 얻을 수 있었던 체험, 기적, 내적인 변화 등을 종교와 관련이 없이 추구하고 획득하려는 시도가 점점 증가하고 있다. 현재까지는 이러한 흐름을 영성관광이라고 개념화하고 있다. 영성관광을 종교관광과 관련하여 어떻게 정의할 것인지는 여전히 논의 중에 있다. 종교의 영향력이 지속적으로 약화되면서 이러한 영성관광의 흐름은 앞으로도 확산될 것으로 기대된다. 이러한 흐름과의 연장선 상에서 우리나라에는 템플스테이 프로그램이 있다. 템플스테이는 불교라는 특정한 종교에 기반하여 만들어졌지만 종교보다는 영성 및 내면의 성장 등과 관련하여 국내외적으로 각광을 받고 있다. 이 장의 5절에서 볼 수 있듯이 템플스테이는 영성관광이 활발해지고 있는 시류에 잘 맞추어 적절하게 잘 운영되고 있으며 우리나라 문화관광의 대표 프로그램으로 확실히 자리매김 하고 있다. 종교관광의 범위가 확대되고 있어 어느 범위까지를 종교관광에서 다루어야 할지에 대한 합의점은 아직 도출되지 못했지만 사람들이 정신 수양 또는 영적인 체험 등에 관심을 가지는 것은 비단 우리나라뿐 아니라 세계적인 추세라고 할 수 있다. 우리나라에서도 템플스테이뿐 아니라 종교 또는 정신적 수양 등을 매개체로 하는 다양한 종교관광 프로그램이 만들어지기 위해서 또 이러한 프로그램들이 적절하게 잘 운영이 되기 위해서는 종교관광과 관련한 현대의 흐름과 이와 관련한 사람들의 태도에 대한 연구가 많이 이루어져야 할 것이다.

1. 〈표 7-1〉 종교관광의 범주를 보면, 전통적인 성지순례(traditional pilgrimage)과 영적인 순례여행(Spiritual Pilgrimage)를 구분하고 있다. 기존의 순례(pilgrimage) 라는 개념은 종교와 밀접한 관련이 있었고 전통적인 성지순례에서도 영적인 (spiritual) 사건을 경험할 수 있을 것이다. 그렇다면 Griffin 과 Raj(2017)가 성지 순례를 전통적인 순례와 영적인 순례로 구분한 이유는 무엇일까. 또 이러한 구분 은 어떤 의미를 지니는지 생각해보자.

2. 종교관광에 있어서 경제적인 혜택과 종교관광의 부정적인 영향은 마치 동전의 양 면의 관계처럼 여겨진다. 관광자를 통해 얻는 수입이 많을수록 수용범위를 초과 한 관광자들은 관광지에 부정적인 영향을 줄 수 있다. 다른 관광의 형태보다 종교 관광의 경우 이러한 폐해는 더 클 수 있다. 사람들이 성지에 대해 기대하는 바가 다른 관광지들에 비해 더 크기 때문이다. 성스러운 경험, 영적인 체험을 하는데 있어서 소란스러운 관광지로서의 이미지는 궁극적으로 성지 또는 성지의 관광명 소에도 부정적인 이미지로 작용할 수 있다. 그렇다면 경제적인 혜택과 대중관광 에서 오는 폐혜의 불균형 속에서 지속가능한 관광을 추구하기 위한 방안에는 어 떠한 것이 있는지 생각해보자.

3. 최근 종교관광 연구에 핫이슈로 등장한 spiritual tourism은 이 장에서는 영성관광 으로 번역이 되었다. 영어단어인 'spiritual' 원래 뜻은 정신적인, 종교적인 의미로 사용이 된다. spiritual tourism을 영성관광으로 번역한 것은 spiritual이 단순히 정신적인 것 이상의 종교적인 것과는 구별이 되지만 또한 종교적인 것에서 완전 히 배제할 수 없는 뜻으로 '영성'으로 번역이 되었다. 한국어의 '영성(靈性)'은 어 떤 의미를 지니는가. 최근 나타나고 있는 spiritual tourism의 현상을 영성관광이 라고 정의하는 것에 대해서 생각해보자.

4. 템플스테이는 불교문화를 기반으로 만들어진 프로그램이지만 많은 외국인들은 특 정 종교에 기반해서 이 프로그램에 참여하지는 않는다. 템플스테이 마케팅 전략 을 살펴보면 종교성을 강조한다기 보다는 개인의 내면의 성장, 자아발견과 같은 부분에 초점을 맞추고 있다. 최근 종교관광에서 많이 회자되고 있는 spiritual tourism과 템플스테이는 어떠한 관련이 있는지 생각해보자.

5. 〈표 7-1〉의 범주에서 종교문화길(Religious routes)은 "참회, 잘못을 용서하거나, 종교적 동기를 가지고 종교적인 길을 따라 걷는 것"으로 정의되고 있다. 대표적인 종교문화길로는 산티아고 순례길이나 프란치제나 길(Via Francigena)을 들 수 있다. 한국은 다양한 종교가 유입되어 자유롭게 발전하였으며 나름의 역사를 지니고 있다. 한국에서 발전하고 있는 다양한 종교문화를 기반으로 한국에도 종교문화길을 개발할 수 있는지 생각해보자. 만약 이와 관련하여 개발할 수 있다고 생각한다면 어떤 주제를 가진 길을 개발하면 좋을지 생각해보자.

더 읽어볼 자료

1. Timothy, D. J., & Olsen, D. H. (Eds.) (2006). *Tourism, religion and spiritual journeys*. London and New York: Routledge.

   종교관광을 심도 깊게 또 포괄적으로 다루고 있다. 관광과 종교의 관계 및 이와 관련한 개념들, 그리고 주된 논쟁점에 대해 이해하기 쉽게 설명하고 있으며 종교 관광과 관련한 이론과 실제적인 사례에 대한 적용이 균형 있게 논의되고 있다. 또한 현대의 새로운 현상으로써 영성관광도 함께 다루고 있다.

2. MacCannell, D. (1976). *The Tourist: A New Theory of the Leisure Class*. New York: Schocken Books.

   관광학의 고전이며, 관광자를 현대의 순례자로 보는 관점을 피력하고 있다. 이 책의 핵심은 진정성(authenticity)이라고 할 수 있다. 현대사회에서 관광자는 무엇을 뜻하는지 관광자와 진정성은 어떠한 관련이 있는지를 시대적 통찰력을 가지고 설명하였다. 총체적 사회현상으로써의 관광을 이해하는데 많은 시사점을 제공한다.

3. Vukonic, B. (1996). *Tourism and religion*. London: Elsevier Science Ltd.

   이 책에서는 인류학, 사회학, 문화, 경제적 관점에서 관광과 종교의 개념에 대한 이론적 기초를 제공한다. 종교적 동기로 취해지는 종교관광의 범주, 종교관광자, 관광과 종교 사이의 갈등 등 관광과 종교 관계에 대한 다방면의 접근을 통해 두 개념 사이의 관계를 포괄적으로 풀어내고 있다.

![참고문헌]

김민자·전병길(2016). 템플스테이 체험이 여가 삶의 질에 미치는 영향.『관광학연구』, 40(4), 215-231.

김정민(2011). 국립공원 내 템플스테이의 추진요인과 유인요인에 관한 연구. 강원도 소재 국립공원 내 사찰을 중심으로.『한국환경생태학회지』, 25(4), 621-630.

김철원·윤혜진(2008). 대안관광으로서 템플스테이에 관한 연구.『호텔관광연구』, 10(2), 130-148.

박의서(2011). 한국 종교관광의 정책 방향과 성공 사례.『관광연구저널』, 25(5), 121-137.

배금란(2011). 현대종교문화 현상으로서 템플스테이 고찰.『종교학연구』, 29, 23-44.

변찬복(2013). 영성관광의 진정성에 관한 연구-하이데거의 존재론을 중심으로.『관광연구』, 27(6), 75-95.

심원섭·김자영(2011). 템플스테이 참가동기와 체험만족도 비교연구.『관광학연구』, 35(7), 343-366.

안해연·이양희·박대환(2012). 템플스테이체험관광이 관광만족, 추천의도 및 재방문의도에 미치는 영향.『관광학연구』, 36(9), 73-91.

전재균·전창현·현경호(2010). 내국인과 외국인 템플스테이 참가자간의 참가동기 및 만족도에 관한 비교연구. *Journal of the Korean Data Analysis Society*, 12(2), 1053-1065.

정병웅(2002). 사찰관광개발을 통한 종교관광활성화에 관한 연구,『관광개발논총』, 6(1), 117-146.

정윤조·전병길(2009). 템플스테이 체험의 여가심리학적 모형.『관광연구』, 33(2), 99-122.

한국불교문화사업단 (2017).『템플스테이 5개년 계획(2018~2022) 수립을 위한 연구』.

Alderman, D. H. (2002). Writing on the Graceland wall: On the importance of authorship in pilgrimage landscapes. *Tourism Recreation Research, 27*(2), 27-35.

Badone, E., & Roseman, S. (Eds.). (2004). *Intersecting journeys: The anthropology of pilgrimage and tourism*. Champaign: University of Illinois Press.

Bhardwaj, S. M. & Rinschede, G. (1988) Pilgrimage: a world-wide phenomenon, in S. M. Bhardwaj and G. Rinschede (eds) *Pilgrimage in World Religions*, Berlin: Dietrich Reimer Verlag.

Bowman, G. (1991). Christian ideology and the image of a holy land: The place of Jerusalem in the various Christianities. In M. J. Sallnow & J. Eade (Eds.), *Contesting the sacred: The anthropology of Christian pilgrimage* (pp. 98-121). London: Routledge.

Cheer, J. M., Belhassen, Y., & Kujawa, J. (2017). The search for spirituality in tourism: Toward a conceptual framework for spiritual tourism. *Tourism Management Perspectives*, 24, 252-256.

Cohen, E. (1979). A phenomenology of tourist experiences. *Sociology*, 132, 179-201.

Cohen, E. (1992a). Pilgrimage centres: Concentric and excentric. *Annals of Tourism Research*, 19(1), 33-50.

Cohen, E. (1992b). Pilgrimage and tourism: Convergence and divergence. In A. Morinis (Ed.), *In Sacred journeys: The anthropology of pilgrimage* (pp. 47-61). New York, NY: Greenwood Press.

Cohen, E. (1998). *Tourism and religion: A comparative perspective*. Pacific Tourism Review, 2, 110.

Collins-Kreiner, N., & Kliot, N. (2000). Pilgrimage tourism in the Holy Land: The behavioural characteristics of Christian pilgrims. *GeoJournal*, 50(1), 55-67.

Eade, J. (1992) Pilgrimage and tourism at Lourdes, France. *Annals of Tourism Research*, 19, 18-32.

Eliade, M. (1961). *The sacred and the profane: The nature of religion* (Vol. 144). Houghton Mifflin Harcourt.

Fish, J. M., & Fish, M. (1993). International tourism and pilgrimage: a discussion. *Global Economic Review*, 22(2), 83-90.

Fleischer, A. (2000). The tourist behind the pilgrim in the Holy Land. *International Journal of Hospitality Management*, 19, 311-326.

Gesler, W. (1996). Lourdes: healing in a place of pilgrimage. *Health & Place*, 2(2), 95-105.

Graburn, N. H. (1983). The anthropology of tourism. *Annals of Tourism Research*, 10(1), 9-33.

Graburn, N. H. (1989). Tourism: the sacred journey in V. L. Smith (ed.) *Hosts and Guests: The Anthrolpology of Tourism*, Philadelphia: University of Pennsylvania Press.

Griffin, J. (1994). Order of service, *Leisure Management*, 14(12), 30-32.

Griffin, K. & Raj R. (2017). The Importance of Religious Tourism and Pilgrimage: reflecting on definitions, motives and data. *International Journal of*

Religious Tourism and Pilgrimage, 5(3), Article 2.

Gupta, V. (1999). Sustainable tourism: Learning from Indian religious traditions. *International Journal of Contemporary Hospitality Management*, 11(2/3), 91-95.

Jackowski, A., & Smith, V. L. (1992). Polish pilgrim-tourists. *Annals of Tourism Research*, 19(1), 92-106.

MacCannell, D. (1973). Staged authenticity: arrangements of social space in tourists.

MacCannell, D. (1976). *The Tourist: A New Theory of the Leisure Class*, New York: Schocken Books.

Mann, (2011). The Birth of Religion, *National Geographic*, June 2011, 34-59.

Margry, J. P. (Ed.) (2008). *Shrines and pilgrimage in the modern world: New itineraries into the sacred*. Amsterdam: University of Amsterdam Press.

Moufakkir, O. & Selmi, N. (2018). Examining the spirituality of spiritual tourists: A Sahara desert experience. *Annals of Tourism Research*, 70, 108-119.

Norman, A. (2011). *Spiritual tourism: Travel and religious practice in western society*. London, UK: Continuum.

Olsen, Daniel H. (2013). A Scalar Comparison of Motivations and Expectations of Experience within the Religious Tourism Market. *International Journal of Religious Tourism and Pilgrimage*, 1(1), Article 5.

Olsen, D. H., & Timothy, D. J. (2006). Tourism and religious journeys. In D. Timothy & D. *Olsen Tourism, religion and spiritual journeys, 4*, pp. 1-21.

Paszthory, F. D. (2017). Temple-stay in Korea: A Qualitative analysis of the Western visitors' experience. 경희대학교 석사학위논문.

Reader, I., & Walter, T. (1993). *Pilgrimage in popular culture*. Basingstoke: Macmillan.

Rinschede, G. (1990). Religionstourismus. *Geographische Rundschau*, 42(1), 14-20.

Rinschede, G. (1992). Forms of religious tourism. *Annals of Tourism Research*, 19(1), 51-67.

Russell, P. (1999). Religious travel in the new millennium, *Travel & Tourism Analyst*, 5, 39-68.

Piewdang, S., Mekkamol, P., & Untachai, S. (2013). Measuring spiritual tourism management in community: A case study of Sri Chom Phu Ongtu Temple, Thabo district, Nongkhai province, Thailand. *Procedia-Social and Behavioral Sciences*, 88, 96-107.

Schlehe, J. (1999). Tourism to holy sites. *International Institute for Asian Studies*

Newsletter, 19(8).

Shackley, M. (2002). Space, sanctity and service; the English Cathedral as heterotopia. *International Journal of Tourism Research*, 4(5), 345-352.

Sharpley, R., & Jepson, D. (2011). Rural tourism: A spiritual experience?. *Annals of Tourism Research*, 38(1), 52-71.

Sizer, S. R. (1999). The ethical challenges of managing pilgrimages to the Holy Land. *International Journal of Contemporary Hospitality Management*, 11(2/3), 85-90.

Smith, V. L. (1992). Introduction: The quest in guest. *Annals of Tourism Research* 19: 1-17.

Tacey, D. (2004). *The spirituality revolution: The emergence of contemporary spirituality*. Routledge.

Timothy, D., & Olsen, D. (Eds.). (2006). *Tourism, religion and spiritual journeys* (Vol. 4). Routledge.

Turner, V. (1973). The center out there: pilgrim's goal. *History of Religions*, 12(3), 191-230.

Turner, V. W. & Turner, E. (1969). *The ritual process*. London: Routledge.

Turner, V. W. & Turner, E. (1978). *Image and pilgrimage in Christian culture*. Columbia University Press.

Vukonic, B. (2002). Religion, tourism and economics: A convenient symbiosis. *Tourism Recreation Research*, 27(2), 59-64.

Weiler, B., & Hall, C. M. (1992). Special interest tourism: in search of an alternative. *Special interest tourism: in search of an alternative.*, 199-204.

Willis, K. G. (1994). Paying for heritage: what price for Durham Cathedral? *Journal of Environmental Planning and Management*, 37(3), 267-278.

8장 _ 예술관광

김 소 혜 (경희대학교)

8장 _ 예술관광

김 소 혜 (경희대학교)

Highlights

1. 예술과 관광의 관련성을 이해한다.
2. 예술관광의 개념 및 특징을 이해한다.
3. 예술관광자의 기본 특성 및 주요 접근법을 이해한다.
4. 예술관광지에서 관광자의 경험 탐색의 중요성을 이해한다.

|1절| 개관

미술관 전시작품에서 현대 관광자들은 수동적으로 가이드를 따라서 유명 작품에 모여들고, 사진을 찍어대고, 기념품 가게에서 물건을 사는 것으로 흔히 묘사된다(Verhagen, 2012). 이러한 조소적이고 비판적인 시선은 예술과 관광의 관련성을 이해할 수 있는 두 가지 맥락을 드러낸다. 첫째, 관광자는 전시 공간 내부의 예술 작품 감상을 위해서 가이드의 도움을 받아야만 하는 존재라는 것이다. 사진을 찍고 쇼핑을 하는 관광자들의 행동은 그들의 일상에서 쾌락적 여가를 즐기는 존재라는 것이다. 이러한 미술관 내부와 일상에서 상이하게 나타나는 관광자의 양면성은 고등교육을 받은 엘리트들 혹은 상류 계층의 문화 자본의 전승 및 보존을 위한 장소였던 문화예술 공간의 상징적 지위를 암시하고 있다.

관광/관광자와 예술문화 간의 이러한 관계성은 초기 관광현상을 바라보는 사회과학자들의 시선과 어느 정도 맥락을 같이 한다. 문화예술 관련 관광명소는 일상과 분리되는 독특한 장소이며(MacCannell, 1976), 예술관광자들은 일정 수준 이상의 교육을 받고 소득 수준이 높은 사람들이 대다수를 차지한다(Bennett, 1994). 이러한 특성으로 인하여 소위 말하는 대중관광자들의 예술관광 방문 현상은 비교적 최근까지도 연구자들의 관심을 받지 못하였다. 그들은 경제적 가치에 의해 상품화(commodification)된 공간의 소비하며, 매력적인 상품으로 시선을 끌기 위해 가공으로 꾸며진 사건들(pseudo-events)을 통해 얻어지는 꾸며진 경험들을 추구하고 있기 때문이다(Boorstin, 1961).

그러나 위와 같이 예술관광지/일상공간, 대중관광자/예술관광자의 이원성을 기본으로 하는 모더니즘적 접근이 변화하는 관광현상을 적절히 반영하고 있는가에 대한 비판적 의문이 나타났다. 포스트모더니즘적 시각에서 현대인의 문화예술 관광 경험은 위의 이분법적 경계를 넘나들면서 일어나는 현상이기 때문이다(Urry, 2002; Uriely, 2005). 이러한 움직임은 다차원적 관광현상의 심도 있는 이해를 위해 삶의 일부로서 예술관광이 가지는 특성에 대해 조명하기를 주장한다. 관광자가 고급문화예술을 위한 공간에서 단순하고 즉각적이고 즐거움을 추구하는 평면적인 존재로 치환되는 가운데, 그들이 가진 입체적인 삶의 다양한 모습은 축소, 삭제되고 있기 때문이다.

다면적 관광 현상으로서 예술관광의 심도 있는 이해를 위하여 본 장은 아래의 세 가지 논제를 중심으로 관련 예술관광을 접근하고자 한다.

- 예술관광이란 무엇인가?
- 예술관광에서 관광자들은 누구인가?
- 예술관광지 방문 경험은 어떻게 이해될 수 있는가?

| 2절 | 예술관광의 이론적 접근

1. 예술관광과 예술관광자의 개념적 접근들

　문화관광의 일종으로 예술관광에 대한 정의적 접근은 학자들 간 합의점을 도출했다고 보기 어렵다(Richards, 2007). 관광자는 관광지에서 의식적 혹은 무의식적으로 다른 문화에 노출된다는 측면에서 모든 관광은 문화적인 차원을 가지며, 따라서 포괄적 관점에서 문화관광은 다양하게 정의될 수 있기 때문이다. 또한 문화관광에 대해 하나의 합의된 관점을 공유한 학자들 간에도 예술과 관광의 관계에 대해 서로 다르게 접근할 수 있다.

　가장 흔히 사용되는 접근방식은 문화유산관광(cultural heritage tourism)의 하위 항목으로 예술관련 관광을 강조·포용하는 것이다(Prentice, 1993; Smith, 1989). 이와 달리 '예술'에 강조를 두고 문화관광 내 개별 하위 분야로 접근하는 방식이 있다. 미술관과 갤러리 공연예술 등을 관광의 한 하위 카테고리로 포함시키고 이를 '예술관광(art/arts tourism)'이라고 최초로 명명한 Myerscough(1988)의 방식이 그 예라 할 수 있다.

　후자의 관점을 가진 학자들은 예술관광이 여타 문화관광과 다른 차별화되는 특질을 고찰한다. Gratton & Taylor(1992)의 경우, 예술관광은 기존 문화유산관광과 시간적 차원에서 차별화된다고 주장하였다. 전자는 현시대의 문화 소비와 관련을 가지고 후자는 (과거)역사직인 문화의 소비 맥락을 통해 접근되기 때문이다. Hall & Weiler(1992)는 예술의 지각적 특질이 여타 문화관광과 차별화 되는 부분이라고 지적한다. 그들은 예술관광을 정동적이고 시각적인 전시예술과 역동적인 공연예술로 나누고, 미술관과 갤러리 등의 방문이 전자에 속하며 오페라, 발레 및 뮤지컬 관람 등이 후자에 포함된다고 하였다. 그러나 분류법 중심의 논의에 그치는 이러한 연구경향은 학자들의 연구 결과를 구심점 없이 열거하는 기초적 탐색 수준에 머무르고 있기에, 관광학에서 관련 학자들 간 예술관광의 개념적 합의점을 가지고 있다고 보기는 어렵다(Hughes, 2000).

예술관광자의 참여동기 연구는 한층 더 발전된 형태의 여전히 유형 분류에 초점을 맞추고 있다는 점에서 한계를 보이나, 표면적 특징 탐색에 머무르지 않고 내적 역동성 또한 주목하고 있기 때문이다. Ashworth(1995)는 예술관광을 특별하면서 가장 단순한 형태의 문화관광의 하위분야로 놓고 예술 관련 관광 경험이 특별관심관광(special-interest tourism)의 맥락에서 주요 동기로 작용하는 경우와 혹은 다양한 활동을 위한 배경으로 의미를 가지는 경우를 나누었다. 이와 같은 맥락으로 Hughes(2000)는 예술관광에서 동기와 흥미를 관광자를 이해하는 데 주요 차원으로 적용하였다. 극예술 관광자에 주요 초점을 맞춘 그는 예술 컨텐츠의 흥미의 정도가 극장 방문을 결정짓는 정도에 따라 예술-중심(arts-core) 관람객과 예술-주변(arts-peripheral) 관람객으로 구분하였다. 전자의 경우 특정 작품을 감상하는 것이 주요 관광 동기로 작용한 경우이며, 후자의 경우 여타 이유로 집을 벗어나는 것에 주동기로 작용한 경우를 일컫는다. 그의 분류법은 기존 동기중심 분류한 것에서 한층 더 나아가 '비휴일(non-holiday)-휴일(holiday)'의 구분점을 더하여 예술관광자를 네 가지로 분류한 것이 특징적이다.

심도 있는 예술관광 연구를 위한 일환으로, 이론적으로 좀 더 발전된 기존 문화관광자 연구 접근법들을 예술관광자의 행동 및 태도 연구에 응용할 수 있다. 대표적인 접근법 중 하나는 Stebbins(1996)의 문화관광자의 분류로, 그는 문화관광자를 일반적인 문화관광자(general cultural tourist)와 특정화된 문화관광자(specialized cultural tourist)로 구분지었다. 전자는 불특정한 서로 다른 장소에 방문하는 취향을 가진 사람들을 후자는 문화, 역사, 예술 등과 관련된 이해를 위해 특정 장소 및 국가를 반복적으로 방문자들을 일컫는다. McKercher & du Cros(2002)은 Stebbins(1996)의 이분법적 분류에서 한층 더 발전하여 목적지의 중요도와 경험의 깊이 차원을 동시에 고려하고 문화관광자를 다섯 가지(비의도적, 의도적, 우연한, 일시적, 구경중심)로 분류하였다. 그들의 분류 중 비의도적, 의도적, 구경중심의 세 항목은 관광목적지를 결정하는데 문화 예술적 경험을 하는 것이 주요 동기로 작용했다는 점에서 특정화된 문화관광자를 일컬으며, 나머지 두 항목의 경우 Stebbins(1996)의 일반적인 문화관광자와 같다.

관광자의 유형을 다차원적으로 구분하기 위한 이러한 시도는 후속 연구자들에게 예술관광자들의 방문 속성을 특질을 탐색할 수 있는 시작점을 제공한다. 단순 방문의 유무에서 한층 더 나아가 행동, 동기 및 흥미와 같은 심리적 차원을 끌어들여 관광자를 분석적으로 이해하고자 하는 그들의 지속적 시도는, 예술관광의 이론적·경험적 차원의 학문적 논의를 풍부하게 하는 것에 도움을 주고 있다.

2. 예술관광과 관광자의 경험

관광자의 문화예술 관람에 대한 연구는 예술관광의 본질적 특성을 고찰할 수 있는 교두보를 마련한다는 데 의의가 있다. 사회구조적 관점에서 관광자의 경험은 순수하게 개인의 인지적 감각을 통해 얻어진 관광대상물에 대한 반응이라기보다는 담론을 통해 사회적으로 구성된 재현물을 통해 이루어진다고 본다(Hooper-Greenhill, 1992). 이러한 시각에서 예술관광이 행해지는 장소는 고급문화(highbrow culture)의 보존고(repository)로 기호화되어 있으며, 이는 대중 오락물을 제공하기 위한 여타 관광 장소와는 다른 상징적 지위를 가지고 있음을 암시한다. 발레, 콘서트, 오페라 공연 등의 문화상품을 소비함으로써 관광자가 얻는 경험은 개인의 미적 감흥에 머무르지 않고 문화적 코드 속에서 의미가 확장 된다.

예술관광에 대한 차별화된 시선은 부르디외(Bourdieu, 1986)의 문화자본(cultural capital)이라는 개념을 통해 구체적으로 이해될 수 있다. 그의 이론에 따르면 개인은 자신이 소유한 자본의 총량에 따라 사회적 위치가 결정되며, 이것이 반영된 무형의 자본 중 하나가 문화자본이다. 이것은 가족에 의해 승계되거나 혹은 교육을 통해 (재)생산되기에, 예술작품의 향유 및 감상과 관련된 문화적 취향은 결국 계급적 배경으로 작용한다. 따라서 고급문화예술 관련 취향의 유무와 향유 방식은 사회 구성원들의 계급을 구별짓는 역할을 하며 동시에 이를 저항 혹은 공고히 하는 역동적 흐름을 만든다. 즉, 중간계급은 자신의 상승 욕망을 충족시키기 위해 상류계급의 문화 취향을 모방하며 상류계급은 자신과 아래 계급들의 간극을 공고키 위하여 자신의 문화취향을 차별화하는 방향으로 계속 변화시킨다.

시대별로 변화하는 고급문화예술의 특징은 기저에 흐르는 상류계급의 '도망가기'를 통해 이해될 수 있다. Hooper-Greenhill(1992)은 푸코의 이론적 프레임을 미술관의 맥락으로 끌어 와 어떻게 미술관 인식의 틀이 사회, 문화, 정치 등의 맥락 속에서 시간의 흐름을 반영하여 변화했는지 규명하였다. 16세기 르네상스-17세기 후반 고전주의-19세기 근대라는 역사적 변화의 흐름 속에서도 미술관은 지식의 보존고에서 대주의 계몽 및 교육하는 권위를 지닌 기관으로 발전하였다. 이러한 변화 속에서 유지되는 미술관의 차별적 지위는 미술관과 대중과의 간극을 반영한다.

미술관뿐만 아니라 다른 고급문화예술 기관들에게 대중을 교육하는 역할은 자신들만의 독특한 가치를 유지할 수 있는 중심 요소였으며, 이는 관광학이 고급문화예술을 다루는 맥락에서도 크게 다르지 않다(Tighe, 1989). 17세기 유럽에서 시작된 교양관광의 일종인 그랜드 투어(the Grand Tour)가 그 대표적인 예로 볼 수 있다. 젊은 귀족이나 고위 관료의 자제들은 예술 애호가(dilettantes)로서 예술에 대한 지식과 소양을 함양시키는 것은 주목적으로 나이 많은 교사를 동행하여 여행하였다. 이것은 예술 소양의 함양을 위한 여행이 단순한 개인적 차원의 취미 활동이 아닌 교육의 수단이자 자신들과 피지배계급을 구별짓기 위하여 사용된 것임을 드러낸다.

사회구조적이고 역사적 관점에서 확인되는 예술관광과 교육적 경험의 긴밀한 관련성(Towner, 1985)과는 대조적으로 심리학적, 인지적 관점에서 관광자 경험 연구는 개인이 가지게 되는 경험의 역동성에 주목한다(Csikszentmihalyi & Hermanson, 1995). 이러한 접근법은 전시물 혹은 예술공연이 현장에서 가져오는 몰입의 순간, 관광자의 즉각적 경험 등을 분석 및 이해하고자 한다. 따라서 이것은 예술관광의 정체성은 엘리트 및 고급문화의 장이라는 구조에 초점을 맞춰 이해되지 않는다. 오히려 개인의 즉각적 반응에 초점을 맞추고, 문화예술 관련 경험을 의식적으로 드러나는 인지적 과정의 하위 요소들 간 관련성을 통해 분석하고자 한다. 동기, 만족, 기대와 같이 계량화 할 수 있는 인지적 구성개념들을 기반으로 관광자의 경험을 연구하는 것이 그 예이다.

위의 환원주의적 분석에 비판적 시선을 지닌 학자들은 관광자의 경험을 전체론적 관점을 통해 이해할 것을 강조한다(Masberg & Silverman, 1996). 스냅샷 사진을 찍듯이 경험의 일부만 평면적, 객관적, 수치적으로 분석하는 접근법으로는 입체적인 경험의 총체를 이해할 수 없다는 입장이다. 이것의 대표적인 예로 '의식적인 삶의 세계를 안에서 우리의 주관적 경험이 어떻게 접근할 수 있는가'에 초점을 둔 현상학적 접근이 있다. 이것은 관광자의 개인의 관점에서 해석된 경험이 그들이 속한 사회문화적 맥락과 불가분한 관계로 놓여 있는 현상임을 전제로 한다. 예술관광자의 경험은 예술을 감상하게 되는 방문 맥락 속에서 나타나고, 맥락 안에 놓인 경험은 해석을 통해 의미화 된다. 이러한 관점에서 연구의 초점은 결과물로 나타나는 경험의 형태에 대한 분석이 아닌 문화예술 관광자가 자신의 경험을 얻게 되는 과정의 이해 및 해석에 놓인다.

정리하자면 예술관광자의 경험은 크게 세 가지 관점을 통해 접근될 수 있다. 구조론적 관점에서 예술관광은 고급문화와 사회적 계층과 밀접한 관련을 가지고 있다. 따라서 관광자의 경험은 교육수준, 경제상황, 문화자본 등의 틀을 통해 분석 및 이해된다. 인지론적 관점에서 예술관광은 인간의 경험을 환원적으로 분석 및 이해할 수 있는 하나의 영역으로 이해된다. 이 경우 관광자의 경험은 참여동기, 만족, 기대, 정서의 변화 등과 같은 수치화된 데이터를 통해 환원적으로 분석 가능한 대상이다. 마지막으로 현상학적 관점에서 개인의 예술관광지 방문은 개인, 역사, 문화적 맥락 가운데 던져진 경험이다. 이러한 관점에서 관광자의 경험은 주관적이며, 물리적 차원에서 분석되는 환원체가 아닌 삶의 세계를 통해 통합적으로 이해되는 의미체이다.

동일한 예술관광 현상을 연구하더라도 각 접근법이 초점을 맞추는 곳은 명확히 차이를 보인다. 예를 들어 메트로폴리탄 미술관을 방문하는 한국인 관광자들을 대상으로 예술관광 경험을 연구한다고 가정하자. 관람자의 사회경제적 지위가 주요 분석 차원으로 고려된다면 이것은 이 연구가 구조주의적 관점을 통해 관광자의 경험을 접근한다는 의미이다. 인지론적 관점을 사용하는 경우 한국인 관광자들의 메트로폴리탄 방문에 따른 기대와 실제 방문에서 그 기대감의 충족 정도를 정량화하여 측정하는 것이 일반적으로 제안할 수 있는 접근 방식일 것이다. 현상학적 관점에서 중요한 것은 연구자 및 관찰자의 입장에서 중요하게 생각하는 경험의 차원이 아닌 관광자 자신들의 주관적 경험에 대한 이해이다. 따라서 방문자의 집단적 경향성을 논하는 것이 아닌 각 개인이 어떻게 메트로폴리탄미술관 방문 경험을 의미화하게 되는지 그 과정을 이해하고 서술하는 데 초점을 맞춘다.

| 3절 | 연구동향

　예술관광 연구는 그 초점이 관광자의 만족, 문화관광 상품의 활성화 등에 주로 맞춰져 있으며, 상기한 세 가지 접근법의 개별적 혹은 둘 이상의 관점을 혼합하여 활용하고 있다. 이것은 문화의 상품화를 통해 관광자의 참여를 활성화하고자 하는 관광산업의 특성을 고려한다면 자연스러운 현상이다. 상대적으로 예술관광의 경제적 효과 및 상품으로서 수요 분석과 직접적으로 관련을 맺지 않는 요소들은 비교적 최근에서야 주목받기 시작했으며, 특히 예술관광에 대한 논의는 기초적 수준에 머물러 있는 경향을 보인다(허윤주·이기종, 2016).

　위와 같은 경향성은 국내외를 막론하고 일관적으로 나타난다. 차이점이 있다면 예술관광에 대한 연구가 시작된 시기로 국외 예술관광 연구는 1980년대 후반부터 이루어진 반면 국내에서는 2000년대 이후로 본격적으로 시작되었다는 것이다. 본 장은 이러한 특성을 반영하여 예술관광의 해외와 국내의 연구동향을 기술하였다.

1. 해외 연구동향

　예술관광은 다차원적 구성개념인 '문화'를 어떻게 포괄적으로 이해하는지에 따라 다양한 접근법이 존재한다. 문화관광이라는 포괄적 개념의 종속되어 있는 예술관광의 위치는 '관광'과 '예술'이라는 영역에 대한 구분에 명확성을 가지고 있지 않기 때문이다(Hughes, 2000). 이러한 특성은 개념적 차원에서 예술관광의 개별적 특성을 심도 있게 논의하는데 어려움을 줄 뿐만 아니라, 실증연구 차원에서도 예술관광에 초점을 맞춘 연구가 상대적으로 적은 현상을 낳았다(Smith, 2003). 전통적으로 고급문화로 구분 지어졌던 클래식 음악, 발레, 오페라, 순수미술 등과 같은 작품을 감상 및 경험하기 위한 이벤트, 축제, 전시, 공연 및 행사를 예술관광으로 간주하는 것에는 이견이 없으나(Zeppel & Hall, 1991), 이러한 제한적 범위의 설정은 현시대의 예술관광에서의 변화를 반영하고 있지 못하고 있기 때문이다. 이에 Featherstone(1991)과 같은 학자는 고급문화와 대중문화 간의 경계가 희미해지고 있는 현재 탈근대사회에서 예술관광의 위와 같은 전통적인 분류에 의문을 던진다.

위와 같은 특성으로 인하여, 실제 예술관광 연구는 두 가지 경향성을 보인다. 첫째, 전통적으로 가장 많이 보이는 접근법은 있는 예술의 경제적 효과를 조명하는 것으로 실용적 측면에서 예술과 관광의 상호보완적인 관계에 집중한다. 예를 들어 예술관광에 대해 개념적 명확화를 최초로 시도했던 Myerscough(1988)는 어떻게 지원금 증가와 수입원 증가를 통해 지역경제에 활성화 할 수 있을 것인지에 초점을 두고 예술관광을 논의함으로서 초기 논의의 장을 열었다. 예술관광 분야에서 대다수의 초기 연구들이 관광 마케팅(Heilbrun & Gray, 1993), 관광유인효과(Tighe, 1986), 도시관광재생(Griffiths, 1993) 등을 중점적으로 다루었던 것도 이러한 경향성을 보여준다.

둘째, 구체적 하위 분야에 상관없이 관광자의 참여동기와 전반적 만족 간의 상관성을 중심으로 대부분의 예술관광의 경험 연구가 이루어졌다. 특히 교육 및 학습 관련 동기와 방문경험의 만족에 대한 관련성 파악은 전통적인 주요 예술이론의 연구과제 중 하나였다(Falk & Dierking, 2000). 관광학 영역에서도 교육 및 학습 관련 동기의 충족 여부 차원은 예술관광의 문화자원으로서 지니는 가치에 대한 탐색하고자 하는 학자들의 관심을 받아왔다(Robinson, 1993). 박물관, 미술관, 클래식, 오페라, 콘서트, 무용공연, 문학, 축제 및 이벤트, 민속예술 등 예술관광의 행사를 중심으로 예술관광 참여동기 연구가 이루어졌으며(McKercher & du Cros, 2002; Richards, 2007), 연구 결과들은 관광자들은 입장료, 티켓 가격, 관련 배경지식, 계층과 같은 외적 제약 변수와 더불어 일상에서의 도피, 사회적 상호작용, 재미, 교육과 같은 심리적 요인들을 주축으로 다차원적인 동기를 가지고 있음을 보여주었다(Hood, 1983; Miles, 1986; Slater, 2007; Woosnam, McElroy, & van Wincle, 2008).

실증 연구에서 주목할 것은 교육 관련 동기들과 그 외 동기들과의 관계이다. 고급문화예술로서 예술관광의 차별화된 특성을 가져오는 것으로 고려되었던 미적 혹은 교육적 경험 관련 동기는 일반적인 방문자를 대상으로 하였을 때 높은 수준으로 고려되는 동기가 아니었다. 대중문화예술 감상에서 두드러지는 동기로 예측되었던 휴식 및 재미 동기는 고급문화예술 관련 활동에서도 유사한 수준으로 추구되었으며, 이 두 영역은 오히려 상보적인 관계를 가지고 있는 것으로 나타났다(Falk, Moussouri, & Coulson,1998). 더 나아가 Richards(2007)은 젊고 교육 수준이 높은 관광자들이 현대 예술 갤러리 등을 진지한 학습의 장으로 바라보기보다는 오락과 휴식을 위하여 찾는 것을 발견하였다. 이러한 복합적 양상을 띄는 관광자 동기를 고려하여 최근의 연구들은 고급 예술 감상 및 교육 등 진지성에 기반을 둔 요소를 예술관광의 핵심동기로 고려하지 않는 경향을 보인다.

이것은 현대 예술관광자가 진지함과 동시에 오락을 추구하는 존재이며, 따라서 이들의 욕구참여 동기를 충족시키기 위해서는 일상의 경험을 고려한 서비스를 제공해야 함을 보여준다. 대중의 부상과 함께 떠오른 현대 여가사회에서 문화관광 경험을 추구하는 관광자는 미적 혹은 교육적인 경험 가운데에서도 일상 탈출하려는 동기를 강하게 가지고 있기 때문이다(Ritzer & Liska, 1997). 더 많은 대중의 선택을 받기 위해서는 문화예술관광은 상업화된 그들의 요구를 지나칠 수 없기에(Craik, 1997), 예술상품은 안전하고 표준화하여 예측가능한 수준의 경험을 관광자들에게 제공하도록 가공된다(Ritzer & Liska, 1997).

이러한 배경에서 예술관광은 도시경제 재생수단으로 표준화된 대중소비문화를 제공하게 된다. 예술공연은 점점 더 시각적으로 화려하게 눈길을 끄는 것에 초점을 맞추고 지역의 독특한 정체성을 가진 소규모의 공연보다는 '미녀와 야수', '맘마미아' 같은 초국가적인 컨텐츠를 지닌 공연 시연을 통해 예술관광자에게 예술관광지로서의 매력성을 어필한다. 상업화된 문화예술 상품은 관광자들의 시선 속에서 소비되며(Urry, 1990), 그들의 경험은 "가벼운, 기분 좋은, 항상 관객을 즐겁게 하는, 인기 많은, 시각적으로 화려한, 오락적인, 블록버스터"와 같은 수식어들과 함께한다 (Bennett, 2005, p. 407).

관광학계 외부의 시선에서 문화예술 명소 방문자에게 "관광자"라고 명명할 때 이것은 암묵적으로 방문자들이 피상적이고 오락적인 경험을 추구하는 자임을 드러낸다. 이러한 태도는 근대 이후 관광자의 피상적이고 진정성 없는 경험으로 여기거나(Boorstin, 1961), 관광하는 대상을 타자화하고 이국적으로 바라보는 로멘티시즘적 시선(Enzensberger, 1958)과 궤를 같이 한다.

이러한 접근법에 대한 비판전 시선이 세기말부터 대두하기 시작하였다. Lippard(1999, p. 11)은 "관광에 적대적이게 되는 것은 어렵지 않지만 이것은 쓸모없고 위선적이다......관광의 즐거움을 인정하는 것에 시무룩하고 언짢은 투로 대부분 논하는 것에 이따금 반기를 들게 된다"고 논하면서 관광자의 문화예술 소비에 대해 좀 더 생산적인 이해가 필요함을 강조하였다. 동일한 맥락에서 Meethan(2001)은 예술문화와 관광에 대한 이분법적인 시선 ― 저급/고급문화, 엘리트/대중문화 ― 에서 머무는 것은 한쪽으로 치우친 서구적 개념의 접근이라고 지적하면서, 문화는 "체험된 생생한 경험(lived experience)"으로 이해하기를 주장한다(p. 130).

예술관광 관련 학자들의 해석학적 관점에서 관광자의 경험을 탐색하기 시작하는 움직임은 이러한 주장들과 그 궤를 같이 한다. Masberg & Silverman(1996)은 문화예술관련 관광 분야에서 관광자들이 어떻게 방문지를 정의 내리고 관광자들의 방문 경험이 실제로 어떤 의미를 주는가에 대한 학문적인 탐색이 부족함을 지적한다. 실제 경험연구에서 이러한 제한점을 극복하기 위하여 Masberg & Silverman(1996)은 예술관광자 방문 경험 분석에 현상학적 방법론을 적용하고, 회고적인 경험을 포괄한 주관적 경험의 의미형성 과정을 통합적으로 기술하였다. 이러한 대안적 접근법의 활용은 관광과 다른 일상의 경험의 구분이 점차 모호해지고 있는 현대관광의 특성(Richards, 2007)을 반영하고 예술관광자를 통합적 경험의 주체로 이해하는 새로운 접근법을 제공한다는 점에서 의의를 지닌다.

비록 해석주의적 시각으로 예술관광을 이해하는 움직임이 시작되었지만 예술관광 연구의 대부분은 여전히 목표 지향적이고 인지주의적인 접근에 기반을 둔다. 예술분야의 경제적 상업적 가치를 관광학 내부의 시선으로 효율적으로 측정할 수 있기 때문이다. 문화예술 관광명소가 지역의 경제적 성장과 가지는 연관성을 주목하고 관광자의 경험을 통해 이들의 문화적 소비 욕구의 충족을 인지적 평가과정을 환원적으로 분석하는 것이 그 예라고 할 수 있다. 그러나 이것은 TV, 서적, 인터넷과 가상현실 등 다양한 활자 및 디지털 매체를 통해 미술관 밖 일상생활 속에서 예술작품을 접하게 되는 현대의 관광맥락(Bennett, 2005)을 반영하는 데 한계를 지닌다.

2. 국내 연구동향

한국에서 예술관광은 비교적 늦게 학자들의 관심을 받았으며, "예술관광"이라는 개념의 본격적인 논의는 2000년대 이후에 이루어졌다. 서구 관광학계와 마찬가지로 예술관광 전반에 대한 개념적 이론적 논의가 활발하기보다는 미술관 전시, 뮤지컬 공연과 같은 특정 행사에 대해 서술하거나 지역경제의 성장 및 재생 등 경제적 혜택과 관련지어 예술관광을 논하는 것이 대부분인 특징을 보여준다(김지영, 2009). 이무용·이유진(2008)은 이러한 편향성에 따른 기존 예술관광 연구의 다양성 부재를 지적하는 동시에 예술과 관광이 어떻게 밀접한 관련성을 가지고 서로에게 의미를 가질 수 있는지 파악하기 위한 연구가 필요함을 강조한다. 이들의 지적은 문화경제학적 관점에서 이루어졌으나, 문화유산분야에 초점을 맞춘 문화관광 연구 경향으로 인하여 예술관광에 대한 논의가 상대적으로 미약하게 발전하였다는 관광학계 내부의 시선(장혜원·최병길, 2011)과 그 결을 같이 한다.

예술관광의 정의 및 개념적 차원의 고찰은 이러한 경향성을 잘 보여준다. 대부분의 연구는 고급문화예술에 속하는 예술 장르를 기준으로 하여 구체적 사례 및 실증연구에서 단순히 적용 대상을 밝히는 수준에서 머무르고 있다. 이경모(2010)는 예술관광은 지적이고 예술적인 체험으로 예술축제나 대중문화에 참가하는 관광이라고 정의하고 세부 분야를 순수예술(음악, 미술, 조각, 연극, 오페라, 무용, 발레 등), 전통문화예술(민속음악, 민속무용, 민속극, 민속공예 등), 대중예술(콘서트, 쇼, TV, 무용공연, 영화, 엔터테인먼트 등)로 분화하였다. 지적이고 예술적인 체험의 해석에 따라 엔터테인먼트 관련 장르는 예술 관광 개념화에서 배제되기도 한다. 장혜원·오상훈(2013)은 "자연과 대비되는 개념으로서 인간의 정신적 가치와 미적 가치를 표현하는 예술작품을 대상으로 문화적 욕구를 충족시키는 관광활동"으로 정의하고, 상업화 및 대중의 이윤창출과 깊은 연관성을 가지는 엔터테인먼트를 배제한 나머지 정적예술 장르(회화, 조각, 사진, 미디어, 건축, 공공미술 등)와 동적예술 장르(연극, 클래식공연, 발레, 무용, 뮤지컬, 오페라, 예술축제, 문학행사 등)를 관광 대상으로 규정하였다 (p. 95).

몇몇의 학자들은 하부 예술 장르 분류 및 선택보다 개념에 대한 체계적 기술에 논의의 초점을 두었다. 이무용과 이유진(2008)의 경우 학계와 지역개발 현장에서 적용 가능한 예술관광모델을 제시하고자 예술관광을 정의하는데 고려해야 할 여섯 가지 차원을 제시하였다. 그들의 시간, 대상, 형태, 특성, 방법, 공간의 여섯 가지 차원을 통한 예술관광의 정의적 접근은 예술과 관광의 관계를 역사, 철학, 사회, 정치행정, 경제, 기술발전의 측면을 통합적으로 논의할 필요가 있음을 보여주었다. 한성호(2002)는 예술관광을 체계적으로 접근하려는 시도가 요원하였음을 지적하고 관광과 예술의 이론적 관련성을 예술의 개념적 구성, 예술의 관광적 가치, 예술경제와 예술관광의 관련성 등의 측면을 고려하여 논의하였다.

미시적 관점에서 관광자의 경험연구는 경제학적인 목적 지향적 접근법에 대부분 의존하고 있다. 김지영(2009)은 예술관광으로서 클래식 공연을 관람한 참가자들의 관람동기와 만족 간의 관계를 비영리와 영리공연의 차이를 두고 연구하였다. 조사결과 나타난 동기의 5개 요인(탈출/오락, 예술, 사회지위, 교육, 사회친화) 중 사회지위, 예술적 동기가 영리공연의 전반적 만족에 통계적으로 유의한 영향력을 끼치고, 비영리공연의 경우 사회지위와 사회친화 동기가 전반적 만족에 영향을 끼치는 것으로 나타났다. 정유준·김경준(2017)은 광주비엔날레의 속성을 기반으로 참여자의 만족도와 지역이미지 간의 상관을 분석하였다. 연구결과 예술성과 교육성을 제외한 청결, 서비스, 체험거리, 정보 취득, 트렌드 반영 등의 요소가 만족에 통계적으로 유의미한 영향을 끼쳤고, 행사운영과 전시방법에 대한 만족도가 지역의 예술적 이미지에 통계적으로 가장 큰 영향력을 끼치는 것으로 나타났다.

예술관광의 지역 경제 기여도에 연구 분야에서 변화된 경험 중심 접근법을 시도한 흔적을 발견할 수 있다. 대표적인 것은 체험에 대한 경제학적 분석을 접목, 관광 현상을 접근하고자 하는 관광학자들의 시도이다. 신동주(2010), 장혜원·최병길(2011), 하동현(2009)은 Pine & Gilmore(1998)의 체험의 4요소(일상탈출, 엔터테인먼트, 미의식, 교육)을 통해 관광자의 만족 과정에 접근한다. 예술관광지 방문에 따른 경험과 소비자의 경험의 병치를 전제로 하는 그들의 연구는 예술관광자의 미적이고 교육적인 전시물과의 상호작용이 정서적이고 독특한 반응을 유발할 수 있음에 주목한다.

또 다른 차원은 경험 연구 확장을 위해 체험의 개념을 기존의 인지주의적 접근법에 접목시킨다. 국내 관광학자들은 협의적 관점에서 인지적 일관성을 이해하기보다는 '체험' 혹은 '삶의 질'과 같은 주관적 맥락을 고려하여 관람객의 인지적 경험을 탐구하기 시작하였다. 예술관광 체험을 객관적으로 측정하고자 하는 척도 개발 연구(손일화, 2009), 박물관 체험을 요인 별로 분석하여 지각 가치와 삶의 구조적 관계를 규명하고자 하는 연구(양길승·조은주, 2016), 박물관 체험이 박물관 브랜드와 애착 및 충성도에 미치는 영향 연구(하동현·이효희, 2012) 등이 그 예이다.

체험에 중심을 둔 관점의 전환은 경제적 소비로서의 제한적 경험을 넘어서 관광자의 경험 그 자체에 주목하는 연구를 낳았다. 이것은 학자들에게 관광자 개인의 방문 경험이 관광지의 물리적 경계를 넘어서 어떻게 해석되는지에 대한 과정을 인지주의적 방법론 및 인식론의 경계를 넘어 탐색하도록 종용한다. 김소혜·김철원(2018)의 현상학적 연구는 관광자의 미술관 체험이 미술관 안팎에서 어떻게 의미화되는지를 고찰하고, 관광자들의 만족은 기대했던 경험의 충족의 정도가 아니라 미술관 관람 전후의 삶의 맥락을 통해 다면적으로 변화되었음을 보여주었다.

| 4절 | 쟁점

전통적으로 많이 다루어졌던 문화유적관광과 달리, 예술관광은 관광학자들에게 주요 관심 대상이 아니었다. 또한 관광학에서의 연구들은 이론적 연구보다는 실용적 측면에서 예술관광을 다루는 경향을 보인다. 이러한 배경 하에 예술관광에 대한 이러한 평면적 접근방식으로 인하여 관광학계 내부에서는 예술관광을 화두로 하여 본격적으로 심도 있는 논쟁을 발전시키지 않은 상태이다. 따라서 이 장에서는 예술관광의 체계적이고 발전적인 논의를 위하여 고려할 수 있는 두 가지 쟁점을 간략하게 다루어보고자 한다.

1. 예술관광, 세부 예술 장르의 단순 합인가?

예술관광을 사회과학적 연구 대상으로 이해할 때 기본 접근은 크게 두 가지로 나눌 수 있다. 첫째, 하위 예술장르와 관련된 관광의 집합체에 초점을 두는 것이다. 각각 예술장르의 형식의 세분화를 기반으로 예술관광을 개념화 및 정의내리고자 했던 관광학 내부에서의 시도들(Hughes, 2000)이 바로 전자의 관점을 반영한다. 혹은 실증적이고 과학적 차원에서의 예술장르의 유형학적 분류(Shimanura, 2012)를 응용하여, 시각예술(건축, 조각, 회화, 평면장식 등)과 공간예술(음악, 문예, 연극, 영화, 무용 등), 혹은 사물적 예술(조각·회화·문예·연극·영화 등)과 비사물적 예술(건축·장식·음악 등)의 차원으로 나누는 것도 그 예라 할 수 있다.

관광학 내부에서 시각성이 가지는 이론적 틀로서의 중요성을 고려했을 때, 일반적인 예술의 유형적 접근에 있어 나타나는 시각성 중심의 분류법은 그 적용을 고려해 볼 가치가 있다. 예를 들어 Urry(1990)의 '관광자의 시선(tourist gaze)'은 타자 혹은 타문화에 대한 관찰자의 시선이 문화적, 체계적으로 기호화 되었음을 구체적 그리고 개념적 차원에서 논의한다. 이러한 시각 중심의 이론틀을 예술관광 유형 분류에 적용한다면, 예술작품의 상호작용에 있어 시각성이 중시되는 장르와 그렇지 않은 장르에서의 관광 경험에 대해 이론적 체계가 잡힌 논의가 가능하다.[1]

---

[1] Urry는 그의 초기 저서(Urry, 1990)와 달리 후기 저서에서 '관광자의 시선'(tourist gaze)이 단순한 지각적 차원에서의 시각성을 말하지 않는다고 주장하기에(Urry, 2002; Urry & Larsen, 2011) 이러한 시지각적 유사성을 논하는 것은 다소 논쟁의 여지가 있다. 그러나 동시에 그가 후기에도 지속적으로 시지각을 제1의 주요한 감각으로 놓고, 관광의 실제 영역에서 특권적인 지위를 시각에 부여하고 있음을 확인할 수 있다. 이러한 그의 접근법은 응시가 시각적 차원에서 혹은 이론적이고 구조적인 차원에서 둘 다 사용가능함을 암시한다. 이에 본고에서는 추상적 차원으로 응시를 접근하기보다는 시지각 그 자체(visual perception) 수준에서 논의를 끌어왔다.

두 번째 접근법은 예술에 대한 집합개념과 관광과의 관계 고찰을 우선적으로 둔다. 이것은 각 하위 예술관광 장르를 통합적으로 아우를 수 있는 명확하고 이론적으로 깊이 있는 개념화 작업이 필수로 요구된다. 그러나 주지하다시피 현재까지 관광학계에서의 예술관광 개념화 작업의 대부분은 유형적 분류에 그친 상태이다. 예술관광과 오락관광을 구분하는 것으로 표면적 유형 구분에서 한 걸음 더 나아간 시도를 관광학 내부에 존재하나(예: Hughes, 2000), 예술 본연의 가치를 강조하는 이러한 접근법에서 끌어들인 예술의 가치가 무엇을 의미하는지를 규명하는 작업이 관광학 내부에서는 이루어지지 않고 있다.

관광과 예술이라는 영역들이 이미 독립적으로 존재하는 여건 하에서 '예술관광'이라는 융합적 용어의 사용하는 것은 이것의 개념적 범주를 명확히 할 필요가 있음을 드러낸다. 이를 위해 정신적 상호작용, 미적 가치, 미적 경험 등 기존 관광학에서 논의되지 않은 영역에 대한 명확화 작업이 요구된다. 철학이나 미학과 같은 형이상학적 학문에서 그 용어의 개념과 정의를 곧바로 차용하기에는 학문간 기본 특성이나 지향성 간 간극이 크기 때문이다. 학문의 연구대상으로서 관광학에서 지칭하고자 하는 "예술"에 대한 개념적 정립조차 명확히 세워지지 않은 상태를 고려했을 때 이러한 작업은 그 중요도가 크다. 이런 간극을 메우지 않는다면, 문화관광에서 독립적인 한 분야로서 예술관광을 논하기에는 요원하다는 비판을 받을 수 있다.

2. 예술관광 방문 경험을 어떻게 접근해야 하는가?

예술관광이 여타 문화관광과 다른 별개의 하위 분야로 독립적으로 존재하기 위해서는 그것의 개별성을 나타내는 특질에 대해 논할 필요가 있다. 예술관광 개념화를 시도하는 학자들이 종종 예술적 혹은 미적 경험으로 이 하위 문화관광 분야의 독립적 특성을 논하는 반면, 이 "미적 경험"

이 어디까지 분석의 대상으로 삼을 수 있을 것인가, 혹은 관광자의 경험으로서 예술관련 매력물이 어떤식으로 경험될 수 있는가에 대한 깊이 있는 논의는 찾아보기 힘들다. 경험적 논문에서도 관광자의 미적 경험은 관광학계에서 본격적으로 다루어지지 않고 있다. 미술관학, 예술이론처럼 전통적으로 예술의 학문적 이해를 시도했던 학제에서조차 미적 가치 및 경험은 복합적이고 정의내리기 어렵기 때문에 직접적으로 정의를 내리기보다는 해당 개념의 질적 속성을 도출하고 하위 요소를 명시하는 방식으로 접근하는 경향을 보인다(Silvia & Brown, 2007)는 점을 고려한다면, 상대적으로 관광학 내에서 예술 경험 및 가치에 대한 개념화 연구의 낮은 관심은 자연스러운 현상이다. 따라서 현재 관광학계에서 예술관광의 연구 경향을 고려해 보았을 때 직접적인 정의를 제시하기보다는 어떠한 기준을 관광학에서 주목하고 있는지에 대한 고찰이 우선적으로 필요하다.

이런 점에서 몇 안되는 미적경험 관련 연구 중 한성호(2002)의 이론적 논문은 주목해 볼 가치가 있다. 한성호(2002)는 예술 가치 및 미적경험을 관광자원이라는 기준점을 통해 고찰하였다. 그는 예술이란 "문화의 한 형태로 존재하며, 창조성, 예술성, 순수성, 표현성 등의 특성을 가지고 있는" 것으로, 예술자원은 "위의 4가지 특성성 외에 관광자를 끌 수 있는 관광성, 교육, 학술성, 매력성을 갖춘" 것으로 정의하였다(p. 187). 그는 표면형식에 따른 예술관광 하위 분야를 규정, 구분하는 것에서 그치지 않고 예술의 고유한 특성을 드러낼 수 있는 기준점으로 '자원'을 제시하고 이것을 중심으로 예술을 논한 것이다. 이러한 기준점 속에서 예술은 "여행경험을 더욱 풍요롭게 하려는 관광 욕구" 안에서 고찰되어야 하는 것으로 그 범위가 한정된다(한성호, 2002, p. 188). 즉 관광학내에서의 예술은 결국 예술작품이나 전시물 그 자체가 아닌 관광자의 경험을 통한 재구성물로 그 초점이 맞추어질 필요가 있는 것이다.

이러한 전환적 시각은 고급문화예술을 경험하기 위한 장소들을 관광목적지로 이해해야 함을 강조한다. 구체적으로 오페라 하우스, 미술관, 연극 공연장 등의 예술의 전당들이 지식의 전파라는 역할을 통해 문화적 시스템 속에서 공고히 자리잡은 맥락과 소비와 오락 중심의 관광목적지로 편입된 맥락(Ibelings, 1999, cited in van Aalst & Boogaarts, 2002) 속에서 관광자의 예술 관련 경험을 생각해야 한다는 것이다. 이러한 관점에서 연구자들은 근대적인 시선에서 탈근대적인 시선으로의 예술관광 경험을 재방문해야 할 필요가 있음을 강조한다. 탈근대적 시선에서 방문자 경험의 이해는 상업적이고 오락적인 즐거움과 관련된 경험을 소외시키지 않는다. 일상생활이 확장된 하나의 영역으로 예술관광 행위를 이해하는 것은(Kim & Jamal, 2007) 관광자는 '보기 위해' 특정 문화예술 공간을 방문하는 존재가 아니라 자신의 맥락 속에서 관광을 '체험하는' 주체적인 존재로 떠오른 것을 의미한다. 오락과 교육의 화합은 결국 엘리트/대중, 고급문화/대중문화의 이분법적 사고를 뛰어 넘어 관광으로서의 문화예술공간의 방문을 다차원적으로 이해할 것을 제안하고 있다(Roberson, 2010).

생각해볼 문제

1. 예술관광자의 경험에서 만족에 큰 영향을 미치는 요인은 무엇인지 생각해보자.

2. 예술관광지 방문자의 관람경험은 어떻게 접근 및 측정될 수 있는가?

3. 예술관광자의 유형분류에 중요하게 고려되어야 할 사회구조적, 심리적 차원이 무엇이 있는가 생각해보자.

4. 상업화된 문화예술 관광지 속에서 미적 체험은 어떻게 접근될 수 있는가?

5. 한국에서 특별히 고려되어야 할 예술관광의 하위 장르는 무엇이 있는가?

6. 현대사회에서 예술관광은 교육 및 고급문화활동으로 이해되어야만 하는가? 그렇다면, 혹은 그렇지 않다면, 그 이유는 무엇인가?

7. 개인적 차원에서 예술문화 체험과 개인이 속한 사회문화적 맥락은 어떠한 관련성을 가지는가?

더 읽어볼 자료

1. **예술관광의 개괄적인 이해를 위하여**

   Hughes, H. (2000). *Arts, entertainment and tourism*. Oxford: Butterworth–Heinmann.

2. **여가와 문화예술 관광간의 관계에 대한 이해를 위하여**

   한숙영 · 류시영(2011). 여가활동으로서 문화예술체험에 관한 시론. 『관광연구저널』, 25(5), 47–61.

3. **문화관광의 사회학적인 접근을 통한 개괄적인 이해를 위하여**

   조광익(2006). 『현대관광과 문화이론: 푸코의 권력이론과 부르디외의 문화적 갈등 이론』. 서울: 일신사.

4. **경험의 경제학적 접근에 대한 개괄적인 이해를 위하여**

   Pine, B. J., & Gilmore, J. H. (1998). *The experience economy: Work is theatre & every business a Stage*. Boston, MA: Harvard Business School Press.

김소혜·김철원(2018). 여가 참여자의 생생한 경험: 미술관 방문 경험의 해석학적 접근.『관광학연구』, 42(5), 31-54.

김지영(2009). 예술관광으로서 클래식 공연의 관람동기 분석: 영리, 비영리 공연 비교 연구.『관광연구논총』, 21, 71-92.

손일화(2008). 박물관 방문동기에 대한 척도 개발.『관광연구저널』, 22(4), 317-337.

신동주(2010). 이벤트에서의 체험요소가 체험즐거움, 체험만족 및 행동의도에 미치는 영향.『관광학연구』, 34(9), 251-270.

양길승·조은주(2016). 체험요인에 따른 지각가치와 삶의 질과의 구조 관계: 보성 한국차박물관 관광객을 대상으로.『관광연구저널』, 30(5), 17-30.

이경모(2010).『SIT: 미래관광의 대안모색』. 서울: 대왕사.

이무용·이유진(2008). 현대미술과 관광의 관계 고찰을 통한 예술관광의 이론적 체계 모형 연구.『문화경제연구』, 11(2), 27-45.

장혜원·오상훈(2013). 문화관광자의 가치체계: 예술관광자의 문화관여도를 중심으로.『관광학연구』, 37(5), 93-114.

장혜원·최병길(2011). 예술관광에서 감정반응의 역할.『관광학연구』, 35(9), 425-444.

정유준·김경준(2017). 아트투어리즘의 만족도가 지역이미지에 미치는 영향: 광주 디자인비엔날레를 중심으로.『관광경영연구』, 21(6), 621-644.

하동현(2009). 대구, 경북 외래 관광객의 체험이 체험의 즐거움, 체험만족 및 애호도에 미치는 영향: Pine과 Gilmore의 체험경제이론(Experience Economy)을 중심으로.『관광연구』, 24(5), 359-380.

하동현·이효희(2012). 박물관 관광객의 브랜드 개성과 체험이 감정적 애착 및 충성도에 미치는 영향.『관광학연구』, 27(1), 397-395.

한성호(2002). 예술관광의 체계정립 및 활성화 방안에 관한 연구.『관광정책학연구』, 8(3), 181-199.

허윤주·이기종(2016). 문화자본이 문화예술관광 태도 및 행동의도에 미치는 영향: 계획행동이론을 적용하여.『관광레저연구』, 28(6), 139-157.

Ashworth, G. J. (1995) Managing the cultural tourist. In G. J. Ashworth and A. G. J. Dietvorst (eds), *Tourism and spatial transformation: Implications for policy and planning*. Wallingford: CAB International.

Bennett, T. (1994). *The reluctant museum visitor: A study of non-goers to history museums and art galleries*. Sydney: Australia Council.

Bennett, S. (2005). Theatre/tourism. *Theatre Journal, 57*, 407-428.

Boorstin, D. J. (1985[1961]). *The Image: A guide to pseudo-events in America.* New York: Atheneum.

Bourdieu, P. (1986). The forms of capital. In J. E. Richardson (Ed.), *Handbook of theory and research for the sociology of education.* New York: Greenword.

Craik, J. (1997). The culture of tourism. In C. Rojek & J. Urry (Eds.), *Touring cultures: Transformations of travel and theory* (pp. 113-136). London: Routledge.

Csikszentmihalyi, M., & Hermanson, K. (1995). Intrinsic motivation in museums: Why does one want to learn? In J. H. Falk & L. D. Dierking (Eds.), *Public institutions for personal learning: Establishing a research agenda* (pp. 66-77). Washington D.C.: American Association of Museums.

Enzensberger, H. M. (1996[1958]). A theory of tourism. *New German Critique, 68,* pp. 117-135.

Falk, J. H., & Dierking, L. D. (1992). *The museum experience.* Washington DC: Whalesback Books.

Falk, J. H., Moussouri, T., & Coulson, D. (1998). The effect of visitors' agendas on museum learning. *Curator, 41*(4), 107-20.

Featherstone, M. (1991). *Consumer culture and postmodernism.* London: Sage.

Gratton, C., & Taylor, P. (1992). Cultural tourism in European cities: A case-study of Edinburgh. *Vrijetijd en Samenleving, 10,* 29-43.

Griffiths, R. (1993). The politics of cultural policy in urban regeneration strategies. *Policy and Politics, 21*(1), 39-46.

Hall, C. M., & Weiler, B. (1992). *Spfecial interest tourism.* London: Belhaven Press.

Heilbrun, J., & Gray, C. (1993). *The economics of art and culture: An American perspective.* Cambridge: Cambridge University Press.

Herreman, Y. (1998). Museums and tourism: Culture and consumption. *Museum International, 50*(3), 4-12.

Hood, M. G. (1983). Staying away: Why people choose not to visit museums. *Museum News, 61*(4), 50-57.

Hooper-Greenhill, E. (1992). Museum and the shaping of knowledge. New York: Routledge.

Hughes, H. (1987). Tourism and art: A potentially destructive relationship? *Tourism Management, 10,* 97-99.

Hughes, H. (2000). *Arts, entertainment and tourism.* Oxford: Butterworth-

Heinmann.

Lash, S. (1989). *Sociology of postmodernism.* London: Routledge.

Lippard, L. (1999). *On the beaten track: Tourism, art and place.* New York: The New Press.

Kim, H., & Jamal, T. (2007). Touristic quest for existential authenticity. *Annals of Tourism Research, 34*(1), 181-201.

MacCannell, D. (1999[1976]). *The Tourist: A new theory of the leisure class.* Berkeley: University of California Press.

Masberg, B., & Silverman, L. (1996). Visitor experience at heritage sites: A phenomenological approach. *Journal of Travel Research, 34*(4), 20-25.

McKercher, B., & du Cros, H. (2002). *Cultural tourism: The partnership between tourism and cultural heritage management.* New York: Haworth Hospitality Press.

Meehan, K. (2001). *Tourism in global society.* New York: Palgrave.

Miles, R. (1986). Museum audiences. *The International Journal of Museum Management and Curatorship, 5,* 73-80.

Myerscough, J, (1998). *The economic importance of the arts in Great Britain.* London: Policy Studies Institute.

Prentice, R. (1993). *Tourism and heritage attractions.* London: Routledge.

Richards, G. (2007). *Cultural tourism: Global and local perspectives.* New York: Haworth.

Richards, G., & Wilson, J. (2006). Developing creativity in tourist experiences: A solution to the serial reproduction of culture? *Tourism Management, 27*(6), 1209-1223.

Ritzer, G., & Liska, A. (1997). McDisneyization and post-tourism: Complementary perspectives on contemporary tourism. In C. Rojek & J. Urry (Eds.), *Touring cultures: Transformations of travel and theory* (96-109). London: Routledge.

Roberson, D. N. (2010). Free time in an art museum: Pausing, gazing and interacting. *Leisure Sciences, 33*(1), 70-80.

Robinson, J. P. (1993). *Arts participation in America: 1982-1992.* Washington, D.C.; NEA.

Shimamura, A. P. (2012). Toward a science of aesthetics. In A. P. Shimamura & S. E. Palmer (Eds.), Aesthetic science: Connecting minds, brains and experiences (pp. 3-28). London: Oxford University Press.

Silvia, P. J., & Brown, E. M. (2007). Anger, disgust, and the negative aesthetic emotions: Expanding an appraisal model of aesthetic experience. *Psychology of Aesthetics, Creativity, and the Arts, 1*(2), 100-106.

Slater, A. (2007). Escaping to the gallery: Understanding the motivations of visitors to galleries. *International Journal of Nonprofit and Voluntary Sector Marketing, 12*, 149-162.

Smith, M. (2003). *Issues in cultural tourism studies.* London: Routledge.

Stebbins, R. A. (1996). Cultural tourism as serious leisure. *Annals of Tourism Research, 23*(4), 948-950.

Tighe, A. J. (1986). The arts/tourism partnership. *Journal of Travel Research, Winter,* 2-5.

Towner, J. (1985). The Grand Tour: A key phase in the history of tourism. *Annals of Tourism Research, 12,* 297-333.

Uriely, N. (2005). The tourist experience: Conceptual developments. *Annals of Tourism Research, 32*(1), 199-216.

Urry, J. (1990). The 'consumption' of tourism. *Sociology, 24*(1), 23-35.

Urry, J. (2002). *The tourist gaze* (2nd edition). London: Sage.

Urry, J., & Larsen, J. (2011). *The tourist gaze 3.0* (3rd ed.). London: Sage.

van Aalst, I. & Boogaarts, I. (2002). From museum to mass entertainment: The evolution of the role of museums in cities. *European Urban and Regional Studies, 9*(3), 195-209.

Verhagen, M. (2012). (Art) Tourism. *Art Monthly, 358,* 7-10.

Winner, E. (1982). *Invented worlds the psychology of the arts.* Cambridge, MA: Harvard University Press.

Woosnam, K. M., McElroy, K. E., & van Winkle, C. (2008). The role of personal values in determining tourist motivations: An application to the Winnipeg Fringe Theatre Festival, a cultural special event. *Journal of Hospitality Marketing & Management, 18*(5), 500-511.

Zeppel, H., & Hall, C. M. (1991). Selling art and history: Cultural heritage and tourism. *Journal of Tourism Studies, 2,* 29-45.

9장 _ 축제와 문화관광

김 형 곤 (세종대학교 교수)

9장 _ 축제와 문화관광

김 형 곤 (세종대학교 교수)

Highlights

1. 축제의 다양한 정의와 기원에 대해서 이해한다.
2. 축제체험을 구성하는 핵심요소들을 이해한다.
3. 축제가 지니고 있는 시·공간적 의미와 특성을 이해한다.
4. 지역 활성화를 위한 전략적 수단으로서 축제의 기능과 역할을 이해한다.

|1절| 개관

축제는 대다수 인류문명에서 공통적으로 나타나고 있는 사회문화적 현상이라고 볼 수 있다. 전통적인 사회에서 축제는 신과의 교감을 바탕으로 공동체의 풍요를 기원하는 동시에 문화적 전통을 유지하기 위한 목적으로 특별한 의미가 있는 날이나 기간에 행해지는 신성한 회합의 성격을 지니고 있었다(류정아, 2003). 하지만, 전통사회에서 산업화와 탈산업화 사회로 시대가 전환되면서 축제의 전통적인 의미와 역할 또한 변화되었다. 산업화시대의 축제는 산업 노동자들에게 노동으로부터의 일시적인 해방과 일터로 복귀할 수 있는 재충전의 기회를 제공하는 역할이 강조되었다. 탈산업화 사회로 진입하면서 축제는 더 이상 전통적인 신성성을 추구하는 제의적 행사 또는 단순히 노동자의 재충전을 위한 도구라기 보다는 지역주민들의 삶의 질 향상과 관광자의 특별한 경험을 위한 스페셜 이벤트로서 활용되고 있다. 즉, 관광자를 유치하기 위한 경쟁이 각 국가뿐 아니라 도시에서도 치열하게 전개되면서 지역의 다양한 자원을 발굴하여 관광지로서의 매력을 강화하고자 하는 지역의 요구와 고유성을 추구하려는 관광자의 요구에 대응하는 전략적 수단으로서 축제에 대한 관심이 높아지고 있다(이훈·김미정, 2011). 국내에서 1995년부터 시행되고 있는 문화관광축제 지원 제도는 축제와 문화관광산업의 긴밀한 연관성을 보여주고 있는 사례라고 할 수 있다(오훈성, 2011). 이번 장에서는 관광지의 문화적 매력을 향상시키기 위한 수단이자 그 자체로 관광목적지가 되어가고 있는 축제에 대한 이해를 높이기 위해서 축제 및 카니발의 정의와 기원, 축제경험의 본질적 속성, 축제의 사회적 기능과 역할을 다양한 사례와 함께 논의하였다.

| 2절 | 축제의 다양한 정의

현재는 축제라는 명칭이 보편적인 용어로서 국내에서 통용되고 있지만, 해당 명칭의 역사는 그리 길지 않다. 축제라는 명칭은 일본의 전통의례이자 축하행사인 마츠리에서 파생된 용어로 일제강점기 시절부터 국내에서 사용된 것으로 알려져 있다. 조선시대에는 전통적 축제의 성격을 띠고 있는 행사를 지칭할 때 동제, 성황제, 별신제와 같이 제의적 의미를 강조하는 명칭이 사용되었다(한양명, 2004). 이러한 명칭의 변화는 축제가 전통적으로 오늘날 우리가 알고 있는 놀이적 문화행사의 성격뿐 아니라 신과의 소통을 기원하는 성스러운 제사와 의례의 성격이 강했다는 것을 보여주고 있는 것이다. 물론, 급속한 산업화와 도시화를 거치면서 국내외

다수의 축제들에서는 제의적인 성격들이 상당부분 소멸되었고, 지역주민 및 관광자들의 놀이욕구 및 문화체험 욕구를 충족시키기 위한 유희적 성격이 강조되고 있다. 특히, 세계화와 더불어 급속하게 성장하고 있는 관광산업의 영향에 따라서 축제 또한 관광자를 위한 문화이벤트로서 다루어지고 있으며 지역의 문화관광개발을 위한 전략적 수단으로 활용되고 있다. 역사 이전 시대부터 다양한 문화권에서 여러 형태로 발전되어온 축제는 여러 명칭으로 불리고 있다. 축제를 나타내는 여러 명칭들을 분석해 보면 축제의 기원과 의미에 대해서도 좀 더 자세하게 이해할 수 있을 것이다.

1. 축제 또는 페스티발(Festival)

축제(祝祭)의 의미를 글자 그대로 분석해 보면 '축하하여 제사를 지냄'이라는 뜻을 나타내고 있다(그림 9-1). 즉, 축제는 특정한 날을 기해 신성한 존재에게 다양한 소망을 기원하는 제의적 성격과 많은 사람들이 모여 유희를 즐기는 놀이적 요소가 결합되어 있다.

자료 : 이경모, 2002.

〈그림 9-1〉 축제의 의미

캐나다의 이벤트 학자인 겟츠(Getz)는 페스티발(festival)을 "대중들이 주제를 가지고 행하는 축하(a public themed celebration)"라고 정의하고 있다 (Getz, 2005). 이 정의를 분석해보면 축제는 세 가지의 핵심적인 요소로 구성되어 있다는 것을 알 수 있다. 첫째, 축제는 다수의 사람들을 대상으로 개최되는 이벤트이다. 둘째, 축제는 참여하는 대중들이 공유할 수 있는 특정한 주제를 지니고 있다. 셋째, 축제는 축하의 성격을 지니고 있다. 이 세 가지 요소를 결합해서 보면, 축제는 많은 사람들이 특정한 주제를 중심으로 축하를 벌이는 문화행사라고 이해할 수 있다.

2. 카니발(Carnival)

카니발(carnival)은 축제를 지칭하는 용어 또는 유사한 명칭으로 광범위하게 사용되고 있다. 카니발이란 서구문화권에서 등장한 용어로서, 그 기원 또한 기독교적 상징과 로마의 토착 문화의 결합에서 찾을 수 있다. 일반적으로 카니발의 기원은 로마의 토착 문화행사인 사투르누스(Saturn) 제전에서 찾고 있다(Scher, 2015). 카니발은 로마시대에 기독교가 정착되는 과정에서 지역의 토착 행사와 기독교적 제의가 결합되어 발전한 문화행사라고 볼 수 있다. 카니발의 어원을 살펴보면 그 축하행사의 본질적인 의미와 성격을 좀 더 쉽게 이해할 수 있다. 일반적으로, 카니발(Carnival)은 라틴어로 고기와의 이별(farewell to meat)을 뜻하는 Carne vale이라는 단어로 부터 파생되었다고 보고 있다(Scher, 2015). Carne는 고기를 지칭하고, vale는 영어의 farewell에 해당하는 라틴어로서 이별이라는 의미이다. 두 단어가 조합되면 "고기와의 이별"을 나타내며, 해석하면 "고기를 금식하는 것"을 지칭한다고 볼 수 있다. 이 단어로부터 불어 Carnaval, 스페인어 Carnaval, 영어 Carnival, 독일어 Karneval 등이 비롯되었다. 과거에 우리나라에서 카니발을 사육제(謝肉祭)라고 번역했던 것도 이와 같은 금식전통을 나타낸 것이라고 볼 수 있다. 카니발은 시기적으로 볼 때 금욕기간의 시작인 사순절(Lent)과 밀접하게 연관되어 있다. 기독교 전통에서 예수가 황야에서 겪었던 고난과 죽음을 기념하기 위해 금욕하는 기간인 사순절 (Lent)은 대략 40일 정도로서 부활절 이전까지 지속되었다. 전통적으로 로 마 카톨릭교에서는 금식기간 동안에 하루에 저녁 한 끼만 허용하였으며, 음식 또한 채소, 생선, 달걀로 제한하였다. 사순절의 시작은 '재의 수요 일'(Ash Wednesday)로서 참회와 금욕을 상징하는 날이다. 일반적으로 카니 발은 이러한 금욕기간의 개시 몇 일전부터 재의 수요일 전까지 개최되는 행사를 의미한다. 이 기간은 술, 고기, 음악과 함께 많은 사람들이 집단적 으로 통음난무를 즐기는 기회로 활용되었다. 카니발이 지니고 있던 종교 적 의미와 금식의 전통이 거의 사라진 현재에는 카니발이 지역을 대표하 는 축제로서 관광자들이 참여하는 문화관광 상품으로 활용되고 있다. 대 표적으로, 이탈리아의 베니스카니발, 프랑스의 니스카니발, 브라질의 리 오카니발 등은 전 세계적으로 널리 알려진 축제로서 해마다 수많은 관광 자들이 카니발 기간 동안 해당 도시를 방문하고 있다.

마디그라(Mardi Gras)

마디그라(Mardi Gras)는 서구사회의 카니발 전통을 잘 보여주고 있는 행사이다. 마디그라는 라틴어로서 기름진 화요일(Fat Tuesday)이라는 의미를 지니고 있다. 앞서 소개한 금식기간의 시작으로 볼 수 있는 재의 수요일(Ash Wednesday)의 전날을 기름진 화요일이라고 지칭하며 카니발의 상징적 명칭으로 사용하고 있다는 것을 알 수 있다. 금식기간이 시작되는 전날이 통음난무의 절정이고, 이러한 전통이 마디그라라는 명칭으로 아직까지 서구 여러 도시들에서 이어지고 있다. 우리가 일반적으로 카니발 하면 떠오르는 이미지가 대중들이 모여 마음껏 먹고 마시며 노는 모습인 것은 이 기간이 금식기간 이전 대중들에게 잠시 허용되는 방종의 시간이기 때문이다. 마디그라 기간에는 다양한 사람들이 기존의 사회질서와 규범에 얽매이지 않고, 여러 형태로 개인적 혹은 집단적 통음난무를 즐겼던 것으로 기록되어 있다. 현대사회에 들어서면서 전통적 카니발이 지니고 있던 종교적 의미는 많이 희석되었고, 지역의 문화와 다양한 형태로 결합되면서 개최시기와 형식도 조금씩 달라졌다. 유럽에서 시작된 카니발은 중세 이후 기독교문화가 전파되면서 전 세계의 여러 지역으로 퍼져 나갔다. 북미지역과 호주에서는 전 세계적으로 유명한 마디그라(Mardi Gras) 행사가 개최되고 있다. 특히, 미국 뉴올리언스에서 개최되는 마디그라는 해마다 수십만 명의 관광자들이 방문하는 가장 중요한 관광이벤트중 하나로 자리 잡고 있다. 이 축제기간 동안에는 다양한 코스튬 퍼레이드와 볼 행사 등이 연속적으로 개최되며, 뉴올리언스의 독특한 재즈문화와 결합되어 지역의 고유성을 상징하는 행사가 되고 있다. 뉴올리언스 마디그라의 중요한 특징 중 하나는 축제참가자들의 일탈적인 행위들에서 찾을 수 있다. 행사가 개최되는 프렌치 쿼터(French Quarter)거리에는 수많은 관광자들이 발코니와 거리에서 자신의 신체를 노출시키고 비즈(beads)라고 불리 우는 플라스틱 목걸이들을 던져주고 받는 모습들이 연출된다. 일상에서 허용되지 않는 신체노출 및 길거리 음주 등의 행위들이 이 기간 동안에는 해당 축제공간에서 자연스럽게 이루어지며, 마디그라가 종료되는 시간에 맞추어 이와 같은 행위들은 일체 금지 된다. 이러한 의례화된 모습은 마디그라가 지니는 카니발적인 본질을 표출한다.

|3절| 축제의 사회구조적 특징

집단적 놀이의 한 형태로서 축제는 참여자들에게 일시적이나마 일상과의 사회문화적 단절을 경험하게 해 줄 수 있는 환경을 제공해준다. 이러한 일상과의 단절이 발생하는 현상은 인류학자인 터너(Turner)가 제시한 여러 개념을 통해서 좀 더 심층적으로 이해할 수 있다(Turner, 1969, 1982).

1. 구조(Structure)와 반구조(Anti-structure)

인류학자인 터너(Turner)는 우리가 생활하는 사회를 구조(structure)와 반구조(anti-structure)의 이중적 구조로 설명하고 있다(Turner, 1982). 구성원들 사이에 공유된 사회적 규범과 질서에 의해서 유지되는 구조화된(structure) 사회가 우리가 일상생활이라고 부르는 영역이다. 반면, 일상의 구조화된 사회적 질서에 반하는 전도적 영역은 반구조(anti-structure)라고 지칭하고 있다. 터너(Turner)는 축제를 대표적인 반구조(anti-structure)의 영역에 속해 있는 사회현상으로 규정한다. 축제는 일상의 규범, 규칙, 의무, 가치 등이 일시적으로 정지되는 시·공간적 특성을 지니고 있으며, 이러한 특성 때문에 축제에 참가한 사람들은 종종 일상의 규범에서 허용되지 않은 생각, 말, 행동 등을 표출하여 해방감을 느끼게 된다. 일상의 전도적 시·공간으로서 축제는 우리가 일상적으로 당연하게 받아들이는 사회의 기본적인 구조에 대해 돌아보게 할 수 있게 하며, 사회구성원들에게 일시적이나마 현실의 사회구조를 탈피할 수 있는 기회를 제공해 준다. 이러한 시·공간적 특성에 의해 축제는 사회에 새로운 문화적 가치와 규범을 창조할 수 있게 하는 원동력을 제공해 줄 수 있다.

2. 경계성(Liminality & Liminoid)

축제에서 발생할 수 있는 일상과의 단절경험은 리미널리티(liminality) 혹은 리미노이드(liminoid) 개념을 통해 이해할 수 있다. '리미널리티'라는 용어는 프랑스 민속학자인 반게넵(Van Gennep)에 의해 처음 제시된 개념으로서 통과의례(rites of passage)에 참여하는 토착원주민들이 행하는 의식(ritual)의 특성을 이해하기 위한 목적으로 소개되었다(Van Gennep, 1960). 반게넵은 사회적신분의 영구적 변화를 초래하는 성인식과 같은 통과의례에 참여하는 사람들 사이에 과도기적으로 형성되는 독특한 사회적 관계와 상태를 리미널리티(역치성)이라고 지칭하였다. 통과의례에 참여하는 동안 참가자들은 사회적 위치와 신분을 나타내는 옷차림이나 장식들을 제거하고 일상의 규범과 사회구조에서 벗어나 일종의 무규범 혹은 무규칙 상태에서 다른 사람들과 평등한 사회적 관계를 맺게 된다. 즉, 리미널리티는 의식행사가 벌어지는 특별한 시간과 공간에서 참가자들의 일상을 규제하는 사회적 규범과 규칙이 일시적으로 정지된 상태를 의미한다. 이후, 터너는 이러한 리미널리티 개념을 신성한 의식이나 의례행위에 수반되어서 나타나는 현상을 지칭하기 위해서 사용하였고, 현대사회의 다양한 여가 활동들(관광, 축제 등)에서 형성되는 역치현상을 구분하기 위해서 리미노이드(liminoid)란 개념을 새롭게 제시하였다(Turner, 1982). 즉, 축제와 같은 집단적 놀이 활동은 축제에 자발적으로 참여한 개인들에게 일상생활의 여러 규칙과 규범으로부터 잠시나마 탈출할 수 있는 환경을 제공해주고 있으며, 이는 전통적 사회의 의식행위에서 발생하는 리미널리티 현상과는 참여자의 자발성이라는 특성에서 차이가 있다고 주장하고 있다. 하지만, 이후 여러 연구들에서는 리미널리티와 리미노이드 개념이 혼용되었고, 최근에는 리미널리티란 용어가 학계 전반에서 보편적으로 통용되고 있기 때문에 본 교재에서도 리미널리티란 용어로 통일해서 사용하였다. 국내에서는 리미널리티를 번역해서 역치성이란 용어로 사용하기도 한다. 축제에서 발생되는 리미널리티는 참가자들이 축제를 일상과는 명확히 구분되는 시간과 공간으로 인식할 때 형성될 수 있다. 즉, 리미널리티는 단순히 축제라는 공간의 물리적 특성이 아니라 참가자들의 암묵적인 사회적 합의에 의해 형성되는 사회적 상황이라고 볼 수 있다. 터너의 주장에 따르면, 축제에서 발생하는 리미널리티 상황의 특징은 단순히 참여자들의 해방감을 촉진시키는 측면 뿐 아니라 이러한 상황에 참여한 사람들의 상상력과 창조성이 극대화되는 측면을 포함하고 있다. 축제와 같이 일상의 사회적 규범과 규칙이 일시적으로 정지된 상황에서는 참여자들이 적극적으로 자신의 상상력과 창조력을 발휘할 수 있는 기회를 가질 수 있다. 즉, 일상의 여러 규칙과 규범, 사회적 신분 등에서 자유로워진 상황에서 사람들은 자신의 본질적인 감정과 생각을 외부로 표출하고, 이를 통해 새로운 형태의 사회적 관계를 맺게 될 수 있다(Kim & Jamal, 2007). 축제가 지니고 있는 이러한 역치적인 특성은 참여자들에게 아래 논의할 '축제성' 혹은 카니발리스크(carnivalesque)라고 지칭할 수 있는 체험을 가능하게 한다.

|4절| 축제 체험 속성

축제가 보편적으로 지향하는 축제의 본질 혹은 축제성에 대해서 이해하기 위해서는 축제에 참여하는 방문객들의 축제체험을 구성하는 개념적 요인들에 대해서 이해하는 것이 필요하다. 이훈은 축제체험을 방문객이 축제에 직접적으로 참여해서 얻어질 수 있는 경험의 상태를 의미하는 심리적 측면에 가까운 개념이라고 정의하고 있다(이훈, 2006). 축제는 일상과는 분리된 시·공간이며, 축제에 참가하는 방문객들의 경험 혹은 체험의 속성도 일상의 경험과는 본질적으로 차이가 있다. 이러한 논리에 기초해서 이훈은 축제체험의 속성을 5가지(일탈성, 놀이성, 대동성, 신성성, 대동성)로 제시하고 있다(그림 9-2).

자료 : 이훈, 2006, pp. 29-46.

〈그림 9-2〉 **축제 체험 속성**

이 5가지의 체험속성은 방문객의 특성 혹은 축제의 특성에 따라 중요
도가 달라질 수 있고, 실제로 방문객이 얻게 되는 경험도 일부 속성에 제
한되어 나타날 수 있다. 하지만, 축제체험의 5가지 속성은 축제경험의 보
편적인 형태라고 볼 수 있으며, 5가지 요소들이 적절하게 결합되었을 때
진정한 의미에서의 '축제성' 경험이라고 볼 수 있다.

1. 일탈성

축제를 통해 참여자들이 얻을 수 있는 기본적인 경험은 일탈성과 밀접
하게 연관되어 있다. 일탈성은 일상생활로 부터의 탈출이라는 말로 정의
할 수 있다. 일상에서의 탈출이란 개념은 사회학에서 제시된 역할이론(role
theory)에 비추어 이해할 수 있다. 역할이론에 따르면, 일상에서 사람들의
생활은 개인이 부여받은 여러 사회적 역할(회사원, 학생, 선생, 군인, 부모, 아들, 딸

등)을 연속적으로 수행하는 것이라고 이해할 수 있다(Hindin, 2007). 각각의 사회적 역할은 개별 역할에 맞는 권리, 의무, 규범, 가치와 같은 것들이 결합되어 형성되고 각 역할에 따른 개인의 의식과 행동 또한 그러한 의무와 규범의 범주 안에서 이루어진다. 사회적 관점에서 볼 때 이러한 사회적 역할은 사회의 시스템을 유지시켜나가기 위해 필수적이지만, 개인적으로 볼 때는 인간의 본질적인 특성에 기초한 개개인의 개성과 자유를 제한하는 사회적 굴레라고도 해석할 수 있다. 사람들은 일상에서 다양한 사회적 역할들을 수행하면서 생활하기 때문에 그러한 사회적 역할이 주는 의무와 규범에 의해 정신적 압박감 또는 소외감을 느낄 수 있다. 사람들은 사회적 역할에서 기인한 정신적 압박감으로부터 벗어나기 위해 일상탈출의 욕구를 느끼게 된다. 요약해 보면, 일상탈출 혹은 일탈이란 개인에게 부여된 사회적 역할과 결합된 의무와 규범들에서의 탈출을 의미한다. 사람들은 사회적 의무와 규범에 의해서 지배되는 일상생활에서 잠시나마 탈출하기 위한 수단으로 축제를 포함한 다양한 여가활동을 선택하는 경향이 있다.

축제라는 집단적 놀이문화 현상은 사람들에게 일상의 공간(직장, 집, 등)과 규범에서 잠시 벗어나서 해방감을 느낄 수 있는 시·공간으로 활용되는 경향이 강하다. 즉, 축제가 역치성을 지닌 시·공간으로서 사람들에게 인식되어 일탈성을 경험할 수 있는 수단으로 활용된다는 것이다. 사람들은 일반적으로 일탈성을 경험하기 위해 여행이나 스포츠와 같이 사회적으로 용인된 방법들뿐 아니라 때로는 마약과 같이 불법적인 수단을 이용하기도 한다. 특히, 여행이 일상탈출의 대표적인 수단처럼 인식되는 것은 사람들이 여행을 통해서 실질적으로 자신의 일상생활의 역할로부터 벗어날 수 있고, 관광지에서 자연스럽게 보장되는 익명성을 담보로 자신의 사회적 의무와 규범으로부터 잠시나마 해방될 수 있는 기회를 얻을 수 있기 때문이다. 축제는 여행이 대중화되기 훨씬 오래전부터 사람들에게 일탈

경험을 제공하기 위한 중요한 수단으로 활용되었다. 유럽 중세시대나 우리나라 조선시대의 축제들에서는 여러 가지 사회적으로 금기시되었던 행동이나 말들이 용인되는 경우가 많았다는 것을 알 수 있다. 이러한 기회를 통해 많은 민중들이 지배계층에 대한 불평과 불만을 공식적으로 배출할 수 있는 경험을 할 수도 있었다. 러시아 민속학자인 바흐찐(Bahktin)은 이러한 축제의 일탈성을 카니발리스크(Carnivalesque)라는 말로 표현하고 있다(Bakhtin, 1984). "카니발리스크"란 카니발의 본질적 특성을 나타내는 표현이며, 유머(humor)와 혼돈(chaos)과 같은 축제적 특성을 통해서 참가자들이 사회 주류문화와 규범에 대한 저항과 해방을 시도하는 현상이다. 이와 같은 일탈성은 우리나라의 전통적인 축제에서도 발견할 수 있다. 예를 들어, 조선시대 축제에서 자주 볼 수 있는 탈춤놀이와 같은 행사들에서는 평민들이 양반의 행태에 대해 희화화하고 조롱하는 내용들을 담아 일시적이나마 불만을 해소할 수 있었다. 평민들에게 있어 사회지배계급인 양반에 대한 불만을 공개된 축제장에서 해소하는 행위 자체가 일탈행위라고 볼 수 있으며, 축제는 이러한 일탈행위를 암묵적으로 보장해 주는 특별한 사회적 시간과 공간, 즉 리미널리티가 형성된 공간이라고 볼 수 있다. 관광이 주목적이 되고 있는 현대사회의 여러 축제에 있어서도 이러한 일탈성은 여전히 유효하다(Kim & Jamal, 2007). 예를 들어, 전 세계적으로 잘 알려진 스페인 토마토축제에서는 일상생활에서는 상상할 수 없던 행동들(낯선 사람들과 서로 토마토를 던지면서 어우러져 노는 행위)을 방문객 누구나 손쉽게 할 수 있고, 이러한 일탈적 행위들을 통해 일상에서 감춰왔던 자신의 숨겨진 감정과 정체성을 표현할 수 있다. 이러한 의미에서 축제에서의 일탈성 경험은 해방감이라는 말로도 이해할 수 있다.

2. 놀이성

전통적으로 축제는 제의적 기능뿐 아니라 참가자들에게 일상의 금기를 잠시 벗어나 놀이적 즐거움과 환희를 제공하는 기능을 동시에 수행하였다. 관광상품 으로서의 역할이 강해지고 있는 최근의 축제에서는 제의적 혹은 의례적 의미들은 대폭 축소되었지만, 참가자들에게 휴식과 재충전의 기회를 제공하는 놀이성은 강화되었다. 네덜란드 역사학자인 후이징가(Huizinga)에 따르면, 놀이는 인간의 본질적인 특성 중 하나이며 인간의 모든 문화현상의 기원은 놀이에서 찾을 수 있다고 주장한다(Huizinga, 1971). 후이징가가 규정하는 놀이의 핵심적 특성은 다음과 같다. 첫째, 놀이는 의무적이 아닌 개인의 자발적인 의지에 의해 참여가 결정된다. 둘째, 놀이만의 고유한 시간과 공간을 형성한다. 셋째, 놀이의 결과는 미리 정해져 있지 않고 불확실하다. 넷째, 놀이는 어떤 금전적인 이득 혹은 사회적 명예를 쟁취하기 위한 목적이 아닌 놀이 자체의 내재적 즐거움과 재미를 위해 존재한다. 다섯째, 놀이의 시간동안은 일상의 규칙과 규범이 잠시 정지되고 놀이자체의 규칙과 규범이 참여자들에게 작용한다. 여섯째, 놀이에서는 참여자들이 상호 동의하에 형성한 상상속의 현실을 공유한다. 축제는 위와 같은 여섯 가지의 놀이적 요소들을 중심으로 한 집단적인 놀이문화이다.

집단적 놀이문화로서 축제를 살펴볼 때, 중요한 체험적 요소 중 하나는 몰입이다. 몰입은 일이나 여가행위 모두에서 발생할 수 있는 일종의 최적화된 경험이라고 볼 수 있다. 대표적인 긍정심리학자인 칙센미하이(Csikszentmihalyi)는 플로 이론(flow theory)을 통해 몰입경험을 설명하고 있다(Csikszentmihalyi, 1999). 그에 따르면, 몰입경험(플로 상태)은 참여자의 집중력이 아주 강렬해져서 다른 주위의 것에 관심이 분산되지 않는 심리적 상태라고 본다. 플로 상태의 특징은 자아의식이 실종되고 시간에 대한 감각이 왜곡되는 경험을 수반한다는 것이다. 몰입경험이 발생할 수 있는 조건은 칙센미하이가 제시한 플로 이론(flow theory)을 통해 잘 나타나 있다(그림 9-3). 플로는 개인이 특정한 일이나 여가행위에 참여할 때 자신이 지니고 있는 기술수준(혹은 능력)과 참여 활동이 요구하는 기술수준과의 비례에 의해 형성되는 일종의 심리적 몰입상태를 의미한다. 자신이 가진 기술수준에 비해 높은 수준의 난이도를 요하는 활동에 참여하게 될 때에는, 일종의 불안감(anxiety)을 느끼게 되고 몰입경험을 할 수 없게 된다. 반면에, 자신이 참여한 활동의 난이도가 자신의 기술수준에 비해 너무 낮은 경우에는 지루함(boredom)을 느끼게 되고 마찬가지로 플로 상태에 빠질 수 없게 된다. 결과적으로 보면, 플로 상태는 자신의 기술수준과 참여하는 활동의 난이도가 적절하게 일치했을 경우 발생하기 쉽다. 하지만, 자신의 기술수준과 참여활동의 난이도가 둘 다 낮은 수준에서 일치하는 경우에는 플로 상태가 아닌 무관심(apathy)상태에 빠지게 된다.

〈그림 9-3〉 플로 모형

 놀이적 관점에서 보면, 축제는 방문객들의 자발적 참여를 통해 체험적 몰입상태를 경험하는 것을 목적으로 하는 집단적 놀이문화현상이라고 볼 수 있다. 축제적 즐거움이란 이러한 놀이적 몰입상태에 의해 좌우되며, 놀이성이 축제체험의 중요속성으로 포함될 수 있는 이유이다. 즉, 축제 방문객들이 축제장에 들어서면서 자신의 존재를 잊고, 시간이 흐르는 것을 의식하지 못하며, 순수한 즐거움을 통해 축제의 프로그램에 몰두할 수 있을 때 축제적 놀이성을 경험했다고 할 수 있다. 놀이성 강화를 통한 축제참가자들의 만족도를 높이기 위해서는 참가자들의 지식, 기술, 신체적 능력수준에 비례하는 프로그램이 제공되어야 한다는 점 또한 명확하다고 할 수 있다.

축제에서 제공되는 다양한 체험프로그램은 기본적으로 다양한 놀이원리에 기초한 프로그램이라고 볼 수 있다(박동준, 2009). 프랑스 사회학자 카이와(Caillois)는 놀이를 크게 네 가지 유형으로 분류하고 있다(Caillois, 1994). 이 네 가지 놀이유형은 그리스어로 시합과 경쟁을 의미하는 아곤(Agon), 라틴어로 운을 뜻하는 알레아(Alea), 영어로 모방을 의미하는 미미크리(Mimicry), 그리고 마지막으로 그리스어로 소용돌이를 뜻하는 일링크스(Illinx)를 기본으로 하고 있다. 아곤(Agon)은 인간의 경쟁 심리를 기본으로 하는 놀이유형으로서 홍콩의 용선제나 베니스의 레가타 스토리카(곤돌라 축제)와 같은 축제들이 대표적이다. 축제에서 알레아(Alea)적인 요소는 경품추첨 행사와 같은 프로그램이 대표적이다. 미미크리(Mimicry)는 일시적으로 형성된 허구적인 세계에서 자신의 일상적인 모습을 탈피해서 새로운 역할을 수행하는 일종의 역할모방놀이로서 축제 참여자들의 일탈적 경험을 위한 중요한 장치로 활용된다. 전 세계의 많은 축제들에서 이러한 미미크리적 놀이가 주를 이루고 있다. 축제장에서 가면과 카스튬이 핵심요소가 되는 베니스 카니발(Crumrine, 1983), 중세시대를 재현하는 르네상스 축제(Kim&Jamal, 2007), 국내의 여러 역사재현 축제 등이 미미크리적 놀이가 중심이 되는 축제이다. 일링크스(Illinx)는 신체적 현기증과 혼란을 중심으로 이루어지는 놀이를 지칭하고 있다. 축제장의 다양한 놀이기구들(롤러

코스터, 자이로드롭, 회전목마, 그네 등)이 대표적인 일링크스적 요소라고 볼 수 있다. 영국 코츠월드 지방에서 개최되는 치즈롤링 페스티발의 경우에는 언덕위에서 치즈를 굴리고 서로 그 치즈를 먼저 잡기 위해 언덕을 굴러내려오는 모습은 일링크스적인 요소와 더불어 경쟁원리에 기초한 아곤적인 놀이 요소가 결합된 축제이다.

3. 대동성

축제의 본질적 특징의 하나는 대중들이 참여하는 집단적 놀이행위라는 데에 있다. 이러한 점에서 축제의 중요한 체험속성의 하나는 대동성이다. 대동(大同)의 사전적 의미는 "큰 세력이 합동함" 혹은 "온 세상이 번영하여 화평하게 됨"을 나타낸다. 축제에서의 대동성은 다수의 사람들이 축제라는 시·공간에 참여함으로서 다른 참가자와 집단적으로 일체감을 느끼는 과정인 동시에 정신이다. 동·서양을 막론하고 대다수 축제들의 사회적 기능 중 하나는 축제가 벌어지는 지역사회의 공동체 구성원들 간의 화합과 일체감을 확인하는 데에 있다. 이러한 집단적 일체감을 확인하는 과정은 사회공동체를 안정적으로 유지하는 데에 큰 기여를 할 수 있다. 관광지의 매력요소로 활용되고 있는 현대사회의 축제들에서는 전통적인 축제처럼 지역주민들 사이의 화합과 일체감뿐 아니라 축제에 참여하는 관광자들 사이 또는 관광자들과 지역주민들 간에 일시적으로 형성되는 일체감이 중요한 부분이 되고 있다.

축제에서 형성되는 참가자들 간의 집단적 일체감은 그 성격에 있어 통상적인 의미에서의 공동체 정신과는 다소 차이가 있다. 일반적으로 공동체 정신의 함양은 사회구성원 간의 계층과 신분을 유지한 상태에서 다른 사람들과 같은 지역사회의 구성원이라는 것을 확인하는 경험이라고 한다면, 축제에서 대동성은 그것과는 다소 차이가 있다. 축제에서의 대동성은 참가자들 사이를 구분지을 수 있는 사회적 계층과 차이를 일시적이나마 잊고 인본적인 평등함을 통해 형성되는 일체감이다. 인류학자인 터너(Turner)는 이러한 특성 때문에 축제를 일상의 전도적 의례(rites of reversal)행위라고 주장하기도 한다(Turner, 1982). 터너가 제시한 커뮤니타(Communitas)개념은 축제에서 얻을 수 있는 참가자들의 대동성 경험(일시적이지만 평등하고 인본적인 일체감)을 설명하기 위해서 종종 활용되고 있다. 커뮤니타는 라틴어로서 영어로 공동체를 의미하는 커뮤니티(community)의 어원으로 알려져 있다. 하지만, 두 개념 사이에는 미묘한 차이가 존재한다. 터너에 따르면 공동체 정신(sense of community)은 공동체를 구성하는 구성원들이 사회적 계층과 계급을 인정한 상태에서 형성되는 일체감을 의미하는 반면, 커뮤니타(communitas)는 사회적 계층구조가 존재하지 않는 평등한 공동체적 인간관계 혹은 인간의 본성에 기초한 공동체적 정신을 의미한다. 월드컵 거리응원에서 종종 나타나는 집단적인 일체감은 참여자들이 일시적으로나마 성별, 나이, 빈부, 인종 등과 같은 사회적 특징들을 의식하지 않고, 해당 주제에 평등하게 몰입한 상태라고 볼 수 있다. 이렇듯, 특정한 시간과 공간에서 일시적으로 발생하는 평등한 인간교류의 모습이 터너가 제시한 커뮤니타 개념의 본질이다. 앞서 언급했듯이, 축제는 사회적 규범과 규칙의 일시 정지되는 리미널리티한 환경이 조성되기 때문에 참가자들이 축제적 공동체 경험을 추구할 수 있는 것이다. 이러한 측면에서 살펴볼 때, 축제는 지역의 사회 통합적 기능을 수행할 수 있는 효율적인 수단일 뿐 아니라 현대사회의 중요한 화두인 개인의 인간성 회복이라는 문제와도 직접적으로 맞닿아있다.

4. 신성성

신성성은 축제의 제의적 요소와 밀접한 관련이 있다. 축제(祝祭)라는 단어에서 볼 수 있듯이 축제의 원형은 유희적 요소(祝)와 제의적 요소(祭)가 결합되어 나타난다. 우리나라 상고시대의 전통적인 축제들인 동맹, 무천,

영고와 같은 행사들에서는 기본적으로 신에게 마을의 풍요와 안전을 기원하는 제의적 기능이 유희적 기능에 우선하였다. 관광을 목적으로 하는 최근의 축제들에서는 과거 전통적인 축제들이 지녔던 제의적 요소들이 많이 사라지고 유희적인 기능이 강화되고 있는 것은 사실이다. 하지만, 축제의 제의적 영역인 신성함과 경외감과 같은 요소들 또한 간과되지 말아야 할 중요한 체험속성이다. 신성성과 놀이성의 관계는 긴장과 이완, 이성과 감성, 조임과 풀어짐 등의 대조적인 체험구조로 이해할 수 있다(이훈, 2006). 이는 다시 말해 사회학에서 논의하는 성(聖)과 속(俗)-영어로는 the sacred(성)와 the profane(속)의 영역으로도 이해할 수 있다. 전통적으로 인간은 동 시대의 사회·기술적 능력으로 해결되지 않는 문제들을 해결하기 위해 초월적인 존재에 의존할 수 있는 성스러운 영역을 지정해왔다. 사람들은 신성한 경험을 통해서 초월적인 존재로부터 능력을 부여받는 과정을 겪고 이를 통해 다시 속(俗)-일상-의 영역으로 돌아오는 것이다. 축제는 이러한 성과 속의 영역이 공존하는 문화행사로서 이해할 수 있다. 물론 현대사회의 여러 축제들에서는 전통적인 의미의 신성성이 많이 사라졌지만, 축제가 전개되는 과정에서 발생하는 여러 의식적 행사들은 이러한 신성성 영역의 자취들이라고 볼 수 있다. 축제의 전통과 성격에 따라 다양하게 표출될 수 있지만, 보편적으로 축제의 전야제, 개막식, 폐막식, 퍼레이드와 같은 의례적 행사들은 그 전달과정에서 축제가 담고 있는 긴장, 질서, 성스러움을 경험하도록 유도할 수 있다.

5. 장소성

장소성을 이해하기 위해서는 공간과 장소에 대한 개념 구분이 선행되어야 한다. 공간(space)이란 개념은 단순히 물리적인 환경을 나타내는 것이고 이러한 물리적 공간에 의미가 부여 되었을 때 장소(place)로서 인식이 된다는 것이다. 간단하게 설명하면 장소성 경험은 사람들이 자신이 방문한 장소의 의미와 역사를 이해한다는 뜻이다. 축제체험 요소로서의 장소성은 참가자가 축제 개최지의 여러 가지 의미와 이야기들을 소비하는 경험과 관련되어 있다. 즉, 축제를 방문하는 사람들은 축제 자체에서 제공하는 여러 프로그램을 통해 축제와 관련된 체험을 할 뿐 아니라, 축제가 개최되는 장소가 지니고 있는 여러 문화적 상징성과 의미를 소비함으로서 축제경험을 형성하기도 한다. 관광자가 축제를 방문하여 축제가 개최되는 장소가 지니고 있는 역사와 문화를 이해하는 경험 또한 축제 참가자의 중요한 체험적 요소이며, 이를 장소성(placeness)이라고 규정할 수 있다. 세계의 여러 유명 축제들은 축제 자체가 지니고 있는 프로그램의 매력을 적극적으로 홍보할 뿐 아니라 축제가 개최되는 장소적 특성을 홍보하여 축제 방문을 유도하고 있다. 이것은 축제방문객들의 장소성 경험을 극대화시켜 축제에 대한 전체적인 경험의 질을 풍부하게 만들려는 시도라고 이해할 수 있다. 국내의 많은 지역축제들이 프로그램 측면에서 대동소이한 모습을 보이면서 축제가 개최되고 있는 지역적 특성을 잘 반영하지 못하는 모습을 보여주고 있다. 오랜 시간 동안 축적된 역사적 사건과 삶의 방식들이 쌓여서 지역의 정체성이 형성되고 특정한 장소가 가지는 이러한 정체성 혹은 의미를 장소성이라고 이해할 수 있다. 고유성 있는 축제경험을 위해서는 본질적으로 개별 축제가 개최되는 장소가 지니고 있는 역사와 문화를 방문객들에게 축제를 통해서 경험할 수 있도록 해야 한다.

|5절| 지역 활성화를 위한 축제의 기능 및 역할

1. 사회적 측면

뒤르켐(Durkheim)적 관점에서 보면 축제는 종교의 기능과 유사하게 사회의 통합(social solidarity)에 기여하는 사회문화적 현상이다(Durkheim, 1965). 앞서 언급하였듯이, 러시아의 민속학자인 바흐찐(Bakhtin)은 카니발의 사회적 의미를 사회계급에 의해 억눌려 있던 민중들이 기존의 엄격한 사회질서로부터 일시적인 해방감을 누리는 시간으로 규정하고 있다. 카니발 또는 축제기간 동안에는 신분계급사회에서 대중들이 지배계층에 대한 여러 불만을 희화화해서 공개적인 자리에서 표출할 수 있게 사회적으로 허용하였다. 결과적으로, 이와 같은 축제의 기능은 사회구조에 대한 대중들의 불만을 안전하게 배출하게 도와주어 사회통합의 효과를 가져오는데 기여했다. 벌크(Burke)와 같은 학자는 이러한 측면에서 카니발이 중세사회의 안전핀(safety valve) 역할을 수행했다는 주장을 하고 있다(Burke, 1978). 이와 같은 축제의 사회 통합적 기능은 사회자본(social capital)개념을 통해 더욱 자세히 이해할 수 있다.

1) 사회자본(social capital) 확충

현대사회에서 관광산업의 중요한 요소로서 활용되고 있는 축제에서는 전통적인 계급사회의 안전핀으로서의 역할은 많이 사라졌으나, 지역적으로 개최지역의 주민들의 사회적 통합에 기여할 수 있다. 사회자본(social capital)관점에서 보면, 축제가 개최지의 주민들의 사회적 협력을 강화시키느데 기여할 수 있다는 점을 이해할 수 있다. 사회자본은 다양한 정의가 내려져 있지만, 가장 보편적인 정의 중 하나는 "사회구성원들 사이의 협력과 신뢰의 규범"이다(Putnam, 1995). 지역사회에서 개최되는 축제는 지역주민들의 여가선용뿐 아니라 관광자들을 유치하기 위한 목적으로 진행되는 경우가 많기 때문에, 축제는 지역주민들에게 공동의 목표를 제공해 줄 수 있는 공동체 사업의 하나로 기능할 수 있다. 사회자본은 결속사회자본(bonding social capital)과 연결사회자본(bridging social capital) 두 가지 유형으로 구분해서 살펴볼 수 있다(김형곤·고성태, 2008; Putnam, 1995).

결속사회자본(bonding social capital)은 사회구성원들 사이의 내부적 결속력과 관련 있는 것으로서 내부구성원들의 협력과 신뢰의 관계형성을 의미한다. 축제가 지역사회 주민들이 공동으로 유지해야 하는 공동체 사업의 성격을 지니고 있고, 성공적으로 축제를 개최하기 위해서는 주민들의 참여와 협력이 필수적인 선행조건이다. 축제의 성공적인 개최라는 공동의 목표를 이루기 위해서 주민들이 노력하는 과정에서 상호신뢰와 협력의 규범이 강화되는 결과를 가져올 수 있기 때문에 축제는 궁극적으로 지역사회의 결속사회자본을 높이는데 기여할 수 있다. 개최지역주민들 사이에 주로 형성될 수 있는 결속사회자본의 형성과정을 보면 다음과 같다. 축제를 개최하기 위해서는 담당조직의 노력뿐 아니라 지역주민의 적극적인 참여와 협조가 필수적이다. 이러한 참여와 협력의 과정을 통해 지역주민들 사이에 공동체의식이 강화될 수 있고, 성공적으로 개최된 축제는 지역주민들에게 지역에 대한 자긍심과 애착심을 향상시키는 촉매제의 역할을 한다. 지역에 대해 높아진 자긍심과 애착심은 다시 주민들 사이의 결속력을 강화시키는데 기여하며, 높아진 결속력은 이후 축제를 더욱 성공적으로 개최하는데 기여한다. 이와 같은 선순환적인 관계를 통해 축제가 지역사회의 사회자본을 높이는데 있어 중요한 역할을 수행할 수 있다. 연결사회자본(bridging social capital)은 성격이 다른 둘 혹은 그 이상의 집단 사이의 느슨한 연계를 의미한다.

결속사회자본이 상대적으로 동질적인 사회구성원 내부의 단단한 결속력을 의미하는 반면, 연결사회자본은 이질적인 집단 사이에 형성될 수 있는 느슨한 연대감을 지칭한다. 축제를 방문하는 외부 관광자들과 지역주민들 사이에 형성될 수 있는 연대감은 연결사회자본의 관점에서 이해할 수 있다. 물론, 축제는 단기간에 이루어지는 이벤트이기 때문에 관광자와 지역주민들 사이에 상호신뢰와 협력이라는 규범이 형성된다는 것이 쉽지 않겠지만, 지역주민들 과 관광자들 사이에 사회적 관계 형성이 이루어질 수 있는 기회를 제공할 수 있다는 자체에 큰 의미가 있다. 국내의 많은 지역축제들이 농촌지역 혹은 소도시에서 개최되고 있다. 이러한 축제들은 농촌주민들과 도시에서 축제를 방문한 관광자들 간의 사회적 교류를 증진시킬 수 있는 기회를 제공할 수 있다. 즉, 축제는 관광객 유입을 통한 개최지역의 경제적 활성화뿐 아니라 사회적 활성화도 동시에 도모할 수 있는 문화이벤트이다.

축제는 성공적인 관리기능여부에 따라서 개최지역에 부정적인 사회적 영향을 끼칠 수도 있다는 점 또한 주목해야 한다. 교통 혼잡과 같은 부분은 축제의 특성상 개최지역에 일시적으로 많은 방문객들이 유입되면서 발생할 수 있는 대표적인 문제이다. 또한, 많은 외부 방문객들이 특정한 지역에 일시에 몰리면서 폭력, 절도, 도박, 매춘과 같은 여러 사회병리적인 문제들이 발생할 수 있다. 축제가 경제적인 측면에서 성과를 거두게 되면 축제에 적극적으로 참여해서 경제적 이익을 얻는 지역주민들과 그렇지 못한 지역주민들 사이에 발생할 수 있는 사회적 갈등도 예상할 수 있는 문제점이다. 마지막으로, 관광자들이 유입되면서 축제기간동안 보여주는 그들의 소비패턴과 경제적 격차에 의해 지역주민들이 상대적인 박탈감을 느끼게 될 수도 있으며, 관광객들의 소비행위를 모방하는 전시효과(demonstration effects) 또한 나타날 수 있다.

2. 지역경제 활성화의 촉매제(Catalyst)

축제는 개최지역에 집중적으로 관광자를 유치하여 지역의 경제를 활성화시킬 수 있는 전략적 수단으로 활용될 수 있다(Getz, 2005). 경제적 관점에서 축제의 기능을 살펴보면 다음과 같이 정리해 볼 수 있다. 첫째, 축제는 그 자체로서 관광지의 매력이 될 수 있다. 축제는 개최 지역을 방문한 관광자들에게 지역문화를 응축해서 체험할 수 있게 하는 관광체험상품으로의 기능을 수행할 수 있다. 지역관광 활성화를 위한 전략적 수단으로서 축제가 지니고 있는 가치는 다양하다. 관광자의 관심과 방문이 제한되어 있던 지역에 전략적으로 축제를 개최하여 관광자 활동범위를 지리적으로 넓힐 수 있고 특정지역에서의 관광소비를 촉진시킬 수 도 있다. 축제를 통해 다양한 전시, 공연, 체험 프로그램이 제공되어 관광자들의 경험이 다양해지는 동시에 지역에서의 체류기간을 늘리게 할 수 있다. 덧붙여, 축제를 관광 비수기를 타계할 수 있는 전략적 수단으로 활용할 수 있다. 전통적으로 관광수요가 줄어드는 특정한 시기에 전략적으로 축제를 개최하여 지역을 방문하는 관광자의 수를 연중 일정하게 유지시키는데 도움을 줄 수 있다. 둘째, 축제는 개최지역의 호의적 이미지를 형성함으로 해서 관광자들의 지속적 방문을 위한 기반을 마련할 수 있을 뿐 아니라 이후 개최지역에서 생산하는 다양한 상품의 가치를 상승시키는 동력이 될 수 있다. 대중적인 인기가 높아진 축제는 단기간에 매스미디어의 높은 관심을 불러일으킬 수 있고, 이를 통해 축제가 개최되는 기간 동안 축제 자체에 대한 관심 뿐 아니라 축제를 개최하는 지역에도 대중들의 관심이 기울여지게 된다. 리오카니발이나 에든버러 페스티발 같은 유명 축제들은 축제 자체뿐 아니라 축제가 개최되는 지역의 이미지를 향상시키는 수단이 되고 있다. 국내에서도 화천산천어축제 또는 김제지평선축제처럼 대표적인 문화관광축제는 개최도시인 화천과 김제의 인지도를 향상시키는데 기여하였고, 관광지로서의 긍정적 이미지를 형성시키는데 기여하였다. 축제를 통해 향상된 지역의 인지도와 이미지는 지역에서 생산되는 다양한 농특산품의 가치를 높이는 수단으로 활용되었다. 즉, 김제는 지평선이라는 축제명칭을 지역에서 생산되는 대다수의 농특산품 브랜드로 활용하여 부가가치 상승의 수단으로 활용하고 있다. 특히, 주목할 만한 것은 축제가 지역의 부정적 이미지를 상쇄하기 위한 전략적 도구로 활용된다는 점이다. 대규모의 자연재해, 테러, 사고 등의 부정적인 사건이 일어난 지역은 일반적으로 장기간 부정적인 이미지와 연관되어 관광자 및 다양한 투자수요의 감소를 겪게 된다. 단기간에 이러한 부정적 이미지를 상쇄하기 위해 택할 수 있는 효율적인 전략 중 하나는 축제이다. 성공적으로 진행된 축제는 단기간에 지역의 이미지를 개선하여 지역의 경제적 활성화에 기여할 수 있다. 셋째, 축제는 지역개발의 촉매제(Catalyst)로서 역할을 수행할 수 있다. 지역개발에 있어 필요한 다양한 기반시설을 구축하기 위한 가교로서 축제가 이용될 수 있다. 즉, 축제를 개최하기 위해 필요한 경제적 지원을 중앙정부, 지방자치단체, 혹은 후원기업들을 통해 이끌어 낼 수 있고, 이렇게 유입된 자원들은 지역의 기반시설을 확충하는데 활용된다. 축제를 통해 지역의 상권을 활성화시킬 수 있고 지역의 다른 관광지들의 매력을 제고하기 위한 역할 또한 수행할 수 있다. 또한, 도심 재개발을 진행하는데 있어 전략적으로 축제가 활용되어 지역주민의 참여와 협력을 이끌어 낼 수 있다.

3. 문화적 자산 확충

축제가 지역사회에 미칠 수 있는 문화적 파급효과는 지역의 역사·문화자원과 밀접하게 연관되어 있다. 축제는 개최지역의 역사와 문화유산들을 소재로 해서 형성되는 경우가 일반적이다. 지역주민들은 축제를 통해 지역의 역사와 문화유산 자원들에 대한 관심을 기울일 수 있고, 높아진 관심은 다시 지역의 전통문화에 대한 지속적 발굴과 보존노력으로 이어질 수 있다는 점에서 축제의 긍정적인 효과를 기대할 수 있다. 또한, 특정한 주제를 가진 문화·예술축제는 개최지역의 주민들에게 일상생활에서 누리기 힘든 다양한 문화·예술 활동에 참여할 수 있는 기회를 제공한다(류정아, 2008). 이에 따라, 축제는 지역민들의 문화·예술 욕구를 충족시킬 수 있는 중요한 수단이 된다.

축제는 지역의 역사·문화 자원들을 보존할 수 있게 하는 견인차 역할을 수행할 수 있지만, 동시에 지역의 역사와 문화를 지나치게 상품화할 가능성 또한 존재한다. 즉, 하나의 산업으로서 축제는 관광자들의 호기심과 체험 욕구를 자극하기 위해 지역의 역사와 문화자원을 상품화하는 경우가 일반적이다. 지역의 문화유산에 대한 일정정도의 상품화 과정은 피할 수 없는 절차이지만, 과도한 상품화는 지역의 전통문화와 역사가 지니는 본질적인 의미를 훼손할 수 있고, 이는 지역민들의 자긍심 또한 훼손하는 결과로 이어질 수 있다는 점에서 주의가 요구된다. 덧붙여, 지역주민들과 축제를 방문한 외부의 관광자들과의 사회적 교류가 지역주민 일부의 모방행위로 이어지면서 일종의 전시효과(Demonstration effects) 문제가 대두될 수 있다(Fisher, 2004). 즉, 일부 지역주민들이 축제를 방문한 관광자들의 소비행태나 문화적 가치관을 모방하려는 행동을 보일 수 있으며, 이러한 모방행동들은 다른 지역주민들과의 갈등을 유발시킬 수 있다.

영국 런던 노팅힐 카니발

노팅힐 카니발은 영국 런던시의 노팅힐 지역에서 매년 8월 마지막 주에 이틀 동안 카리브 해 문화를 주제로 하여 개최되고 있는 도심형 거리 축제이다. 노팅힐 카니발의 시작은 영국의 이민자 문화와 밀접히 관련되어 있다. 당시 영국에는 아프리카 및 카리브해 출신의 이주민들이 노팅힐 지역에 집중적으로 정착하였고, 이후 인종차별로 인한 주류 영국인들과의 사회문화적 갈등이 심화되었다. 노팅힐 카니발은 이러한 인종적 충돌과 갈등을 문화적 축제 행사를 통해 완화시킬 목적으로 1959년에 처음으로 개최되었다. 카리브 해 지역의 트리니다드토바고는 19세기부터 노예제 폐지를 기념하기 위해 카니발을 시작하였고, 이는 유럽의 기독교적 카니발과는 그 의미와 개최시기 또한 달랐다. 노팅힐 카니발은 이러한 트리니다드토바고의 카니발 전통을 그대로 적용하였다. 노팅힐 카니발의 핵심적인 기획 의도는 카리브 해 지역 이민자들의 소속감과 자긍심을 높이기 위한 것이었고, 이를 위해 카리브 해 지역의 다양한 문화를 표출하고 소개하는데 행사의 초점이 맞추어져 있었다. 노팅힐 카니발은 매해 규모가 커지면서 카리브지역 이민자들과 그 후손들뿐 아니라 다양한 배경의 지역주민들 및 관광자들이 참여하는 세계적인 거리 축제로 성장하게 되었다. 노팅힐 카니발의 대표적인 행사는 카리브 해 지역의 전통의상을 비롯한 다양한 의상을 착용한 가장행렬, 트리니다드토바고의 민속악기인 스틸팬을 연주하는 스틸밴드(steel band)행진 등을 포함하고 있다. 세계적으로 유명한 거리 축제로 자리 잡은 노팅힐 카니발은 도시 관광 활성화뿐 아니라 사회문화적 갈등을 극복하는 데 있어 축제가 어떠한 역할을 할 수 있는지 그 가능성을 보여주는 중요한 사례로 이해할 수 있다(Ferdinand & Williams, 2018).

〈그림 9-4〉 노팅힐 카니발 퍼레이드

1. 축제의 본질적 의미가 시대에 따라서 어떻게 변화하였는가?

2. 축제에서 각각의 체험속성들이 잘 구현되기 위해서 필요한 요소는 무엇인가?

3. 축제공간에서 관광자들의 경험은 어떻게 구성되고, 그러한 경험이 가능해지는 사회문화적 요소들은 무엇인가?

4. 축제가 지역사회에 미칠 수 있는 긍정적인 영향과 부정적인 영향은 무엇인가?

5. 지역관광 활성화에 기여하기 위해서 축제가 어떻게 구성되고 운영되어야 할까?

1. 박동준(2009). 『축제와 엑스터시』. 서울: 한울 아카데미.
   축제의 원형에 대한 이해를 돕기 위한 목적으로 저술되었으며, 축제성을 대동, 일탈, 전복, 재미, 환상으로 규정하고 있다. 축제의 사회문화적 의미와 유형을 집중적으로 논의하고 있기 때문에, 축제의 본질적 의미에 대한 호기심을 충족시키기 위해 적합한 서적

2. Getz, D. (2005). *Event management & event tourism*(2nd ed.). New York : Cognizant Communication Corporation.
   관광이벤트로서 축제의 기능과 역할뿐 아니라 실제 축제를 기획하고 운영하는 과정에서 고려해야 하는 여러 가지 단계별 이슈들을 종합적으로 보여주고 있는 축제학 개론서

참고문헌

김형곤 · 고성태(2008). 농촌관광을 통한 사회자본 형성 연구: 마을 지도자들 인식조
　　사. 『관광레저연구』, 20, 29-49.
류정아(2003). 『축제인류학』, 서울: 살림출판사.
류정아(2008). 축제의 "문화가치"와 "경제효과"의 갈등과 조화에 대한 일고. 『공연문
　　화연구』, 17, 135-160.
박동준(2009). 『축제와 엑스터시』. 서울: 한울 아카데미.
오훈성(2011). 『문화관광축제 평가체계 연구』. 한국문화관광연구원.
이경모 (2005). 『이벤트학 원론』. 서울 : 백산출판사.
이훈 (2006). 축제체험의 개념적 구성모형. 『관광학연구』, 30(1), 29-46.
이훈 · 김미정(2011). 한국 축제사-근현대사를 중심으로. 관광학연구, 35(10),
　　481-499.
손태도(2013). 우리나라 국가축제의 역사와 그 전망. 한국전통공연예술학 2, 29-83.
한양명(2004). 조선시대 고을축제의 전승과 계승집단. 실천민속학연구, 6, 59-91.
Bakhtin, M. (1984). Rabelais and his world. Bloomington: Indiana University
　　Press.
Burke, P. (1978). Popular Culture in Early Modern Europe. London: Temple
　　Smith.
Caillois, R. (1994). 『놀이와 인간』. (이상율 옮김). 서울: 문예출판사.
Crumrine, N.R. (1983). Masks, participants, and audience. In Power of symbols:
　　Masks and masquerade in the Americas, Crumrine, N.R., and M.
　　Halpin(Eds.,), pp.1-10. Vancouver : University of British Columbia Press.
Csikszentmihalyi, M. (1999). 『몰입의 즐거움』. (이희재 옮김). 서울: 해냄.
Durkheim, É. (1965). *The elementary forms of the religious life*, (1912, English
　　translation by J. Swain: 1915) The Free Press.
Ferdinand, N., & N. Williams (2018). The making of the London Notting Hill
　　Carnival festivalscape: Politics and power and the Notting Hill Carnival.
　　Tourism Management Perspectives, 27, 33-46.
Fisher, D. (2004). The Demonstration Effect Revisited. *Annals of Tourism
　　Research,* 31, 428-446.
Getz, D. (2005). *Event management & event tourism(2nd ed.).* New York :
　　Cognizant Communication Corporation.
Hindin, M. J. (2007) "Role theory" in George Ritzer (Ed.) *The Blackwell*

Encyclopedia of Sociology, Blackwell Publishing, 3959-3962.

Huizinga, J. (1971). Homo ludens: a study of the play-element in culture. Boston: Beacon Press.

Kim, H. & T. Jamal (2007). Touristic quest for existential authenticity. *Annals of Tourism Research*, 34, 181-201.

Mardi Gras in New Orleans. Wikipedia. (https://en.wikipedia.org/wiki/Mardi_Gras_in_New_Orleans)

Putnam, R. (1995). Bowling alone: America's declining social capital. Journal of Democracy, 6, 65-78.

Scher, P. (2015). *Carnival. International Encyclopedia of the Social & Behavioral Sciences* (Second Edition), 145-149.

Turner, V. (1982). *From Ritual to Theater: The Human Seriousness of Play*. New York: Performing Arts Journal.

Turner, V. (1969). *The ritual process*. Chicago: Aldine.

Van Gennep, A. (1960). *The Rites of Passage*. London: Routledge and Kegan Paul.

10장 _ 엔터테인먼트 관광

심 원 섭 (목포대학교 교수)

10장 _ 엔터테인먼트 관광

심 원 섭 (목포대학교 교수)

Highlights

1. 엔터테인먼트와 엔터테인먼트 관광의 개념을 이해한다.
2. 엔터테인먼트 관광의 범위를 생각해보고 엔터테인먼트 관광의 유형에는 무엇이 있는지 이해한다.
3. 현대관광에서 엔터테인먼트 관광이 중요하게 등장하게 된 배경은 무엇인지 이해하고 향후 엔터테인먼트 관광의 발전방향을 생각해본다.
4. 엔터테인먼트 관광의 특성과 관광자가 추구하는 속성에는 무엇이 있는지 이해하고 이론화 가능성을 생각해 본다.

|1절| 개관

엔터테인먼트 산업과 관광산업은 국제적으로 점점 중요한 산업으로 부상하고 있다. 특히 지난 20세기 후반 이후 소득 및 여가시간의 증대, 미디어・ICT・소비문화의 발달, 도시거주 인구의 증가 등으로 인해 라이프 스타일이 급변하면서 엔터테인먼트 분야에 대한 우리사회의 관심과 수요가 갈수록 늘어나고 있다(오세영・심창섭, 2016). 또한 산업적으로 엔터테인먼트 분야가 게임, 애니메이션, 캐릭터산업, 문화콘텐츠산업 등으로까지 확장되면서 엔터테인먼트산업은 분야 간 경계가 사라진 융복합산업의 상징이자 창조경제의 핵심으로 이해되고 있다. 이렇듯 엔터테인먼트 산업의 중요성과 영향력이 사회 전 분야로 확산됨에 따라 예술분야, 경영학, 언론학, 사회학, 인문학, 공학 등 대부분의 학문분야에서도 엔터테인먼트 관련 논의가 다양한 측면에서 빠르게 늘어나고 있다(손대현, 2004; 양승훈·손대현, 2007; 양승훈, 2008; 오세영·심창섭, 2016 재인용).

관광분야에서도 엔터테인먼트 분야의 중요성을 일찍이 깨닫고 엔터테인먼트의 한 유형으로 관광활동 또는 관광경험의 한 요소로서 엔터테인먼트 등 엔터테인먼트와 관광을 밀접한 개념으로 접근해왔다. 특히 관광분야에서 엔터테인먼트는 우리의 삶에서 큰 부분을 차지하고 성장을 지속하면서 핵심적 매력으로 성장하고 있으며, 관공목적지의 지속가능성과 경쟁력을 제고시키고 있다(박미숙, 2016). 더욱이 최근에 엔터테인먼트가 개인이 관광활동을 참여하게 만드는 주요 동기로까지 역할을 확대하면서 엔터테인먼트 관광(entertainment tourism)이라는 용어까지 등장하기 시작했다.

하지만 엔터테인먼트에 대한 관광분야의 오래된 관심에도 불구하고 엔터테인먼에 대한 학술적 접근 국내·외적으로 아직 매우 부족한 상태이다(오세영·심창섭, 2016). 실제로 엔터테인먼트 관광이라는 용어는 그 개념에 대한 학술적인 논의가 전혀 이루어지지 않은 상태에서 여러 가지 서로 다른 의미로 많은 연구에서 등장하고 있는 반면 엔터테인먼트 관광의 역사와 현황 또는 엔터테인먼트 관광이 다른 유형의 관광과 구별되는 특징 등에 대한 논의는 충분치 이루어지지 못하고 있다. 실제로 엔터테인먼트와 결합한 관광현상은 유명 드라마촬영지나 가수를 찾는 관광에 국한되기도 하고, 카지노와 야외이벤트와 연관된 공연행사에 한정하여 사용하기도 한다. 경우에 따라서는 엔터투어, 한류투어, 드라마투어, 공연투어 등으로 사용되고 있으며, 전체를 포괄하는 용어는 아직까지 정립되어 있지 않다(박미숙, 2016).

한편, 엔터테인먼트 관광산업이 어디까지를 포함해야 하는지에 대한 합의 역시 불충분하여 연구자 마다 제시하는 산업의 범위가 다르게 나타나고 있다. 기존 연구에서는 엔터테인먼트, 한류, 문화관광 등 각각 다른 용어와 관점으로 접근하고 있다. 연구에 있어서도 현황이나 사례에 대한 소개 혹은 규범적 논의 또는 관광과 엔터테인먼트가 결합된 관광상품 연구는 부족한 실정이다(Evans, 2016; Hassan, 2010; 박미숙, 2016 재인용).

따라서 현재 엔터테인먼트 관광의 관광산업에서 차지하는 비중과 향후 우리사회에 미칠 영향을 고려할 때, 엔터테인먼트 관광의 성장을 뒷받침할 이론적 지원이 필요한 시점이다. 특히 현대관광에서 엔터테인먼트 요소가 차지하는 비중과 중요성을 감안할 때, 엔터테인먼트 관광현상에 대한 개념적·이론적 체계에 대한 정립이 필요하다. 이는 학술적 개념화, 범주에 따른 산업의 유형화를 분명히 해야 산업의 특성에 맞는 지속가능한 엔터테인먼트 관광산업으로 발전시킬 수 있고 국내 엔터테인먼트 관광발전에 기여할 수 있기 때문이다.

| 2절 | 엔터테인먼트 관광의 개념과 유형

1. 엔터테인먼트 관광의 개념

엔터테인먼트 어원은 라틴어인 inter(~사이)와 tenere(붙잡다)의 합성어로 "주위를 끌다" 또는 "기꺼이 즐기다"라는 의미이다. 즉, 사람들에 의해 소비시킬 목적으로 창조한 대상으로, 대중에게 감각적·감성적·사회적으로 접근하기 때문에 상품과 서비스의 형태를 지닌다(장혜원·현계담, 2013). 엔터테인먼트(entertainment)는 일반적으로 오락, 연예, 여흥 등으로 번역되며, 사전적으로는 재미(amusement) 또는 즐거움(enjoyment)을 제공하거나 제공받는 활동으로 정의된다. 즉, 엔터테인먼트란 대중이나 그것을 원하는 특정 대상에게 재미나 즐거움을 줄 목적으로 만들어진 결과물이다(오세영·심창섭, 2016). 또한 넓은 범위에서는 그것을 경험하는 활동까지 포함된다. Adeboye(2012)는 엔터테인먼트란 사람들의 스트레스를 해소시키고 활동 과정에서 기쁨을 준다는 것이 가장 큰 특징이라고 하였다. 또한 엔터테인먼트를 통해 사람들은 직·간접적인 상상력을 키울 수 있다고 설명하였다.

그러나 개인마다 즐거움이나 재미에 대한 경험이 다르고 요구하는 수준도 다르기 때문에 엔터테인먼트는 범위가 매우 넓으며 종류도 다양하여 음악, 스포츠, 독서, 영화, TV 등 기존의 유형은 물론 최근에 활발해진 게임, 애니메이션, 지역 축제, 식도락 등 많은 활동이 포함된다. 엔터테인먼트는 20세기 후반부터 나타난 개인을 위한 소비, ICT 기술 발전, 스마트 폰의 대중화와 고급화 등의 현상으로 인해 엔터테인먼트 산업은 세계화, 상업화, 온라인화 되고 있으며 그 영향력도 더욱 확장되고 있다.

한편, 엔터테인먼트는 융·복합적 관점에서 다른 분야와 연계되어 고부가가치를 창출하는 대표적 분야이다. 따라서 관광분야에서도 엔터테인먼트는 핵심적 요소로 인정받고 있으며 관광자들은 관광지에서 환상적인 경험을 기대하기 때문에 호텔, 리조트, 테마파크 등에서 대규모 이벤트 등이 개최되고 있다(김동준·조인희, 2016). 최근에는 특정 엔터테인먼트만을 목적으로 하여 관광을 하는 엔터테인먼트 관광이 새롭게 각광을 받고 있다. 특히, 자연적 관광매력이 부족하거나 기후 때문에 야외 활동에 제약이 있는 국가나 지역에서는 엔터테인먼트를 활용한 관광에 더욱 많은 노력을 기울이고 있다.

그러나 정확하게 엔터테인먼트 관광의 범위가 어디까지인지에 대해서는 여전히 많은 의견이 있다. 많은 연구들에서 엔터테인먼트 관광이란 유명 드라마촬영지나 가수를 찾는 관광이라고 한정되어 정의되기도 하고,

카지노나 야외 이벤트와 관련된 부가적인 공연행사까지 적용하기도 한다. 따라서 엔터테인먼트 관광을 지칭하는 용어도 한류관광, 영상관광, 식도락 관광, 공연관광 등으로 사용되고 있으며, 전체를 포괄하는 용어도 부재한 실정이다(박미숙, 2016).

그럼에도 엔터테인먼트 관광은 엔터테인먼트 분야의 확대와 다양한 분야와의 결합을 통해 범위가 확장되고 있다. 엔터테인먼트 관광에 대해 학자들은 다음과 같이 정의한다. 장혜원(2013)은 엔터테인먼트 관광을 "문화관광의 한 형태로 상업적 목적에 의해 연출된 대중적이고 오락지향적인 엔터테인먼트를 경험하면서 즐거움과 감동을 충족하는 관광활동"으로 정의하였다. 앞서 살펴본 바와 같이 엔터테인먼트와 관광의 관계 속에서 엔터테인먼트 관광을 간단하게 설명하기는 어렵지만 재미와 즐거움을 위해 (또는 주목적으로) 관광이 이루어지는 것을 엔터테인먼트 관광(entertainment tour)이라고 할 수 있다.

2. 엔터테인먼트 관광의 유형

엔터테인먼트 요소는 산업 전 분야와 융합이 가속화되면서 구분이 어려워지고 있다. 다양한 문화들이 서로 다른 엔터테인먼트 요소를 결합시키기도 했으며, 사회·경제·문화·환경의 변화 및 기술의 발전에 따른 새로운 형태의 엔터테인먼트 산업형태가 지속적으로 나타나면서 범위가 넓어지고 있다(박미숙, 2016). 특히 다양한 분야가 서로 융합하며 새롭게 생기는 분야가 점차 늘어나면서 분류하기가 어려워지고 있다.

엔터테인먼트는 다양한 유형이 있지만 일반적으로 헤럴드 보겔(Vogel, 1999)의 분류에 따르면, 영화, 음악, 방송 등과 같은 미디어 의존형 엔터테인먼트와 장소를 매개로 방문하여 이루어지는 체험형 엔터테인먼트로 구분된다. 엔터테인먼트 형태를 주로 미디어 의존형과 수동적 형태와 체험형 형태의 이용객 행동의 적극적 형태로 구분하고, 미디어 의존형 분야로 영화, 음악, 공중파 방송, 케이블 방송, 인터넷 출판, 장난감과 게임분야를 제시하였고, 체험형 분야로 사행산업, 스포츠, 공연예술, 유원지, 테마파크 등으로 제시하였다(박미숙, 2016).

〈표 10-1〉 보겔(Vogel)의 엔터테인먼트 산업의 분류

구분	분야	사업내용
미디어의존형 엔터테인먼트	영화	저작, 배급, 상영, 마케팅
	음악산업	작곡, 음반제작과 마케팅, 저작권
	공중파 방송	프로그램 제작과 보급
	케이블 방송	방송망 운영사업, 유료TV
	인터넷	온라인 매출, 인터넷 광고, 서비스 이용료
	출판	도서, 정기간행물, 멀티미디어 등
	장난감과 게임	장난감 제조판매, 컴퓨터게임, 동전게임
체험형 엔터테인먼트	사행산업	슬롯머신, 카지노 경영
	스포츠	방송중계권 등
	공연예술	상업연극, 오페라, 오케스트라 댄스
	유원지, 테마파크	테마파크 운영

자료 : Vogel, 1999.

실제로 엔터테인먼트 관광은 체험형 엔터테인먼트가 더 많은 비중을 차지하고 있는데 관광자의 이동 또는 방문을 통해 지역의 관광활성화를 이끌어 낼 수 있기 때문이다. 그러나 최근 다양한 미디어의 출현과 ICT기술의 발달로 인해 미디어 의존형 엔터테인먼트도 지역 방문을 유발하기도 한다. 특히 관광자는 간접체험을 통해 자신이 경험하지 못한 것에 대한 대리 만족을 느끼며, 경험의 폭을 증대시킨다. 이 과정에서 느끼는 재미는 엔터테인먼트 관광에 있어 중요한 요소가 되고 있다.

한편, Urban Land Institute(2001)는 엔터테인먼트를 수동적지만 고객의 경험과 레저로 이끄는 강력한 역할을 하는 배경 엔터테인먼트(ambient entertainment), 즉흥적인 경험을 제공하고 충동적 매출효과를 가져오는 충

동 엔터테인먼트(impulse entertainment), 고객을 유인하는 동시에 인접한 레스토랑, 쇼핑, 다른 엔터테인먼트로 리드하는 역할을 하는 목적 엔터테인먼트(destination entertainment) 등으로 구분하였다. 관광과 엔터테인먼트의 결합은 스타관광, 영화관광, 드라마관광 등의 유형으로 나타날 수 있다. 이와 관련하여 Hughes와 Allen(20008)은 엔터테인먼트를 음악, 댄스, 쇼, 놀이, 영화관에 가는 것, 클럽과 디스코, 스포츠 경기, TV관람, 컴퓨터 게임과 CD음악 감상 등 살아있는 퍼포먼스를 포함하여 분류하였다. 또한 엔터테인먼트는 영화관람, 스포츠관람, 테마파크 및 페어참가 등을 포함하며, 관광목적지에서의 엔터테인먼트 유형은 시설형 중심의 엔터테인먼트 형태로 테마파크, 테마형 박물관 등과 같이 주로 위락적 시설을 구비한 장소를 핵심매력으로 한다. 박미숙(2016)은 엔터테인먼트 관광의 유형을 형태에 따라 시설 중심형, 콘텐츠 중심형으로 구분하고 참여정도에 따라 소극적 참여, 적극적 참여 중심형으로 구분하였다.

〈표 10-2〉 엔터테인먼트 관광의 유형

참여정도/ 형태	시설 중심형(hardware)	콘텐츠 중심형(sofeware)
소극적 참여 (Passive Participation)	[II형] 시설+소극적 참여 중심형 엔터테인먼트 관광 시설을 중심으로 이용객의 소극적인 참여형태형 (MICE 관광)	[I형] 콘텐츠+소극적 참여 중심형 엔터테인먼트 관광 콘텐츠를 중심으로 이용객의 소극적인 참여형태형 (공연관광, 주제형 문화관광)
적극적 참여 (Positive Participation)	[III형] 시설+적극적 참여 중심형 엔터테인먼트 관광 시설을 중심으로 이용객의 적극적인 참여형태형 (테마파크, 복합리조트)	[IV형] 콘텐츠+적극적 참여 중심형 엔터테인먼트 관광 콘텐츠를 중심으로 이용객의 적극적인 참여형태형 (축제이벤트, 마니아 문화관광)

자료 : 박미숙, 2016.

엔터테인먼트 관광은 콘텐츠 대상 유형별로 전통적 엔터테인먼트 관광과 새로운 엔터테인먼트 관광으로 구분이 가능하다. 우선 전통적 엔터테인먼트 관광은 대중음악관광, 영화관광, TV 드라마관광, 지역축제관광 등을 들 수 있다. 우선 대중음악은 스타에 대한 콘서트나 공연 등을 찾아가는 형태이다. 팬들은 장소가 어디든 직접 가수들의 공연을 현장에서 즐길 수 있으며, 공연 내용이 매 공연마다 다르게 구성된다. 인기 가수들의 신곡이 출시되면 새로움이 더해지기 때문에 거대한 팬덤이 형성되며 K-pop 한류관광은 일회적으로 끝나지 않고 재방문을 유도한다(박정배·홍정수, 2018). 최근 해외에서 인기가 높은 K-POP은 유튜브나 페이스 북, 트위터 등과 같은 다양한 소셜 네트워크 서비스를 통해 다양한 국가에 확산되고 있으며, 대형 기획사의 체계적인 시스템을 통해 구성된 기억하기 쉽고 따라 부르기 쉬운 노래, 가수들의 세련된 스타일, 화려한 군무와 퍼포먼스 등을 통하여 인기를 끌고 있다. K-pop 팬들은 전세기를 이용하여 자기가 좋아하는 가수의 콘서트에 참여하는 등 일반 관광자보다 높은 비용을 지불하는 등 파급효과가 크다.

둘째, 영화관광은 TV나 영화로 알려진 장소(location)나 촬영장(set 또는 setting)을 방문할 목적으로 관광목적지로 여행을 하는 것으로 영화관광자(film tourists)과 영화로케이션 관광자(film location tourists)으로 구분한다. 영화관광의 일반적 정의는 영화가 만들어졌거나, TV 시리즈가 제작중인 로케이션을 방문하거나 전 세계의 영화 페스티벌(세계 3대 영화제 등)에 참여하거나 팬 이벤트에 대한 정보를 통해 그 장소를 여행하는 것이다. 영화와 TV 제작이 여행결정에 미친 영향으로 인해 사람들이 상영된 장소를 직접 경험하도록 동기부여를 하는 것으로 영화와 TV드라마가 방영된 후 이에 영향을 받거나 느낌을 지속하기 위해서 관광자들이 촬영지를 방문하고 체험하는 관광형태이다.

셋째, TV 드라마(또는 예능프로그램) 관광이다. TV 드라마 관광의 기본적인 구조는 영화관광과 동일하다. 다만 촬영지를 방문하는 것으로서 주인공과 자신을 동일시하는 관광자가 많은 것이 영화관광과 다른 특징이다.

넷째, 특정 지역이 장기적이고 지속적인 발전을 하기 위해서는 지역의 고유한 관광자원을 홍보하고, 테마 중심의 관광지를 조성하며, 농·특산물에 대해 홍보하는 수단으로 축제가 개최되면서 나타나는 지역축제관광이다. 지속적으로 지역축제를 개최하고 관광자의 만족도가 제고되면 지역을 관광목적지로서 인식하게 하고 향후 관광자들이 재방문하는데 긍정적인 영향을 미친다(박종찬, 2018). 지역의 문화는 무형적인 것으로 외부 사람들(관광자)이 해당 지역의 문화를 체험해 보고 느끼는 데에는 한계가 있다. 따라서 지역축제는 비일상적인 형태로 평상시에는 경험해 보지 못한 문화적 체험을 제공하는 공간으로서의 기능을 하며, 관광자는 지역축제에 방문하여 다양한 유형의 축제프로그램에 참여하면서 만족감을 갖는다.

다음으로 최근에 새롭게 등장하고 있는 새로운 유형의 엔터테인먼트 관광으로는 공연관광, 관광기업(호텔, 레스토랑, 컨벤션 등)에서 마케팅 목적의 엔터테인먼트 관광, 관광기업(테마파크, 쇼 비지니스 등)의 고유 목적의 엔터테인먼트 관광 등을 들 수 있다. 우선 공연은 공연장을 매개로 공연예술을 수요와 공급의 측면으로 구분하면 수요 측면에서는 소비자에게 질정한 감상 능력을 요구한다는 점에서 일반 상품과는 다르고, 공급 측면에서는 일정한 예술적 재능을 갖춘 공연자에 의해 생산되는 서비스라고 할 수 있다. 공연산업의 특징은 공연을 매개로 생산과 소비가 동시에 이루어지는 무형재, 현재는 공연을 관람하고 부가적인 정보를 얻음으로써 향후에 공연예술을 더 많이 소비하도록 하는 유익한 습관성(beneficial addiction) 효과가 있고, 소비자들은 관람하는 공연예술의 내용을 사전에 알지 못하기 때문에 관람(소비)에 대한 위험부담을 느끼며, 공연예술은 총지출액에서 인건비가 차지하는 비중이 높은 노동집약적 산업, 그리고 공연예술은 거대 기획사 및 공연단체들이 고용, 관객, 티켓 판매수입 등을 지배하는 과점적 시장형태를 나타낸다. 따라서 공연관광은 수준 높은 공연의 경우 장기간 흥행으로 이어질 수 있다는 점에서 선호도가 높다.

둘째. 관광기업(호텔, 레스토랑, 컨벤션 등)에서 마케팅 목적의 엔터테인먼트 관광이다. 항공사의 기내 엔터테인먼트(In-Flight Entertainment: IFE)는 기내 좌석에 비치된 디스플레이를 이용해 멀티미디어 콘텐츠 및 게임을 제공하기 위한 시스템을 의미한다. 기내 엔터테인먼트 시스템은 가격으로 경쟁을 하고 있는 항공사 사이에서 서비스를 통한 차별화를 할 수 있고, 탑승객의 만족도를 높일 수 있다. 즉 기내 엔터테인먼트는 항공기가 뜨는 순간부터 내리기 전까지 비행시간 내내 탑승객에게 제공되는 모든 재미와 즐거움을 가진 서비스를 의미한다(박오성·이진호, 2017). 항공산업에서 엔터테인먼트 개념의 도입은 탑승객 유치를 위한 효과적인 전략으로 등장할 만큼 중요시되고 있으며 기내 엔터테인먼트 서비스 수준은 항공사의 경쟁력을 평가하는 기준으로 인식된다. 컨벤션에서 엔터테인먼트는 단순한 부대 행사가 아니라 부가가치를 창출하는 관광상품 아이템으로 문화산업으로서의 포괄적인 의미를 갖는다. 컨벤션에 참가하거나 전시관람자들이 이제는 단순하게 제공되는 서비스가 아닌 특별하고 기억에 남을 만한 경험을 요구하는 관람객들이 늘고 있다. 컨벤션 참가자들은 단순히 회의참가 보다는 여가와 휴가를 즐기려는 경향이 나타나고 있기 때문에 매력적인 환대프로그램의 개발은 컨벤션 참가자들에게 보다 큰 만족을 줄 수 있다. 컨벤션 참가자들은 동반자와 함께 하는 경우가 많은데 회의 참여 목적만이 아닌 동반자와의 휴가 기회로 삼고 있는 것이다. 또한 참가자에게 만족을 주는 것에 머물지 않고 신기술 및 신상품 개발, 문화의 보급, 지역 활성화와 국가이미지 제고, 홍보 극대화 등의 효과가 있다(김동준·김윤환, 2017a). 한편, 호텔이벤트는 호텔기업의 마케팅전략으로 호텔은 더 이상 단순한 숙박과 식음료의 제공을 위한 공간이 아니라 일상생활의 연장선이라 할 수 있을 만큼 대중화와 시설의 다양화가 이루어지고 있다. 호텔 상품에 고객만족의 개념이 최우선적으로 적용되면서 새로운 엔터테인먼트 개념이 도입되고 있다. 단순히 호텔 내의 숙박, 식음료의 결합된 기존 패키지 개념이 아닌 공연이나 관광, 전문 강연 등 창조적 이벤트가 결합되어 다른 소프트웨어 프로그램이 운영되는 것이 호텔 이벤트라고 인식되고 있다. 예를 들어 식음료이벤트는 호텔의 대표적 이벤트 사례로 영업장 이벤트가 주를 이루었으나 공연의 영역까지 확대되고 있다(김동준·김윤환, 2017b).

마지막으로 관광기업(테마파크, 쇼 비즈니스 등)의 고유 목적의 엔터테인먼트 관광이다. 주제공원(테마파크)은 주로 도심에서 벗어나 근교에 자리 잡고 있어 당일형 관광활동이 가능한 가족단위 공원이다. 주제공원은 하나의 중심주제, 또는 연속성을 갖는 몇 개의 주제 하에 설계되며 매력물의 도입, 전시, 놀이 등으로 구성된다. 테마파크는 모든 사람들(가족단위 등)이 즐거운 시간과 공간을 제공하는 관광시설이다. 특히 엔터테인먼트를 주목적으로 하는 관광자들이기 때문에 특징으로 통합성, 재미성, 비일상성, 체험성, 복합성을 가지고 있다. 테마파크 구성요소는 탑승시설, 관람시설, 공연시설, 식음료시설, 특정상품 판매시설 등과 같은 직접 수익 시설과 고객편의시설, 휴식시설, 지원관리시설과 같은 지원시설로 구분된다.

|3절| 엔터테인먼트 관광의 중요성과 속성

1. 엔터테인먼트 관광의 중요성

엔터테인먼트의 영역 중 관광은 가장 범위가 넓은 분야로, 여행 전 많은 기대감과 설렘은 관광이 주는 첫 번째 엔터테인먼트 어뮤즈먼트라 수 있다. 엔터테인먼트 영역은 문화원형, 예술, 미디어, 레저, 관광 등 전산업으로 파급되면서 총체적 파이는 확대되고 있고, 콘텐츠 내용도 광범위해지고 있다(박미숙, 2016). 관광부문의 엔터테인먼트는 스포츠, 게임, 관광, 항공, 테마파크, 리조트, 레스토랑, 카지노 등을 망라한다. 특히 정보기술의 발달로 인해 새로운 미디어가 출현하면서 즐거움 추구능력의 확대와 양방향 소통욕구의 확산, 그리고 학습체험 수요의 증가와 라이프스타일의 변화 등으로 인간의 총체적 즐거움인 레저의 산업화를 거쳐 마침내 엔터테인먼트 관광 산업화로 이어지고 있다(손대현, 2010). 이로 인해 오늘날 엔터테인먼트 관광은 엔터테인먼트를 통한 관광활성화를 이끌어 내는 산업분야로 엔터테인먼트 관광 콘텐츠를 확보하고 관광자를 유치하고 새로운 마케팅 기회의 창출이 가능하기 때문에 관광효과중 경제적 파급효과가 큰 산업으로 부각되고 있다.

오세영·심창섭(2016)은 엔터테인먼트와 관광의 관계를 크게 세 가지 측면으로 구분하였다. 첫째는 엔터테인먼트 활동의 하나로서 관광을 이해하는 시각이다(손대현, 2004; 유진룡 외, 2009). 즉 관광은 외적 자극에 의한 재미 또는 즐거움을 제공받는 행위로서 엔터테인먼트의 여러 가지 유형 가운데 하나의 활동으로 이해하는 것이다. 둘째는 관광상품, 관광경험, 관광목적지를 구성하는 중요한 요소로서 엔터테인먼트를 접근하는 시각이다(유영준, 2007). 이 시각은 엔터테인먼트를 쇼관람, 기구탑승, 카지노, 나이트라이프, 위락시설 등 특정 관광일정에서 주목적은 아닌 경우가 많지만 일정의 재미와 즐거움을 증대시키는 부수적인 요소들로서 관광을 구성하는 하나의 요소로서 이해하고 있다. 세 번째는 관광의 여러 가지 유형 가운데 관광자의 주요 참가동기가 엔터테인먼트 산업과 관련된 이유에서 비롯된 동기인 관광을 의미하는 것이다(양승훈, 2008; 장혜원·현계담, 2013). 엔터테인먼트는 관광동기를 유발하게 되는 관광활동으로 연결되는데 관광자는 관광지에서 관광소비활동을 함으로써 엔터테인먼트 관광효과가 나타나고, 이는 다시 엔터테인먼트 산업을 활성화시키는 선순환구조를 이루게 되는 것이다.

엔터테인먼트 산업의 핵심이 되는 대중문화콘텐츠는 영화, 음악, 스포츠 등 다양한 소재와 멀티화의 용이성과 대량 소비가 가능하다는 점에서 엔터테인먼트 공급자들에게 매력을 끌고 있는 엔터테인먼트는 이용객들게는 즐거움을 기업들에게는 수익을 창출하고 국가는 경제발전과 이미지 향상에 도움을 준다. 최근 미디어가 우리 삶에 광범위하게 영향을 미치게 되면서 우리나라의 인바운드관광에서 한류, K-POP이 차지하는 비중에서 볼 수 있듯이 엔터테인먼트 관광이 관광산업 전체에 상당한 파급효과를 보여주고 있다. 이에 따라 각 국에서 영화관련 목적지, 유명 연예인 관련 장소, 대중문화콘텐츠를 활용한 관광매력물 등 다양한 방식으로 엔터테인먼트 관광상품을 개발하고 정책적으로 지원하고 있다.

2. 엔터테인먼트 관광의 속성

엔터테인먼트관광에서 중요한 역할을 하는 엔터테인먼트 요소와 관광자 추구 속성을 이해할 필요가 있다. 이와 관련하여 박미숙(2016)은 엔터테인먼트 관광속성을 놀이성, 재미성, 오락성, 쾌락성과 유용성, 신기성 등으로 구분하였다. 첫째, 놀이성과 관련해서 엔터테인먼트 관광 이용객의 행동과 현상을 설명하기 위한 기초개념으로 놀이의 의미를 부여하였는데, 엔터테인먼트 관광이 놀이적 측면에서 갖는 의미는 자발적이고 비일상적이며, 장소와 시간의 한계성을 지니는 특성을 포함하고 있다. 또한 엔터테인먼트 관광은 여가활동의 일부로서 놀이의 본질을 포함하고 있다고 주장하였다. 둘째, 엔터테인먼트 관광자는 간접체험을 통해 자신이 경험하지 못한 것에 대해 대리만족을 느끼며, 관광자의 경험의 폭을 증대시키고 호기심과 탐구정신을 발휘하여 새로운 것을 알게 됨으로써 배움의 재미를 느끼는 요인들로 엔터테인먼트 관광자의 심리적 요구조건을 이해하였다. 세 번째는 오락성과 관련된 속성이다. 일반적으로 사람들은 자기오락화 능력이 높을수록 개개인의 여가 생활 및 삶에 대한 만족감이 높아지는데 엔터테인먼트 관광자는 자기오락화가 높은 사람일 것으로 이해하고 있다. 네 번째 엔터테인먼트 관광은 동기적 측면에서 자유선택과 내재적 보상 추구라는 전제하에서 출발하기 때문에 인지적 관점보다는 쾌락적/경험적 관광소비자 관점에서 이해할 수 있다. 마지막으로 최적 가성 추구 추동과 이완추구 등이 관광을 포함한 모든 여가활동의 가장 기본적인 동기적 요인이라 할 수 있는데 엔터테인먼트 관광자는 신기성, 호기심, 모험심 등을 추구하는 관광자일 가능성이 높다.

〈표 10-3〉 엔터테인먼트 관광자의 추구 속성

구분	주요 속성
놀이성	• 놀라움, 자유로움, 자발적, 즐거움, 비일상, 장소격리, 시간한계, 놀이공간, 재미 의원천 • 개인의 내재적 경향, 창의성, 즐거움, 인지적 자발성
재미성	• 간접체험, 도전심과 경쟁심을 통한 재미, 성취감을 통한 재미, 성취감을 통한 만족과 재미, 호기심과 탐구정신, 상상력, 현실감, 도전감, 통제감, 주의집중, 상호작용성, 최적의 자극 수준, 호기심, 적절한 학습, 몰입감
오락성	• 만족감, 개인의 수행능력, 상상력 및 환경교류 능력
쾌락성과 유용성	• 신기성, 일탈성, 정서적 각성, 재미, 흥분, 즐거움, 희열, 몰입 • 이성적, 합리적 사고의 결과 효율적인 편, 유익한, 필요한, 실용적인
신기성	• 신기성, 다양성, 변화, 도전, 성취 모험, 자기향상, 일상탈출, 인지욕구, 자기표현, 안전, 안정, 친숙성

자료 : 박미숙(2016)에서 재구성.

한편, 조민호(2005)는 엔터테인먼트 요소에 대해 엔터테인먼트 콘텐츠 및 엔터테인먼트 체험으로 정의하고 특정 있는 주제, 전략적 제휴, 상징적 도구, 환상, 캐주얼한 서비스, 도전 등 6개 유형으로 구분하였다. 또한 김은진(2012)은 엔터테인먼트 산업의 특성을 오락성, 상업성, 대중성, 창의성, 감성성, 문화산업성, 공공성, 미디어의존성, 경험성, 스타영향력, 사회네트워크 효과, 하이리스크-하이리턴, 원소스 멀티유즈 등 13가지로 구분하였다. 특히 하나의 콘텐츠가 성공하면 그와 관련된 산업들이 성장하는 특징을 가지고 있다. 예를 들어 하나의 영화가 성공하면 그에 따른 음반, 게임, 애니메이션, 소설, 캐릭터 등과 같은 산업들이 동반 성장하게 되는데 관광도 이에 해당하는 대표적인 산업 중의 하나이다.

| 4절 | 엔터테인먼트 관광으로서 한류관광과 팬덤관광

1. 한류관광

엔터테인먼트 관광이 활성화된 것은 오래된 일이 아니다. 또한 유형도 정확하게 구분되어 있지 않다. 그러나 일반적으로 엔터테인먼트 관광의 발전은 한류가 기반이 되었다고 보는 것이 일반적이다. 당초 한류관광은 광의의 문화관광의 범위 내에 있다가 대중문화의 영향과 상업적 특성을 나타내는 다른 다양한 분야와 결합되면서 엔터테인먼트 관광으로 분리되고 있다. '한류(韓流)'란 1990년대 말부터 주로 아시아를 중심으로 한국 대중문화가 외국에서 대중성을 가지게 된 것을 의미하는 것으로 TV 드라마를 시작으로 음악과 예능이라는 대중문화를 포함하여 김치, 고추장, 상품 등 대표적인 한국 관련 제품들의 선호현상을 의미한다. 다시 말하면 한류는 대한민국의 배우나 한국문화 전반에 대한 인기가 높아지자 이 현상을 대만의 언론에서 한류열풍(Korean wave fever)이라고 칭한 것에서 비롯되었다. 그 이후 중국이나 홍콩, 일본에서도 널리 사용되었으며 우리나라도 역수입하여 언론에서 사용하고 있다. 한류 대상을 형태별로 살펴보면, 영화, 드라마를 위시한 TV 프로그램, 한국 인기 가수나 배우들의 현지 콘서트, 공연, 방송출연, 한국 음악, 영화, TV 드라마를 녹음, 녹화한 오디오 및 비디오테이프 및 콤팩트디스크(CD), 동영상 애니메이션 및 캐릭터, 인터넷 게임, 전자출판 등 다양하다(안대회 외, 2014).

드라마, 가요, 스포츠 경기와 같은 방송으로 시작된 한류는 한국음식을 가정으로 불러들였고, 한글과 한국말, 한국 물품에 대한 관심도 높였다. 이러한 관심은 한국여행으로 이어지게 되었고, 여행에서 접한 한옥, 한복, 미용, 패션, 공연은 한국에 대한 관심을 더욱 높이게 되었다. 즉 한류는 한국관광을 유인하고, 여행은 다시 한류에 관심을 갖게 하는 선순환의 구조가 만들어지게 되었다. 영화, 드라마, 가요의 한류스타들과의 만남 또는 촬영지 답사를 목적으로 하는 여행인 한류관광에서 가장 중시하는 '팬 미팅'은 한류스타와의 대담과 노래, 기념촬영, 사인회 등은 팬들의 꿈을 실현시켜주기 때문에 만족도가 높다. 팬 미팅과 디너를 겸한 디너파티, 팬클럽 회원과의 캠프 등 형태가 다양하다. 한류관광의 또 다른 한축을 이루는 콘서트도 체육관이나 홀에서 많은 가수들이 나와 노래를 부르는 대규모에서 특정 가수나 그룹의 팬들을 대상으로 소규모 형태의 공연형식으로 변하고 있다. 영화, 드라마 촬영장을 방문하여 영화 속의 주인공이 되고 기념촬영도 하는데, 촬영이 있는 경우에는 현장로케를 맛볼 수 있어 한류관광의 인기 메뉴다. 최근에는 드라마 촬영계획을 미리 조사, 협의하여 현장에서 인기스타의 연기를 보기도 하고, 방송국이나 영화제작소를 방문하여 제작현장을 찾는 여행상품도 생겼다. 특히 드라마에서는 겨울연가(2002년)와 대장금(2003년)이 선풍적인 인기를 일으켰으며, 예능 프로그램은 무한도전과 러닝맨이 인기를 끌었다. 대중음악에서는 동방신기, 빅뱅, 싸이, 최근의 방탄소년단 등으로 이어지며 가장 높은 인기를 구가하고 있다. 과거에는 한국 드라마에 대한 관심이 높았다면 세계의 한류 팬들은 이제 뛰어난 가창력과 화려하고 세련된 안무로 기획된 한국의 아이돌 그룹에 환호하고 있으며, 한류의 지역적, 장르적 지평이 확산되는 등 신한류의 시대를 맞이하고 있다.

한류로 인한 긍정적인 효과는 상당하다. 한류의 효과는 크게 경제적 효과와 문화적 효과, 그리고 한류로 인한 관광효과로 구분할 수 있다. 우선, 한류의 경제적 효과로 한류 콘텐츠 수출을 들 수 있다. 한류로 인해 음악, 게임 등 문화산업 수출이 크게 증가하였으며, 이 외에도 산업 전 분야, 특히 미용, 성형의료, 화장품 산업에 직접적인 spill-over 효과를 일으키고 있다. 또한 한류를 통해 향상된 국가 브랜드가치는 해외에서 한국 상품에 대한 신뢰도를 높이고 고급스러운 이미지를 형성하여 소비자들로 하여금 구매촉진을 유도하고 있다. 마지막으로 한류의 문화적 효과로는 한류 콘텐츠로 인해 한국의 국가이미지 개선에 큰 영향을 미칠 수 있으며, 한류로 인해 한국문화에 대한 관심과 수요가 크게 증가하면서 한국으로의 방문동기를 형성하고, 해외에서의 한국문화수요도 크게 증가하고 있다.

2. 팬덤관광

팬과 관련된 사회문화적 현상을 일반적으로 지칭 하는 용어인 팬덤(fandom)은 대중문화의 급속한 성장과 더불어 그 의미와 영역도 다양해지고 있다. Sandvoss(2005)는 팬덤을 "대중적 이야기 혹은 텍스트에 대한 지속적이고 감정적으로 연관된 소비"라고 정의하고 있다(심두보, 2007 재인용). 즉, 팬덤은 대중문화의 생산물들에 대한 대중들의 지속적이고 감성적인 소비현상이라고 볼 수 있는 것이다. 현대 사회에서 팬덤의 주요 대상물은 영화, 텔레비전 프로그램, 스포츠, 음악, 소설과 같은 문화생산품들 뿐만 아니라 영화배우, 가수, 운동선수, 정치인, 스포츠 팀과 같이 대중매체를 통해 지속적으로 대중에게 노출되는 아이콘들을 포함하고 있다(김형곤, 2010).

최근 여러 학자들은 팬덤을 다수의 대중이 향유하는 현대사회의 일상적인 사회현상으로 인식하고 있으며, 관광활동과의 연계성에도 최근 들어 점진적으로 관심을 기울이고 있다(양승훈·장준수, 2009; Lee et al., 2008). 팬덤과 관광과의 연계성은 팬덤의 대상과 관련된 팬의 다양한 활동들의 연장선상에서 이해할 수 있다. 팬덤의 대상물은 문화생산품부터 살아있는 문화적 아이콘들까지 다양하다. 팬덤과 직·간접적으로 연결된 관광현상은 엔터테인먼트 관광 중에서도 특히 영상관광과 밀접하게 관련되어 있다. 영화나 드라마와 같은 대중적 인기를 얻은 문화텍스트의 배경으로 활용된 지역에 대한 팬들의 관심이 직접적인 방문으로 이어지고 있다는 다양한 사례가 보고되고 있고(Riley et al., 1998. 김형곤, 2010 재인용), 배우나 가수와 같은 문화적 아이콘에 대한 팬들의 직접적인 관심이 해당 아이콘과 연관된 지역 혹은 특정 장소에 대한 직접적인 방문으로 이어지는 현상들 또한 보고되고 있다(Cohen, 2005; Kim et al., 2007). 최근 Lee et al.(2008)의 연구는 한국의 대중문화 스타들에 대한 일본 팬들의 관여도(fan involvement)가 그들이 관광지로서 한국에 대해 지니고 있는 친숙함과 방문의도에 긍정적인 영향을 미칠 수 있다는 사실을 보여주고 있다. 즉, 팬들이 스타와 관련된 지역을 방문하는 행위는 자신이 애착을 느끼고 있는 스타에 대한 동일시 욕구를 충족시키기 위한 것으로 해석할 수 있다.

한편, 팬덤 활동은 Fiske(1992)가 주장한 세 가지 형태의 팬 생산활동에 비추어 생각해볼 수 있다. 그에 따르면, 팬 활동은 기호학적 생산활동(semiotic productivity), 선언적 생산활동(enunciative productivity), 그리고 텍스트적 생산활동(textual productivity)으로 구분할 수 있다. 우선 기호학적 생산활동은 팬들이 팬덤의 대상을 소비하는 과정에서 내적으로 대상에 대하여 의미를 부여하는 활동을 의미한다. 다음으로 선언적 생산활동은 팬덤의 대상에 대한 소비과정에서 발생하는 다른 팬들과의 사회적 상호작용을 의미하는데 이러한 형태의 대표적인 생산활동은 온라인이나 오프라인 모임을 통해서 발생하는 다른 팬들과의 대화나 팬덤의 대상에 대한 모방활동(유사한 옷과 머리스타일을 공유하는 행위 포함), 그리고 팬덤의 대상과 연관된 장소를 방문하는 행위들이 대표적이라고 볼 수 있다. 마지막으로 텍스트적 생산활동은 팬덤의 대상에 대한 팬들의 글, 소설, 영상과 같은 문서적 재생산활동들을 의미한다. 팬덤은 이러한 팬들의 다양한 생산활동에 의해 실체적인 사회현상으로서 나타난다고 볼 수 있다.

그렇다면 팬들이 팬덤의 대상에 매혹되는 이유는 무엇인가? 이와 관련하여 Rojek(2001)은 팬들이 명사들(팬덤의 대상)에 대해 매혹되는 이유를 "성적 매력, 독특한 개인적 가치관에 대한 열망, 대중매체에 의해 형성된 유명세 등에 의한 작용"으로 설명하고 있다(김형곤, 2010 재인용). 즉, 팬덤에는 본질적으로 팬덤의 대상이 지니고 있는 다양한 특징들을 소비하기 위한 팬의 관심과 열망이라는 심리적 기제가 작용하고 있다고 볼 수 있다. 이와 관련하여 Sandvoss(2005)는 이러한 팬과 팬덤의 대상에 대한 연계성의 특징을 팬들이 지니는 자아이미지의 연장선상에서 이해할 수 있다고 주장하고 있다. 즉, 팬들은 팬덤의 대상에 대하여 자신의 모습을 투사(projection)시키고, 투사된 이미지를 자신에게 다시 내면화(introjection)하는 과정을 통해 자신과 팬덤의 대상을 동일시한다는 것이다. 이는 Stacey(1994)가 제시한 영화관객의 동일시과정—가정하기(pretending), 공통점찾기(resembling), 흉내내기(imitating), 모방하기(copying)—또한 이러한 투사 과정과 내면화 과정으로 인식할 수 있다. 즉 팬덤의 대상에 대한 자아이미지 동일시는 먼저 팬의 자아 성찰적 과정을 통해 인식된다. 결국 팬은 팬덤의 대상이 지니고 있는 여러 속성들을 자신의 특징들과 비교하여 동일시할 수 있는 속성들을 선택하여 내면화시키고 자신의 이미지로 포함시킨다고 볼 수 있다.

|5절| 엔터테인먼트 관광의 사례

1. 국내 사례

1) 대중음악

① 싸이

싸이는 '강남스타일'이라는 음악으로 전 세계에 파급력을 미쳤다. 강남스타일은 2012년 7월 싸이의 정규 6집 '싸이 6갑(甲)'의 타이틀곡으로 코믹한 내용의 뮤직비디오와 독특한 구성의 '말춤'이 유투브(U-tube)를 바탕으로 하여 세계적인 돌풍을 일으켰다. 강남스타일의 2013년 8월 5일 유투브 조회수 17억 건을 돌파하여 유튜브 최초로 10억 건을 돌파한 영상이 되었다. 한국콘텐츠진흥원(2013)은 싸이의 인기를 첫째, 유튜브라는 SNS의 파급효과, 둘째, 한국어로 되어 있는 가사를 이해하지 못해도 뮤직비디오가 전달하는 이미지에서 자연스럽게 찾아지는 재미와 유머, 셋째, 기존 K-POP의 후광, 넷째, 그 동안의 K-POP 가수들이 한국적인 특색이 없는 아시아에서 온 서구적으로 생긴 아이돌이거나 열심히 영어를 공부하여 외운 듯한 대답을 하는 인상을 주었다면, 싸이는 그와는 정반대의 이미지에 땀을 흘리는 전혀 다른 인상을 심어준 차별화 등으로 분석하였다.

2) 영화

① 국제시장

부산광역시 국제시장의 '꽃분이네'는 영화 국제시장에 등장한 장소로 새로운 세트장을 조성하지 않았으나 영화 관람객이 천만 명이 넘어가면서 단순한 잡화를 판매하는 꽃분이네에 대한 관심이 증가하였고, 방문자가 급증하였다. 국제시장의 꽃분이네는 영화 제목이면서 나타나는 주요 공간이기 때문에 국제시장 고유의 역사적 의미와 공간이 주는 분위기, 삶의 모습 등을 그대로 느낄 수 있었다. 그러나 관광자는 증가했지만 매출로는 이어지지 않았고 2015년 가게 주인이 권리금을 추가로 요구해 '꽃분이네'의 폐업 논란이 발생하게 되었다. 한편 관광자가 '꽃분이네'에 몰려들면서 맞은편 가게와 인근 가게 입구를 막는 등의 피해가 발생, 이들 가게들이 휴업을 하기도 했다. 이것인 엔터테인먼트 관광이 해결해야 할 과제로 지적되기도 하였다. 부산시는 영화가 개봉한 이후 국제시장 방문자가 그 이전의 3배 가량인 하루 평균 8만여 명으로 추산했다.

3) TV 드라마

① 겨울연가

드라마 겨울연가는 일본에선 한류 드라마의 거의 시초가 된 작품으로
"겨울의 소나타(冬のソナタ)"의 제목으로 일본어로 더빙되어 반영되었다. 관
광부문에서는 드라마를 통해 관광지 재생에 대표적 성공사례로 꼽히고
있다. 겨울연가에 나오는 남이섬은 1980년대 중반 '강변가요제'가 열리는
곳으로 주목받아 온 관광지이다. 그러나 관광지 간의 경쟁이 심화되고 특
별한 즐길 거리의 부재로 입장객이 감소하다가 드라마 겨울연가가 방영
되면서부터 관광자가 방영 전 27만 명에서 67만 명, 2003년 85만 명으로
급격히 증가하였다. 또한 국내 관광자의 방문에 머무르지 않고 일본 관광
자가 폭발적으로 증가하면서 국제적인 위상을 갖춘 관광지가 되었다. 이
처럼 드라마 촬영지 방문은 관광지를 방문하는 본연의 즐거움뿐만 아니
라 드라마의 이미지와 흔적을 통한 감성적 자극과 드라마가 창조한 환상
의 세계에 몰입하는 즐거움까지 느낄 수 있다는 점에서 새로운 관광형태
로 주목할 수 있다(권유홍·손대현, 2004). 최근 남이섬은 가평 쁘띠프랑스, 자
라섬과 연계 코스가 활성화되어 있고 짚라인이 설치되는 등 체험형 관광
지로 조성되고 있다.

② 꽃보다 남자

꽃보다 남자의 뉴칼레도니아는 2008년 드라마의 관광지에 대한 PPL
(product placement)이 시작되면서 성공한 드라마 속 관광지이다. 드라마의
인기도 높았지만 국내에서 잘 알려지지 않았던 뉴칼레도니아를 당시 신
혼여행 선호도 1위를 기록하게 한 성공을 이끌었다. 뉴칼레도니아 관광
청에서 적극적인 지원을 하였으며, 드라마의 내용 구성에 큰 관련성은 없
지만 많은 부분을 뉴칼레도니아 홍보에 투자하였다. 여행사들은 관광자
들의 높은 관심에 따라 뉴칼레도니아 관광상품을 판매하기도 하였다. 이

후 해외 관광청들이 드라마를 지원(또는 투자)하고 드라마 내용에 지역의 관광지를 소개하는 대표적인 모델로 정착되었다.

③ 태양의 후예

'태양의 후예'는 가상공간인 우르크 부대를 강원도 태백에서 촬영하였다. 이 장소는 임시로 사용을 허가 받은 곳이고 드라마가 사전 제작을 하였기 때문에 해당 세트장은 철거된 상태였다. 그러나 드라마 인기가 높아지면서 촬영지에 대한 문의와 관광자의 요구가 높아지자 해당 지역인 한보탄광은 다시 복원되었으며 2018년 7월까지 33만 명의 관광자가 방문을 하는 등 인기를 끌고 있다.

4) 에니메이션 및 캐릭터

① 뽀롱뽀롱 뽀로로

에니메이션 작품 중에 가장 성공한 사례로 인식되는 작품으로 EBS에서 방송할 당시 5%라는 시청률을 기록했고, 이후 출판물, 연극, 각종 캐릭터 상품 등으로 지금까지 큰 수익을 올리고 있는 한국 애니메이션계의 성공작이다. 붙은 별명이 유딩들의 동방신기, 뽀본좌, 뽀통령, 뽀느님, 뽀수 그리스도, 유통령, 유딩왕 등이다. 유아용 상품이라면 뽀로로 캐릭터가 들어가 있을 정도이며 프랑스, 미국 등 여러 국가에도 수출되고 16개 국가에서 지상파를 타는 등 해외에서도 성과를 올리고 있다.

5) 게임

① 포켓몬 고

포켓몬 고는 게임으로 인해 관광현상이 나타난 대표적인 사례로 꼽힌다. 또한 해외에서도 캐릭터를 잡기 위해 동굴 등 위험한 곳으로 접근하면서 사고가 발생하여 과학기술의 발달이 관광자의 안전을 담보할 수 있느냐의 문제가 나타났다. 포켓몬 고는 대표적인 AR 게임으로 증강현실 (augmented reality)이란 실제 세계에 가상 사물이나 정보를 합성하여 원래 환경에 존재하는 사물처럼 보이도록 하는 컴퓨터 그래픽 기법이다. 현실에 가상세계를 보완해주는 개념으로 컴퓨터 그래픽을 통해 현실 환경에 필요한 정보를 제공한다. 사용자가 보고 있는 실사 영상에 3차원 가상영상을 겹침(overlap)으로써 현실 환경과 가상화면의 구분이 불분명해 진다. 일 순간이긴 했지만 2016년 증강현실(AR) 모바일 게임인 '포켓몬 고(Pokemon GO)'는 '속초 대란'으로 표현될 정도로 폭발적인 인기를 누렸다. 당시 한국에 출시되지 않은 '포켓몬 고'가 강원 속초 지역에서 이용가능하다는 사실이 알려지면서 속초는 '포켓몬고 성지'로 불렸다. 이 게임을 즐기려는 이용자들이 몰리면서 속초행 고속버스 티켓을 구하기도 힘들어지는 등의 현상이 나타났다. 포켓몬이 나타나는 지역인 속초 해변 등이 특수 효과를 누렸다. 이곳의 편의점을 비롯해 미니전동카, 오토바이, 자전거 대여점 등 인근 업소들도 뜻밖의 호황을 누렸다. 이를 위한 전용 여행상품도 출시되었다. 당일치기 포켓몬 사냥 버스 상품은 서울-속초 간 왕복 운행버스로 속초시내 주요 거점을 중심으로 이동하며 포켓몬 사냥에 나서는 것이다.

6) 공연

① 난타

공연계에서 드물게 성공한 작품이라고 할 수 있다. 1997년 초연이 공연된 이후 난타 전용극장이 생길정도로 인기를 끌었다. 말없이 소리와 몸짓으로만 공연을 하는 비언어적 표현을 하면서 외국인 관광자들에게도 많은 호응을 얻었다. 2015년 2월 관람객수가 천만 명을 넘어섰으며 주요 내용으로 요리사들이 등장하여 요리를 준비하면서 벌어지는 소동 등을 유쾌하게 그려냈다. 언어 중심이 아닌 박자와 소리가 주된 공연으로 한국적인 사물놀이 리듬과 마당놀이 형식, 서양의 뮤지컬이 통합된 퍼포먼스라는 점에서도 인기를 끌었다.

2. 해외 사례

1) 대중음악

① 영국 아비 로드(abbey road)

영국이 배출한 밴드와 가수들은 전세계에 수많은 팬들을 보유하고 있는데, 이들은 좋아하는 밴드와 가수에 대해 전문가 못지않은 해박한 지식과 정보를 지니고 있으며 그들이 좋아하는 가수와 밴드들의 발자취와 역사 등에 관심이 많다. 대표적인 뮤지션들은 비틀즈, 클래쉬, 섹스피스톨즈, 퀸, 다빗보위, 핑크플로이드 등이 있다. 이중 비틀즈의 발자취가 있는 아비 로드는 1969년 세계적인 록 그룹인 비틀즈가 마지막으로 발표한 11번째 앨범으로 이 앨범의 자켓 사진은 세계적으로 음악 팬뿐만 아니라 관광자들에게도 유명한 관광지가 되었다. 관광자가 따라하는 포즈로 유명하다. 아비 로드는 런던의 주택가에 자리한 평범한 거리이나 비틀즈의 표지를 장식하면서 유명해 졌고 구글에 영문으로 아비 로드를 검색하면 무려 오천만 개 가량의 자료가 검색될 정도로 독보적인 장소성을 가지게 되었으며 수많은 패러디를 양산하였다.

2) 영화

① 반지의 제왕과 프로도 효과

영화관광자의 효과를 나타내는 대표적인 용어로 프로도 경제효과(frodo economy effect)가 있다. 프로도는 영화 〈반지의 제왕〉에 나오는 인물로 뉴질랜드가 〈반지의 제왕〉을 통해 얻은 경제효과를 의미한다. 〈반지의 제왕〉은 뉴질랜드에서 촬영되었으며, 뉴질랜드의 아름다운 경관이 알려지게 되었다. 2001년 〈반지의 제왕〉이 개봉된 이후 뉴질랜드 관광자 수는 연평균 5.6%가 증가하였다. 이 시기에 세계 관광자는 1% 내외의 증가율을 나타냈다. 영화 개봉 이후 2001년부터 2003년 상반기 까지 뉴질랜드의 관광 수입은 38억 달러로 뉴질랜드 최대 국가산업인 낙농업 수출 규모와 비슷하게 나타났다. 뉴질랜드 북섬에 위치한 마타마타 농장은 영화 속 '호비톤(Hobbiton) 마을'의 배경으로 활용된 마타마타 농장의 경우 사유지를 개방하고, 1인당 75달러의 입장료를 받고 있다(2시간 투어 비용). 이러한 결과는 뉴질랜드의 적극적인 영화지원 정책의 효과로 당시 뉴질랜드 정부는 반지의 제왕 제작 후원을 위해 전담 부서를 설치하고 1,870만 달러의 홍보비용을 지출하였다.

② 해리포터

전세계 많은 팬들을 보유한 해리포터 시리즈는 영국을 배경으로 만들어진 판타지 영화이다. 해리포터는 영국 곳곳이 배경이 되었는데 대표적인 장소는 라콕, 글로우체스터, 옥스퍼드, 런던 등이 있다. 이중 노섬벌래드에 있는 알른윅(Alnwick)성의 경우 영화에서 학생들이 마법 빗자루를 타기 위해 연습하던 장소로 유명해졌다. 실제 알른윅성은 해리포터 영화 개봉 후 120% 관광자가 급증하였다(오세영·심창섭, 2016). 런던에도 해리포터의 흔적이 남아있는데 대표적인 장소는 고블린들이 관리하는 그린고트 은행의 실제배경이 되었던 곳과 불사조기사단에서 등장한 12개의 그리몰드를 찾아보는 프로그램이 있다. 그리고 호그와트로 떠나는 해피포터와 그의 친구들이 이용한 런던 킹스크로스 기차역의 9와 3/4승강장 역시 해리포터에 등장했던 대표적인 명소라 할 수 있다. 런던을 제외한 작은 지방 도시들의 경우 해리포터 개봉 전 지방의 작은 마을 또는 관광자들을 볼 수 없는 장소에 불과했으나 영화의 성공 이후, 알른윅성이나 라콕처럼 관광자가 급증한 지역이 생겨났다.

3) 공연

① 웨스트엔드 뮤지컬

영국의 뮤지컬은 웨스트엔드로 불리는 런던의 코벤트가든에서 피카딜리 서커스 사이의 극장 중심지를 중심으로 현재 약 40곳의 상업 대형 극장들이 있다. 웨스트엔드는 미국의 브로드웨이와 함께 전세계 극장산업의 양대산맥을 이루는 지역이다. 전 세계에서 런던을 방문한 관광자에게 웨스트엔드가 인기를 끄는 이유는 영국 뮤지컬의 뛰어난 공연수준과 뮤지컬의 발상지라는 이미지와 오직 런던에서만 공연하는 배우들을 보기 위해서이다. 또한 웨스트엔드 뮤지컬은 특정 작품이 특정 공연장에서 열리는 독특한 운영시스템과 전용극장이 특정작품을 위해서 무대, 음향시설, 조명 등이 설치되어 있는 최고의 공연환경 등을 제공하고 있다. 영국 관광청에 의하면 영국을 방문하는 외국 관광자 10명 중 1명이 뮤지컬 극장을 방문하여 약 28억 파운드를 소비한다고 한다. 특히 런던 웨스트엔드는 매년 220만 명이 찾는 장소이며 19억 파운드의 수익을 창출하며 극장 관람자 10명 중 7명이 웨스트엔드 지역이 런던문화의 중요한 부분이며 50% 이상이 런던 관광산업 부흥의 핵심적인 장소라고 인식하였다(오세영·심창섭, 2016). 이처럼 웨스트엔드 뮤지컬 극장을 방문한 관광자들은 극장 주변에서 외식, 숙박, 교통비 등을 지출해 런던 경제에 많은 기여를 하고 있다고 할 수 있다.

4) 지역축제

① 호주 시드니 비비드 축제

오스트레일리아와 시드니의 상징인 오페라하우스를 활용하여 호주의 겨울 비수기 관광시즌인 매년 5월 말에서 6월 초까지 다양한 기술이 접목된 '비비드 시드니 축제(Vivid Sydney Festival)'가 개최되고 있다. 비비드 시드니 축제는 2009년에 오페라 하우스 건물에 절전형 스마트 조명을 밝히

는 것으로 시작하여 약 10년 만에 세계적인 빛과 예술의 축제로 성장하
였다. 비비드 시드니(Vivid Sydney)는 2000년 시드니 올림픽 이후로 겨울철
시드니 관광에 대한 관심이 감소하는 것을 방지하기 위하여 뉴사우스웨
일스(NSW) 주 관광청에서 제시한 네 가지 대형 이벤트를 하나로 통합하
여 대표적인 축제로 만든 것이 시작이었다.

비비드 시드니 축제는 라이트, 뮤직, 아이디어(light, music, idea)의 세 가
지 테마로 진행되며, 축제기간 동안 오페라하우스와 주변 지역에서 조명
과 음악, 첨단기술 등이 활용된 이색적인 시드니 야경이 연출된다. '비비
드 라이트'은 빛이라는 소재에 첨단기술을 접목시켜 탄생한 조명예술로
조명 장식, 조각품, 벽화, 3D 프로젝션 등 어디에서나 빛으로 연출되는
시드니를 관람할 수 있다. 매년 가장 인기 있는 장소인 서큘러 키(지하철
역), 왈쉬 베이, 마틴 플레이스, 달링 하버 등에 다양한 조명시설이 설치되
고 있으며 관광자들이 단순히 오페라하우스 외관을 관람하는 것에 머무
르지 않고 유람선 등으로 하버 브릿지 등 주변을 순회하기 때문에 주변
지역을 모두 활성화시키는 대표적인 지역축제가 되었다. 비비드 시드니
축제 개최 이후 외국인 관광자가 급증하였다. 호주무역진흥청 산하 호
주관광연구소(Tourism Research Australia)가 2017년 9월 발표한 외국인 관광
자 통계 자료에 따르면 비비드 시드니 축제가 개최되는 2016.7.-2017.6.
동안 가장 높은 방문자 수(4,008천 명: 전년 대비 10% 증가)와 지출액(100억 9,900
만 호주달러: 전년 대비 11% 증가)을 나타낸 주는 시드니가 위치한 NSW 주로 나
타났다.

5) 관광기업(호텔, 레스토랑, 컨벤션 등)에서 마케팅목적의 엔터테인먼트

미국의 라스베가스는 3대 쇼로 호텔의 내의 유명한 벨라지오 호텔의
오쇼(o show), MGM 그랜드 호텔의 카쇼(ka show), 그리고 윈호텔의 르레브
쇼(le reve show) 등이 있다. 이들 쇼는 호텔기업의 마케팅 목적에서 기획되

고 개최되는 쇼로서 세계적인 호텔 엔터테인먼트가 되었다. 이중 르레브 쇼는 태양의 서커스의 프랑코 드래곤이 직접 설계하고 제작한 쇼로서 르레브의 뜻은 프랑스어로 '꿈'이라는 의미로 전체적으로 쇼의 분위기가 몽환적이고 신비롭게 연출되었다. 한편, 아시아에서는 마카오의 공연이 유명한데 마카오 리조트 시티 오브 드림스 내 수중공연인 '하우스 오브 댄싱 워터(the house of dancing water)'는 관광자의 필수 코스로 인정받고 있다. 한화로 약 2,750억 원의 비용이 투자되었으며 프랭코 드래곤이 제작을 하였다. 단순히 쇼에 그치는 것이 아니라 동양적 문화를 배경으로 잘 짜여진 스토리와 출연진들의 화려한 퍼포먼스로 관광자들에게 인기를 끌고 있으며 마카오의 필수 관람공연으로 자리 잡고 있다.

| 6절 | 엔터테인먼트 관광의 발전방향

최근 소득과 여가시간의 확대, 교육의 확대 등으로 인한 삶의 질을 추구하는 수요자 측면의 변화에 부응하여 엔터테인먼트 산업 자체가 급속한 성장을 했고, 기존의 산업이 엔터테인먼트 요소를 적극 채택하고 있으며 사회 전반에 엔터테인먼트화가 이루어지고 있으며 관광산업도 예외는 아니다. 엔터테인먼트 관광은 해당 분야가 가지고 있는 특성상 다양한 형태와 복합적인 분야로 구성되어 있어 엔터테인먼트산업과 관광산업은 오랜 역사를 두고 연계·발전해 오고 있다. 한편 관광트렌드가 과거에는 단순히 보는 관광이 대부분 이었으나 최근에는 감성 체험목적의 관광활동이 급부상하고 있다. 특히 특별목적관광(SIT 관광)은 개별관광자의 형태와 결합되어 하나의 목적을 추구하는 관광으로 자리 잡게 되었고, 엔터테인먼트 관광은 특별목적관광의 한 형태로서 최근 젊은 층에서 빠르게 확산되고 있다.

또한 최근 IT 기술과 결합되어 시간과 공간을 초월하는 관광활동이 이루어지고 있으며, 전통적인 관광활동보다 빠르게 확산되고 있다. 엔터테인먼트 관광은 문화콘텐츠 기반의 특성으로 인해 한 가지 캐릭터나 한 분야에서 인기를 끌게 되면 다른 분야와 연계되어 다양한 유형으로 변형·발전되기 때문에 관광분야에서 엔터테인먼트의 위상은 향후 더욱 높아질 것으로 예상된다. 특히 대중문화에 뿌리를 두고 있는 엔터테인먼트 관광은 대중문화 등 원천소스의 흥행으로 인해 관광자의 관심이 높아지게 되고 이는 로케이션 방문과 관광코스 및 상품출시로 이어지고 궁극적으로는 테마파크조성 등의 새로운 관광명소로 이어지는 선순환구조를 가지고 있는 대표적인 OSMU의 특징을 가지고 있어 발전가능성이 매우 높다. 그러나 재미만을 추구하면서 파생되는 여러 가지 문제점들도 노출되고 있어 이를 해결하기 위한 방안도 함께 마련되어야 할 것으로 보인다.

한편, 엔터테인먼트 관광이 우리나라 관광산업에서 차지하는 비중이 증가하는 추세에 있다고 하더라도 정책적 지원에 있어서는 신중할 필요가 있다. 엔터테인먼트 관광은 문화에 기반을 두는 특성으로 인해 자생적 콘텐츠를 기반으로 할 때 더욱 가치를 발휘하는 특성을 가지고 있다. 과거에도 그랬고 현재에도 그러하듯이 우리나라 관광산업에 막대한 영향을 미치고 있는 한류관광, K-POP 열풍은 정부의 정책보다는 민간의 자생적 노력에서 비롯되었다는 점을 간과해서는 안된다. 따라서 정책적 지원에 있어서 정부가 나서기보다는 민간의 자생적 노력을 도와주는 간접적 지원방식이 우선되어야 할 것으로 보인다. 또한 엔터테인먼트 관광은 고유한 콘텐츠를 기반으로 할 때 가치를 지니기 때문에 콘텐츠의 성장을 장기적인 긴 호흡으로 기다릴 수 있는 토양이 마련될 필요가 있다.

끝으로 현재의 국내외 관광트렌드와 환경변화를 감안해 보며, 관광의 엔터테인먼트는 가속화 될 것으로 판단되며 현재 엔터테인먼트 관광이라는 새로운 사업 등 활발한 움직임이 일어나고 있음에도 불구하고 다학제적이고 종합학문적인 연구는 여전히 부족한 실정이다. 따라서 학문적 체계를 정립하기 위한 엔터테인먼트 관광의 본질 개념에 대한 연구가 한층 더 이루어질 필요가 있다.

1. 오늘날 관광학에서 새롭게 논의되고 있는 엔터테인먼트 관광이 가지는 의미는 무 엇일까?

2. 최근 문화콘텐츠 산업이 성장하고 있는데 엔터테인먼트 관광과 문화콘텐츠 산업 은 어떠한 관계를 맺고 있으며 상호발전하고 있는가?

3. 최근 소셜미디어로 대별되는 새로운 매스미디어의 출현으로 인해 관광산업 트렌 드는 급격히 변화하고 있다. 그렇다면 매스미디어의 영향으로 인해 향후 새롭게 등장할 것으로 예상되는 엔터테인먼트 관광에는 어떠한 것이 있을 수 있을까?

4. 오늘날 엔터테인먼트 관광은 ICT와 결합되어 새로운 융합관광의 모습으로 변모하 고 있다. 이러한 기술적 진보가 관광산업, 나아가 엔터테인먼트 관광에 미치는 영 향은 무엇일까?

5. 엔터테인먼트 관광은 문화산업 내지 콘텐츠산업의 유행과 트렌드만을 쫓아가면서 관광의 진성성보다는 표피적인 모습만을 쫓아간다는 우려도 있는데 엔터테인먼트 산업과 관광산업이 건전하게 발전하기 위해 필요한 과제는 무엇이라고 생각하 는가?

더 읽어볼 자료

1. Herold Vogel(헤럴드 보겔)(2003). 『엔터테인먼트 경제학(Entertainment industry economics)』. 현대원 옮김, 서울: 커뮤니케이션북스.

   산업 전반에 걸쳐 많은 비중을 차지하고 있는 엔터테인먼트 산업의 각 부분의 변화추세에 대한 분석과 엔터테인먼트의 각 주요 부분들 분리해 고찰하고, 엔터테인먼트 산업과 경제의 전반적인 면에 걸친 연계성을 설명해 광범위한 엔터테인먼트 산업에 통합적으로 접근한 전문서적.

2. 유진룡 외(2009). 『엔터테인먼트산업의 이해』. 서울: 넥서스BIZ.

   다양한 분야의 엔터테인먼트 현장에서 종사하는 엔터테인먼트 전문가들이 엔터테인먼트산업에 대한 이해를 비롯해, 국내외에서 이루어지고 있는 부분별 동향과 전망을 살펴보고, 엔터테인먼트의 전반적인 내용을 다양한 연구, 통계자료를 중심으로 단순한 이론만이 아니라 엔터테인먼트산업의 현 상황을 구체적으로 분석하고, 진화할 모습을 예측한 전문서적.

3. 박미숙(2016). 엔터테인먼트관광 개념에 대한 재고찰. 『관광연구논총』, 28(4), 3-30.

   엔터테인먼트 관광현상에 대한 개념적 이론적 체계에 대한 연구가 부족한 현실에서 엔터테인먼트 현상을 분석하고 설명할 수 있는 이론화를 시도한 논문으로서 엔터테인먼트 관광을 이해하는데 도움이 될 만한 학술논문.

권유홍・손대현(2004). TV 드라마촬영지의 포스트모던한 관광체험.『관광학연구』, 28(2), 175-192.

김동준・김윤환(2017a). 컨벤션 엔터테인먼트 참가자의 이미지 형성에 관한 연구.『한국엔터테인먼트산업학회논문지』, 11(6), 329-338.

김동준・김윤환(2017b). 호텔 엔터테인먼트 마케팅 기획모델 도출.『한국엔터테인먼트산업학회논문지』, 11(5), 321-330.

김동준・조인희(2016). 관광엔터테인먼트 선택속성이 지각된 가치와 고객만족에 미치는 영향 연구.『한국엔터테인먼트산업학회논문지』, 10(3), 67-76.

김은진(2012). 여행박람회의 엔터테인먼트요소가 방문만족과 행동의도에 미치는 영향: 2012내나라여행박람회 방문객 중심으로. 한양대학교 국제관광대학원 석사학위논문.

김형곤(2010). 명사와의 자아일치성이 관광경험에 미치는 영향.『관광학연구』, 34(5), 177-197.

박미숙(2016). 엔터테인먼트관광 개념에 대한 재고찰.『관광연구논총』, 28(4), 3-30.

박오성・이진호(2017). 기내 엔터테인먼트 시스템에 대한 승객태도와 행동의도에 관한 연구.『한국엔터테인먼트산업학회논문지』, 11(7), 57-66.

박정배・홍정수(2018). 한류관광콘서트의 국가별 참가자의 관여도 비교분석 연구.『문화와융합』, 40(1), 515-534.

박종찬(2018). 지역축제 방문객 만족이 관광이미지에 미치는 영향 연구: 담양 대나무축제 방문객을 대상으로.『관광레저연구』, 30(5), 341-355.

손대현(2004).『문화를 비즈니스로 승화시킨 엔터테인먼트 산업』. 서울: 김영사.

손대현(2010).『한국문화의 매력과 관광이해』. 서울: 백산출판사.

심두보(2007). 한류와 한국 드라마, 그리고 여성의 팬덤. 『방송공학회논문지』, 12(5), 414-422.

안대희・조문식・정민섭・윤지현(2014).『문화관광론』. 서울: 백산출판사.

양승훈(2008). 관광과 엔터테인먼트 연구 동향: 지속 가능한 한류관광연구를 위하여.『관광학연구』, 32(6), 471-486.

양승훈・손대현(2007). 관광지 스타마케팅 도입에 관한 연구: 스타의 관광지 지지모형구축을 중심으로.『관광연구논총』, 19(2), 49-69.

양승훈・장준수(2009). 여행사와 연예기획사의 팬미팅이벤트 협력방안. 『관광학연구』, 33(4), 127-142.

오세영・심창섭(2016). 영국 엔터테인먼트 관광 사례연구.『관광연구논총』, 28(4),

31-54.

유진룡 외(2009). 엔터테인먼트산업의 이해. 넥서스BIZ.

유영준(2007). 에듀테인먼트 콘텐츠를 통한 경주의 정체성 확립 방안. 『관광연구저
널』, 15, 281-300.

장혜원(2013). 문화관광자의 가치체계에 관한 연구. 제주대학교 대학원 박사학위논문.

장혜원·현계담(2013). 엔터테인먼트관광자의 가치 추구. 『한국콘텐츠학회논문지』,
13(12), 1006-1016.

조민호(2005). E-factor와 허스피털리티산업, 한양대최고엔터테인먼트과정 강의안.

한국콘텐츠진흥원(2013). 『미국콘텐츠산업동향』. 한국콘텐츠진흥원 보고서.

헤럴드 보겔(Herold Vogel)(2003). 『엔터테인먼트 경제학』. 현대원 옮김, 커뮤니케
이션북스.

Wolf, M. (1999). 『오락의 경제』, Entertainment Economy(이기문 역). 서울: 리치북스.

Adeboye, C. (2012). The impact of entertainment on the Tourism Sector: Case
study: Agency Remarc Greece.

Cohen, S. (2005). Screaming at the moptops: convergences between tourism and
popular music In D. Crouch, R. Jackson, & F. Thompson (Eds.), The Media
and the Tourist Imagination. pp. 76-91, London: Routledge.

Kim, S., J. Agrusa, Lee, H., &K. Chon (2007). Effects of Korean television dramas
on the flow of Japanese tourists. Tourism Management, 28(5), 1340-1353.

Kressmann, F., Sirgy, M. J., Herrmann, A., Huber, F., Huber, S., & Lee, D. (2006).
Direct and indirect effects of self-image congruence on brand loyalty.
Journal of Business Research, 59(9), 955-964.

Fiske, J. (1992). The Cultural economy of fandom In L.Lewis (Ed.), The Adoring
Audience: Fan Culture and Popular Media, pp. 30-49. New York: Routledge

Hughes, H., & Allen, D. (2008). Visitor and non visitor images of Central and
Eastern Europe: a qualitative analysis, *International Journal of Tourism
Research,* 10(1), 27-40.

Lee, S., Scott, D., & Kim, H. (2008) Celebrity fan involvement and destination
perceptions. *Annals of Tourism Research,* 35(3), 809-832.

Riley, R., Baker, D. and Doren C. V. (1998). Movie Induced Tourism, *Annals of
Tourism Research* Vol 25, No 4, 919-935.

Urban Land Institute (2001). *Developing Entertainment Destination(2nd Ed),*
Washington D.C.

Victor K. Y. Chana. (2011). The Impact of the Global Financial Crisis on the
Entertainment Tourism Industry: A Financial Engineering Case Study of

Macao from 2007 to 2010. *Systems Engineering Procedia* 1, 323-329.

Vogel, H. L. (1999). *Entertainment industry economics*, Cambridge University.

Vogel, H. L. (2014). *Entertainment industry economics: A guide for financial analysis*. Cambridge University Press. 9th 2014.

11장 _ 음식관광

서 용 석 (사행산업통합감독위원회 전문위원)

11장 _ 음식관광

서 용 석 (사행산업통합감독위원회 전문위원)

Highlights

1. 음식관광의 다양한 정의와 개념에 대해 이해한다.
2. 음식관광의 중요성에 대해 산업적인 측면과 여가적인 측면에서 이해한다.
3. 문화관광적인 측면에서 음식관광의 명암에 대해 고찰해 본다.
4. 음식관광의 진화한 형태인 식도락관광에 대해 이해한다.

|1절| 개관

음식은 관광과 불가분의 관계에 있다. 그 지역의 음식은 관광자에게 문화적 경험의 필수적인 요소라 할 수 있으며(박보미 · 윤유식 · 이경희, 2009), 나아가 관광에서 음식이 가진 파급효과는 숙박, 운송, 오락 시설보다 크다는 점에서 지역 경제 발전에도 많은 기여를 하고 있다.

음식관광은 진정한(authentic) 음식을 찾아 떠나는 여행이다. 음식관광은 그 지역만이 가지고 있는 이름난 식재료, 음식의 역사, 그리고 그 음식 체험을 직접 향유하기 위해서 관광자가 음식의 본고장으로 방문하는 행태라고 정의할 수 있다(서용석. 2009). 전지구화, 세계화로 인해 세계 어느 곳에서나 근거지에서 이국적 음식을 즐길 수 있는 시대가 도래하였지만,

여전히 관광자는 해당 관광지에 직접 가서 색다른 음식을 찾아다닌다. 문화관광 체험욕구 중 특히 음식은 즐거움과 행복감을 느끼고 기억에 오래 남을 수 있는 중요한 역할을 하기 때문에(Chang, Stansbie, & Roods, 2014) 음식관광은 최근 들어 문화관광에서 새로운 패러다임으로 각광받고 있다.

이처럼 음식은 각 나라와 지역의 문화를 대변하고 관광자의 경험을 형성하는데 있어서 필수적인 요소이다(Dittermer, 2001; Hall & Sharples, 2003; Hjalager & Richards, 2002; Williams, 1997). 그 나라를 방문한 관광자들에게 해당 지역의 고유한 문화를 체험하고 이해할 수 있도록 해주는 중요한 관광자원이며 여행의 즐거움을 더해주는 문화관광상품(한국관광공사, 2007)인 음식은 특수목적관광(Special Interest Tourism)의 대상이 될 수 있다. 주요 생산지를 방문하고, 음식축제에 참여하며, 레스토랑이나 특정한 장소에서 음식을 시식하거나, 특산물 생산지역의 특성을 체험하는 것은 여행 동기를 자극하는데 큰 역할을 하고 있다(Hall & Mitchell, 2001).

외국인 관광자 중 개별여행자와 단체여행자들의 방한 기간 중 음식 관련 지출경비는 각각 177달러, 70달러로서 쇼핑비 다음으로 높은 비중을 차지하는 것으로 조사되고 있다(문화체육관광부, 2018). 또한 음식은 관광산업 부가가치가 2조6천억 원으로서 반도체, 자동차 등을 앞서고 있다는 연구 결과도 있으며(한국문화관광연구원, 2005), 전 세계적으로 웰빙 트렌드로 인해 신 성장동력으로 급부상하고 있다. 한편 음식서비스에 대한 불만족은 전반적인 여행불만족으로 이어지고, 결국 재방문 의사에도 영향을 미치게 되는데(Nield, Kozak. & LeGrys, 2000), 이는 음식이 관광의 필수적인 활동으로서 여행경험의 평가에 핵심적인 영향을 주므로 관광활동 만족의 바로미터 역할을 함을 의미한다.

이처럼 음식관광은 관광산업의 활성화에 큰 역할을 하고 있으며, 여가문화적인 측면에도 중요한 의미를 지니고 있다. 문화관광의 측면에서 음식관광을 바라볼 때 빼놓을 수 없는 것이 식도락(食道樂, gourmandism) 여가이다. 식도락은 음식에 대한 관심과 몰입을 나타내는 말 중 가장 높은 단계로서 일상적 음식여가의 성숙화 단계인 식도락 여가가 무르익으면 식도락 관광으로 이어진다는 점에서 식도락 여가는 여가활동의 영역에서 주목을 받고 있다.

최근 특별한 음식을 원하는 소비자 욕구와 함께 TV, 책, 인터넷을 통한 다양한 맛집과 음식소개가 전국민적으로 각광을 받게 됨에 따라 식도락에 대한 중요성이 날로 증대되고 있다.

이렇듯 음식관광과 식도락관광은 산업적 측면과 여가적 측면에서 매우 중요한 위치를 차지하고 있으며, 앞으로 문화관광 영역에서 매우 큰 비중을 차지할 수 있을 것으로 전망되고 있다. 이에 본 장에서는 음식관광의 정의와 중요성 그리고 관련 연구들을 살펴보고, 문화관광적인 측면에서 음식관광을 고찰한 후 음식관광의 진화한 형태인 식도락관광까지 학술적인 지평을 넓혀보고자 한다.

| 2절 | 음식관광의 개념과 특성

1. 음식관광의 정의와 분류

음식관광이란 용어는 주로 외국 학자들의 연구를 인용하여 사용되고 있다. Halloran과 Deale(2004)는 음식관광이란 새롭게 정의된 틈새시장으로 여행과 음식 및 음료산업의 영향이 교차하는 것으로 관광산업과 음식산업의 융합적 요소라는 점을 강조하였다. Shenoy(2005)는 음식관광이란 관광 목적지에서 행하는 관광자들의 음식 관련 활동으로 정의하였으며, 여기에서 음식관련 활동이란 식사, 지역 식료품 구입, 독특한 음식 생산지역의 특성 체험 등이 해당된다고 하였다. 한편 International Culinary

Tourism Association(ICTA)에 따르면 음식관광은 음식을 통해 즐거움을 찾는 것이며, 독특한 음식이벤트, 요리학교, 식료품점 및 레스토랑과 와이너리를 모두 포함한 광범위한 것으로 정의하였다. Canadian Tourism Commission (CTC)에서는 음식관광을 방문자를 위해서 개발된 다양한 음식과 음료와 지역 음식문화에 관련된 활동으로 정의하였다.

음식관광에 대해 국내에서는 문화체육관광부(2013)가 음식을 매개로 한 관광 활동이 특정한 광광목적지를 방문하는 중요한 이유나 동기로 작용하는 경우를 의미한다고 정리하였으며, 이수진(2010)은 특별흥미관광 또는 특수목적관광(Special Interest Tourism)의 일종으로서 음식과 관련된 다양한 요소들이 여행의 동기를 자극하는 주요한 요소로 작용하는 관광이라 정의하였다.

〈표 11-1〉 음식관광의 개념 정의

구분	내용
문화체육관광부(2013)	음식을 매개로 한 관광 활동이 특정한 광광목적지를 방문하는 중요한 이유나 동기로 작용하는 경우를 의미
이수진(2010)	특별흥미관광 또는 특수목적관광(Special Interest Tourism)의 일종으로서 음식과 관련된 다양한 요소들이 여행의 동기를 자극하는 주요한 요소로 작용하는 관광
Hall & Sharples(2003)	음식 자원을 보유한 지역을 여행하는 것으로 음식과 관련한 체험 또는 활동이 관광의 주요 동기로 작용하는 것
Halloran & Deale	새롭게 정의된 틈새시장으로 여행과 음식 및 음료산업의 영향이 교차하는 것
Shenoy(2005)	관광목적지에서 행하는 관광자들의 음식관련 활동
International Culinary Tourism Association(ICTA)	음식을 통해 즐거움을 찾는 것이며, 독특한 음식이벤트, 요리학교, 식료품점 및 레스토랑과 와이너리를 포함한 광범위한 것
Candian Tourism Commission(CTC)	방문자를 위해서 개발된 다양한 음식 및 음료와 지역 음식문화에 관련된 활동

음식과 관련한 관광활동은 다양한 목적에 따라 세부적으로 분류되고 있는데, 국내에서는 음식관광, 먹거리관광, 식도락관광 등의 용어들을 사

용하고 있고, 국외에서는 음식관광(food or culinary tourism), 식도락 관광 (gourmet tourism), 지역색을 동반한 미식관광(gastronomy tourism), 요리 관광 (cuisine tourism), 시식 관광(tasting tourism) 등의 용어들을 사용해왔다(Hall & Sharples 2003; 정두용 2010).

Hall과 Sharples(2003)가 정리한 음식관광 활동을 살펴보면 다음과 같다. 첫째, 음식관광 활동 중 가장 높은 관심도(interest)를 보이는 활동은 원조 음식점, 지역 시장 또는 양조장 방문 등 음식과 관련된 원형을 찾아가는 모든 활동을 말하며, 식도락, 요리, 미식관광으로 세분화할 수 있다. 둘째, 중간 관심도를 보이는 활동은 목적지에서 음식과 관련된 광범위한 활동을 하는 것을 말하며, 음식관광으로 통칭할 수 있다. 셋째, 음식에 대해 낮은 관심을 보이는 활동은 음식 관련 호기심은 있지만 음식과는 직접적인 참여를 하지 않는 것을 말하며, 전원/도시 관광으로 세분화할 수 있다. 마지막 분류는 음식과 관련된 활동에 관심을 보이지 않거나 음식을 부차적이라고 생각하는 것이다.

자료 : Hall, C. M. 등, 2003.

〈그림 11-1〉 **특수목적관광으로서의 음식관광**

음식관광의 영역은 토착민 축제를 포함하여, 농촌관광활동, 요리교실, 주말농장, 과수원 체험, 음식축제, 지역 특산품 구매, 와인/맥주 시식, 전통음식 체험, 관광지 내 레스토랑에서의 식사, 농산물 직거래장 등을 포함하고 있다(CTC, 2002).

2. 음식관광의 중요성

음식은 인간의 생존을 위한 가장 구체적이고 직접적인 조건이며, 문화를 총체적으로 이해하는 중요한 기호이다(김미혜, 2007). 음식에 얽힌 우리의 행위는 인간의 삶 자체이며, 음식을 먹고 마시는 인간의 행위 속에는 너무나 인간적이면서 문화적인 표현들이 가득할 정도로(주영하, 2006) 음식은 우리의 삶에 깊이 관여되어 있다. 질 좋은 음식은 고대 그리스 시대에도 높은 가치로 숭상 받았으며 프랑스 요리계에서 가장 숭상을 받고 있는 인물인 오귀스트 에스코피에(Auguste Escoffier)는 '좋은 음식이 진정한 행복의 기반이다'라고 역설할 만큼 인간의 삶에 높은 가치가 되고 있다. 또한 지난 20세기에는 구리빛 피부와 마른 체형이 사회적·경제적 성공으로 여겨졌지만, 오늘날에는 외형적인 모습보다는 무엇을 먹고 어떻게 여가를 즐기며 사느냐가 더욱 중요하다는 인식이 확산되고 있다(김은주·박진우, 2005).

각 나라와 지역의 문화를 대변할 수 있는 여러 문화관광자원들 가운데 관광자가 쉽게 접할 수 있는 것이 음식이며, 음식은 관광자의 경험을 형성하는데 있어서 필수적인 요소라 할 수 있다(Dittermer, 2001; Hall & Sharples, 2003; Hjalager & Richards, 2002; Williams, 1997). 21세기는 문화가 산업이 되는 시대이며, 한국의 식문화는 문화적 측면에서 대표적인 웰빙음식으로서 국가 브랜드로 성장 가능성이 충분하다(이태리, 2008). 타지방이나 이국을 여행할 때 그 지방 혹은 나라의 독특하고도 다양한 맛의 요리들을 경험한다는 것은 여행을 풍요롭게 하는 중요한 매력요소이며 깊은 수준의 문화체험으로 여행 가치를 높여 주는 훌륭한 사회적 관광자원이다(문화관광부, 2006). 관광선진국들은 한 나라의 문화가 응집되어 표출되는 '음식'을 관광의 주된 소재로 삼아 관광 상품들이 개발하여 성공적으로 운영하고 있다.

음식관광의 중요성은 다음의 몇 가지로 나열할 수 있다. 첫째, 음식관광은 지역의 문화지도 형성, 더 나아가 지역의 정체성 확립 등에 다양한 역할을 제공하고 있다(Hall & Sharples, 2003). 캐나다 관광위원회(Canadian Tourism Commission: CTC)는 캐나다의 정체성과 문화적 개발을 강화시키기 위해 음식관광에 중요한 역할을 부여하고 있는 것이 대표적인 예이다. 둘째, 음식은 지역경제를 활성화하는 중요한 요소이다. 지역경제 개발, 고용 창출, 지방세. 외환증가 등의 효과가 발생하며, 특히 초보자의 한시적 고용이 증가하는 동시에, 음식의 요리·소매·유통을 담당하는 관련 산업은 수입품(imports)에 대한 의존도를 낮출 수 있게 된다. 셋째, 음식관광은 문화관광 시장의 중요한 부분을 구성한다.

3. 관광매력물로서의 음식관광

세계관광기구(UNWTO)에 따르면 음식은 국가 브랜드 및 이미지를 형성하는 핵심적인 문화 콘텐츠로서 음식자원을 중심으로 문화체험 기회를 제공하는 문화 매개체의 기능을 담당한다. 즉, 음식관광은 한국을 방문하는 외국인 관광자에게 한국의 음식문화 체험기회를 제공하는 중요한 유인 요소로 작용한다. 또한 음식자원은 방한 외국인 관광자의 방문 동기로 작용하며, 음식관광은 방한 외국인 관광자의 주요 체험활동에서 높은 비중을 차지한다. 때문에 음식 관광은 고부가가치화라는 측면에서 꾸준히 주목받아 오고 있으며 특히 정부에서도 우리나라 고유의 전통음식, 식문화, 식재료 등을 기반으로 이를 관광콘텐츠화 하고 상품화하기 위한 정책 방안을 모색하고 있다.

관광매력물로서의 음식관광의 중요성은 외국인 관광자 실태조사 결과에서도 확인해 볼 수 있다. 음식은 한국 방문 선택 시 주요 고려 요인으로 꼽히고 있는데, 세부 고려 요인(중복응답 기준)은 '쇼핑'(62.2%), '음식/미식탐방'(52.8%), '자연풍경'(36.4%) 등의 순서로 나타났다.

자료 : 문화체육관광부, 2018.

〈그림 11-2〉 **연도별 한국 방문 선택 시 고려 요인**

연도별 분석 결과를 봐도 음식 관광의 중요성은 점점 커지고 있는 것을 알 수 있는데, 쇼핑은 60%대로 꾸준하게 이어오고 있는 가운데, 음식/미식 탐방은 2013년 41.3%에서 2017년 52.8%로 11.5%p 증가하고 있는 것으로 나타났다. 한국 방문 선택 시 고려 요인의 3위인 '자연풍경'이 2013년 39.0%에서 2017년 36.4%로 오히려 2.6%p 줄어든 것을 보면 그 중요성은 더욱 크다고 할 수 있겠다.

〈표 11-2〉 **연도별 한국 방문 선택 시 고려 요인** (중복응답, 2017년 상위 10위 기준, 단위: %)

구분	2017년	2016년	2015년	2014년	2013년
쇼핑	62.2	67.3	67.8	72.3	61.0
음식/미식 탐방	52.8	44.5	42.8	41.1	41.3
자연풍경	36.4	43.2	44.8	49.5	39.0
패션, 유행 등 세련된 문화	25.4	25.4	23.6	19.8	14.8
역사/문화유적	19.8	25.6	27.6	25.2	17.7
거리	12.3	12.2	8.9	7.0	11.7
경제적인 여행비용	11.3	10.1	9.3	9.4	10.3
여행 가능한 여가시간	10.7	9.6	10.5	9.3	9.2
K-POP/한류스타 팬 미팅 경험	10.7	7.9	7.7	6.5	7.3
유흥/놀이시설	9.3	8.5	10.0	9.3	9.8

자료 : 문화체육관광부, 2018.

거주국별로 살펴보면, '음식/미식 탐방'은 외국인 관광자의 비중이 높은 일본의 비중이 70.5%로 매우 높은 것을 알 수 있다. 한편 중국, 홍콩, 대만, 호주, 미국 등 주요국의 음식관광자 비중도 50% 이상을 차지하는 것으로 파악되었다.

연령별로 보면 여성이 남성보다 '음식/미식 탐방'을 우선적으로 고려하고 있음을 알 수 있으며 쇼핑을 목적으로 한 관광자와 Air-tel 관광자의 우선적 고려사항 역시 '음식/미식 탐방'인 것으로 타나났다. 특히 방한 횟수가 많을수록 음식관광에 대한 고려를 중요하게 생각하고 있었다.

<표 11-3> 관광자 특성별 한국 방문 선택 시 고려 요인　　　　(중복응답, 상위 10위, 단위: %)

	구분	사례수	쇼핑	음식/미식탐방	자연풍경	패션, 유행 등 세련된 문화	역사/문화유적	거리	경제적인 여행비용	여행 가능한 여가시간	K-POP/한류스타 팬미팅 경험	유흥/놀이시설
	전체	8,983	62.2	52.8	36.4	25.4	19.8	12.3	11.3	10.7	10.7	9.3
성별	남성	3215	51.9	49.0	40.9	21.4	26.2	13.6	12.1	13.2	5.0	12.2
	여성	5,768	68.0	54.8	33.9	27.6	16.2	11.5	10.8	9.4	13.8	7.8
연령별	15~20세	619	66.9	53.5	28.3	29.9	15.7	8.8	9.5	8.3	24.1	11.8
	21~30세	4,031	65.6	53.5	36.9	29.3	15.9	12.3	10.5	11.2	11.6	10.3
	31~40세	2,237	63.4	51.4	36.8	25.1	21.7	12.9	10.4	10.6	6.9	8.5
	41~50세	1,178	55.4	53.0	36.4	19.7	24.7	11.2	13.1	10.5	11.3	7.9
	51~60세	657	53.0	51.2	40.8	14.1	26.8	14.6	18.2	10.7	7.1	6.3
	61세 이상	249	42.1	53.5	32.2	10.8	32.6	14.8	8.6	11.1	3.0	10.3
	모름/무응답	11	50.4	61.8	53.8	34.2	21.9	9.4	0.0	27.9	5.1	4.1
방한목적	여가/위락/휴가	7,182	56.3	52.3	40.5	23.8	22.7	11.7	11.5	12.1	11.3	10.4
	뷰티, 건강 및 치료	171	51.1	30.9	17.1	16.8	6.8	9.2	9.7	7.2	1.7	1.4
	종교 및 순례	64	30.6	33.0	46.0	22.7	37.5	5.5	15.3	3.2	0.0	5.5
	쇼핑	1,566	91.9	57.8	19.1	33.9	6.8	15.8	10.3	5.3	9.3	5.4
여행형태	개별여행	6,813	62.1	53.2	35.6	25.8	19.3	12.3	10.1	11.6	11.5	9.5
	단체여행	1,470	57.3	41.6	52.6	26.7	24.1	10.3	15.3	9.0	4.6	10.6
	Air-tel Tour	700	74.0	72.4	10.1	19.4	14.8	16.3	13.8	5.7	15.0	4.9
방한횟수	1회	4,572	54.5	49.0	44.3	24.8	26.1	11.5	11.5	12.4	8.9	9.4
	2회	1,586	67.0	53.1	34.3	26.5	15.5	12.4	13.1	10.1	9.4	11.0
	3회	803	70.7	55.6	31.2	28.8	15.3	13.5	10.7	9.3	8.7	9.4
	4회 이상	2,022	72.6	59.8	22.2	24.6	10.5	13.4	9.5	8.0	16.5	7.9

사례 1 코리안 나이트 다이닝투어

　'코리안 나이트 다이닝투어'는 온고푸드 커뮤니케이션에서 선보인 것으로서 '먹는 한식'에서 '체험하는 한식'으로 진화한 형태의 음식관광 상품이다. '회식'이라는 독특한 우리 나라의 직장 문화를 외국인이 체험할 수 있도록 한 것이 특징이다. 본 관광상품은 종로구 일대 전통시장 등을 도보로 다니면서 한식에 대해 불고기, 김치, 비빔밥 정도로만 알고 있던 외국 관광자들이 소주와 함께 삼겹살, 녹두전 등을 소주와 함께 즐기게 할 수 있는 미식관광이다. '코리안 나이트 다이닝투어'는 한국인, 동네풍경 구경, 지역의 역사를 스토리텔링 형식으로 재미있게 들을 수 있는 등 음식관광의 체험적인 요소가 극대화된 상품으로 각광받고 있다.

자료 : 문화예술지식정보시스템(https://blog.naver.com/policydb), 온고푸드 커뮤니케이션 홈페이지(http://ongofood.com)

〈그림 11-3〉 코리안 나이트 다이닝투어 회식 장면 및 전통시장 전경

사례 2 | 일본 사누끼 우동촌

　　일본 시코쿠 지방의 카가와현의 우동촌은 일본 대표음식 중 하나인 우동의 본고장
으로 꼽히고 있으며, 1천여개의 전문 가게들이 밀집해 있다. 1천2백여년의 역사를 자
랑하는 사누끼 우동촌은 우동을 소재로 한 관광상품의 개발이 두드러진 것이 특징이
며, 특히 우동전문택시·버스가 있어 유명 우동가게를 소개해 주거나 원하는 우동가
게를 안내 받을 수 있는 장점을 가지고 있다. 지역 내에는 우동학교 등 다양한 우동
체험 시설이 있으며, 전문해설가와 편리한 대중교통으로 인하여 외래 관광자의 접근
이 용이하다.

자료 : 나가노 우동학교 홈페이지(www.nakanoya.net)

〈그림 11-4〉 일본 사누끼 우동학교 및 우동 체험 장면

미국 나파밸리는 고급와인의 생산지로 유명하며 이곳에는 총 40여 곳의 와이너리
가 입지해 있으며, 와인관광을 즐기려는 관광자들을 위한 다양한 관광코스가 준비되
어 있다. 나파밸리는 와이너리를 연계하여 관광열차 안에서 와인을 즐길 수 있으며,
열기구를 타고 끝없이 펼쳐진 포도밭 풍경을 감상할 수 있는 등 명품콘텐츠관광을 지
향함으로써 연간 300만명 이상의 관광객이 방문하는 세계적관광지로 부상하는 효과
를 누리고 있다.

자료 : 광주전남연구원, 2016.

〈그림 11-5〉 미국 나파밸리 와인트레인

|3절| 음식관광 관련 주요 연구들

1. 음식관광에서의 장소성 및 관여도와 기대가치

음식관광은 지역의 고유한 문화와 새로운 음식, 진정한 음식을 찾고자
하는 관광자로 구성되는 문화관광의 행태이다. 음식은 그 장소에 대한 향
수(nostalgia)의 대상이 될 수 있고, 이러한 추억과 그 장소의 문화에 대한
애착도가 높은 사람일수록 방문과 구매에 강하게 영향을 미치게 된다

(Cicero, 1998). 따라서, 음식관광에 있어서 장소성은 음식관광자의 방문의 도를 설명하는 데 중요한 개념이 될 수 있다.

또한 관광자는 음식관광에 참여함에 있어서 관광행동에 영향을 주는 기대가치가 장소성과 관여도에 의해서 영향을 받을 것으로 추리할 수 있다.

이와 관련하여 박승현·서용석(2010)은 전북지역을 대상으로 하여 음식관광에 대한 장소성과 관여도의 관광행동에 대한 영향력을 밝혀내었다. 그들은 장소성이 관광자가 음식관광지로 결정하는 관광행동에 직접적인 영향을 주고 있음을 밝혔으며 음식에 대한 관심과 애착은 관광지 선택에 있어서 중요한 영향을 미치고 있다는 점을 실증적으로 검증하였다.

또한 음식관광에 대한 기대가치가 장소성, 관여도 그리고 관광행동과의 관계에서 매개 역할을 하고 있음을 밝혀냈는데 그 지역에 대해 관여도가 높은 사람에게 전북이 가진 음식관광지로서의 고유한 가치, 즉 진정한 전북음식의 고장, 아름다운 경관, 휴식의 장소, 토속적인 분위기를 적극적으로 알릴 경우 더 많은 음식관광 수요를 효과적으로 이끌어 낼 수 있다는 결론을 도출하였다.

음식관광과 장소성과의 관계를 고찰한 연구에서 주목해야 할 부분은 관광자가 기대하는 음식관광이란 진정한 향토 음식 이외에도 그 지역 고유의 경관, 자연 자원과 휴식을 위한 시설과 서비스 등 관광적 기능도 동시에 갖추어져야 한다는 것이다. 지역의 음식관광을 활성화하기 위해서는 지역 알리기 이벤트 개최와 같은 단편적인 계획보다, 그 지역이 가진 고유한 음식문화를 적극적으로 활용해야 함과 더불어 관광지로서 가져야 하는 다양한 자원의 매력성도 동시에 관리·개선해야 할 것이다.

2. 음식관광 동기

관광 동기는 전통적으로 가장 인기 있는 주제 중의 하나로 꼽히고 있는데, 음식관광 동기와 관련하여 주목할 만한 연구는 정두용(2010)의 음식관광자 유형 별 특성과 동기 분석을 꼽을 수 있다. 그는 음식관광을 하는 주된 목적은 고유성과 차별성을 가진 음식 체험이라고 주장하였다. 따라서 음식관광 활성화를 위해 고려해야 할 부분은 다른 곳과 차별화된 지역음식문화로 접근하여 판매하는 것에 대한 필요성을 제기하고 있다. 이와 관련하여 더욱 흥미로운 발견은, 관광자 동기요인들 중 음식과 직접적 연관성이 있는 음식품질과 고유음식 요인들뿐만 아니라, 음식과 직접적 연관성이 없는 교류, 행복, 문화 동기요인도 비슷하게 중요한 요인들로 발견되었다는 점이다. 이사원(2012)은 전주시를 방문한 관광자를 대상으로 직접 목적 음식관광, 간접목적 음식관광, 잠재적 음식관광의 세 가지 그룹 유형을 도출하여 세부적인 음식관광 동기(체험, 행복, 문화, 교제, 고유음식) 요인을 분석하였는데, 전주 음식관광 동기요인으로 고유음식에 대한 동기가 가장 높았고 행복 동기는 중간수준을 보였다. 이덕순(2013)은 음식관광 관여도와 동기가 참여활동과 만족도에 미치는 영향을 연구하였는데, 체험 및 행복, 문화, 고유음식 동기들 중 체험 및 행복과 문화요인이 참여활동에 유의하게 영향을 미치는 것으로 나타났다. 따라서 연구자는 단순한 먹거리로서의 접근이 아닌 지역문화를 이해하는 차원에서 음식문화 체험을 할 수 있도록 관광동기를 자극하는 것이 필요하다는 제안을 하고 있다.

3. 비교문화 관점에서의 서비스품질과 음식관광

서비스 품질(service quality)의 영역은 음식과 관련한 서비스를 제공하는 과정에서 발생하는 것과 서비스 전달과정에서 발생되는 품질에 이르기까지 고객을 위해 제공되는 모든 것을 망라한다(Gronroos, 1984).

음식관광과 관련한 종합적인 차원에서의 서비스품질에 대한 연구는 거의 없는 실정인데, 외식서비스와 관련한 연구로는 Oyewole(1998)이 외식 서비스품질을 측정하기 위해 57개의 영향요소로 10개의 요인을 제시한 것을 들 수 있다. 구체적 항목으로는 위생, 예의, 보건, 어린이, 불평불만, 편리, 식사차례, 이용가능성, 신속성, 커뮤니케이션 등이다. 또한 Rumore, Zhu, Tanner & Scheuermann(1999)은 패스트푸드 레스토랑에 대한 고객들의 선호도를 평가하기 위해 9개의 영향요소를 제시한 바 있다. 한편 Rust 등(1994)은 음식서비스품질을 서비스제품(product), 서비스전달(delivery), 서비스환경(environment)의 세 가지 품질차원을 제안하였으며 Brady & Cronin (2001)은 이들의 3요소 모델을 바탕으로 각 차원을 상호작용 품질(interaction quality), 결과품질(outcome quality), 물리적 환경품질(physical environment quality)로 나눈 위계구조 모형을 개발하였다.

비교문화적 관점에서 한국음식에 대한 연구는 최근 한류 확산과 더불어 등장한 한국음식에 대한 중국과 일본에서의 국가 간 차이를 분석한 이인구·김종배·오재환(2006)의 연구를 들 수 있는데, 그들은 한류 음식의 만족도가 중국보다 일본에서 보다 높게 나타남을 발견하였다. 주규희·설원식(2007)은 국적에 관계없이 한국음식에 지식, 한국 거주기간에 따라 한국음식 선호도가 차이가 남을 밝혀냈다.

유지윤·서용석(2009)은 비교문화적인 차원에서 언어권별 차이를 분석하였다. 분석결과 음식관광 서비스품질의 대응성, 심미성, 안정성, 효용성 요인에서는 영어권에서 높은 지각도를 보였고, 유희성은 중국어권에서, 차별성은 일어권에서 높은 지각을 나타내었다.

| 4절 | 문화관광적 측면에서 음식관광의 명암

음식은 한 사회 또는 국가에 의해 습득, 공유, 전달되는 문화의 중요한 측면으로, 식품의 생산과 조리, 가공, 상차림, 음식 먹는 습관, 용구와 식기 등 여러 가지 요소들 그 자체가 그 나라를 대표할 수 있다. 한 나라의

식문화는 그 나라의 정체성이며 현재와 전통이 혼합되어진 역사적 산물이기도 하기 때문에 관광에 있어서 식문화는 현대 관광에 있어 필수적이고 핵심적인 요소이다(김장호·최영민·전지영, 2010).

음식관광은 특별 관심분야로서의 역할도 중요하지만 문화관광적 측면에서도 매우 큰 역할을 하고 있다. 음식은 인간이 생존에 있어 필수적인 것이듯이 먹지 않고서는 관광을 유지하는 것은 거의 불가능하다. 관광지에서 접하게 되는 음식은 관광자들을 더욱 즐겁게 하는 매력물로서 관광의 가치를 더욱 높여주는 훌륭한 사회문화적 매력요소로서 역할을 훌륭히 해 낼 수 있다. 특히 향토음식은 고유한 전통문화자원으로서 그 속에는 그 지방의 풍물이 배어 있어, 음식을 통해 그 지역의 고유한 문화를 느낄 수 있는 것이다.

한편, 음식관광은 문화관광의 어두운 면을 그대로 내포하고 있는데, 전통음식문화의 훼손, 음식문화의 문화적 충돌, 음식문화의 종속화가 대표적이다. 먼저 전통음식문화의 훼손은 관광자의 대량유입에 따른 전통음식문화의 정체성이 약해지는 것을 말하는데, 관광자의 입맛에 맞는 음식을 개발하고 그들을 배려한 다양한 음식의 퓨전화를 통해 우리의 전통음식의 특색이 모호해질 수 있다는 것이다. 인류학자인 데이비드 그린우드가 지적하였듯이 문화적 상품화 관점에서 관광은 한 민족의 문화적 실체들을 다른 자원들과 함께 그저 판매용으로 포장될 수 있으며(전경수. 1994), 음식 역시 단순한 돈벌이를 위한 하나의 상품으로 전락하여 본래의 의미가 퇴색될 수 있다.

또한 관광자와 지역주민 간 문화차이로 인해 문화 충격(cultureal shock) 현상이 발생할 수 있는데, 서구인들이 야만적이라고 꺼리는 보신탕을 우리는 전통적인 보양문화로 받아들이고 있다든지, 서양의 '카르마르주'(구더기치즈) 등이 우리 나라 사람에게는 혐오 음식으로 인식되고 있는 경우가 대표적이다. 한편 국외자본이 투자되었거나 국제자본에 의하여 운영되는 관광지 또는 음식점은 투자국가의 문화에 큰 영향을 받을 수밖에 없다는 측면에서 음식문화의 종속화도 중요한 이슈가 될 수 있다. 음식은 한 나라 문화의 핵심을 담고 있기 때문에 자본에 의한 종속화는 단순한 음식만의 종속화가 아닌 언어, 습성, 정체성 등 문화의 종속화로 악화될 수 있는 것이다.

|5절| 음식관의 진화: 식도락관광[1]

1. 음식과 식도락

음식에 얽힌 우리의 행위는 인간의 삶 자체이며, 음식을 먹고 마시는 인간의 행위 속에는 너무나 인간적이면서 문화적인 표현들이 가득할 정도로(주영하, 2006) 음식은 우리의 삶에 깊이 관여되어 있다. 질 좋은 음식은 고대 그리스 시대에도 높은 가치로 숭상 받았으며 프랑스 요리계에서 가장 숭상을 받고 있는 인물인 에스코피에는 '좋은 음식이 진정한 행복의 기반이다'라고 역설할 만큼 인간의 삶에 높은 가치가 되고 있다. 또한 오늘날에는 외형적인 모습보다는 무엇을 먹고 어떻게 여가를 즐기며 사느냐가 더욱 중요하다는 인식이 확산되고 있다(김은주·박진우, 2005).

식도락은 '여러 가지 음식을 두루 맛보는 것을 즐거움으로 삼는 일'을 말하는 것으로 주로 '식도락을 즐긴다'라는 뜻이며(두산 백과사전) 영어로는 'gourmandism' 혹은 'epicureanism'이라고 하는 데서 근거를 찾을 수 있다. 여가분야에서 학술적으로 식도락이라는 직접적인 용어를 쓴 국내외 연구는 별로 많지 않으며 관광학에서 음식에 대한 관심(interest)과 관여(involvement)가 높을 경우 Hall & Sharples(2003)가 식도락관광(gourmet tourism)

---

1) 이 절은 서용석(2009)의 일부를 일부 수정·보완한 것임.

으로 분류한 바 있으며 국내에서는 손대현(2007)이 저서『재미학 콘서트』에서 사람의 8락(행도락·식도락·기도락·면도락·뇌도락·음도락·소도락·통도락) 중 하나로 식도락의 중요성을 역설한 바 있다.

식도락은 관광현상과도 밀접하게 관련되어 있는데, Kivela & Crotts(2006)은 식도락을 위한 여행 동기가 타당성이 있으며, 식도락이 관광 목적지 경험에 중요한 역할을 하고 있으며 독특한 음식을 맛보기 위해 똑같은 목적지를 다시 방문한다고 하였다. 음식 마니아로 분류되는 식도락가들이 일상생활 속에서 삶의 지향으로서 음식을 탐닉하는 것으로 만족하지 않고 주거지를 떠나 맛의 본고장을 찾기 위해 여행하는 것에 대한 것이다.

2. 진지성 여가와 식도락

여가와 음식과의 관계는 여가와 비슷한 여유(餘裕)에 쓰이는 한자 여(餘)에서 함의를 찾아낼 수 있다. 한자 '여(餘)'자는 배불리 먹고 남음이 있다는 뜻을 위해 만들어졌는데, 손대현(2007)은 재미와 멋이라는 말 속에 이미 맛과 먹는 것이 숨어있으니 삶의 재미와 음식은 떼려야 뗄 수 없는 관계라고 제시한 바 있다.

여가 행위로서의 식도락을 설명하기 위한 이론으로서 진지성 여가(serious leisure)와 전문화이론, 관여도, 몰입, 중독이론 등이 있다. 이 중 진지성 여가 이론은 특정한 여가에 대해서 매우 높은 집중과 관심을 보이고 일상적인 영역뿐 아니라 시·공간과 1, 2차적인 인간관계를 벗어나 광범위하고 다양한 사회현상을 빚어내고 있는 것을 설명하는 데 매우 유용한 것으로 여겨지고 있다(Stebbins, 1992).

진지성 여가의 가장 큰 특징은 여가활동에 일시적으로 참여하거나 금방 실증을 내지 않고 지속적으로 전념하여 참가하는 것이다. 한편 Stebbins(1999)가 제시한 바와 같이 향후 도래하게 될 노동소외 및 여가기회의 급속한 확장 시대에는 삶의 주요 가치로서 여가가 중요한 사회적 요구로 대두될 것이기 때문에 진지성 여가가 기존에 노동이 주는 가치를 대체한다는 점에서 그 절박성까지 내포하고 있다.

진지성 여가와 식도락 여가는 전문성과 동일 여가향유자들 간의 교류, 대상에 대한 높은 관심과 관여, 지속적인 활동 등에서 맥락적 공통성을 발견할 수 있다.

〈표 11-4〉 **진지성 여가와 식도락 여가**

	진지성 여가 이론	식도락 여가
특징	전문적 지식 확보 여가 참여자들간 교류와 독특한 규범 공유 높은 몰입과 관여, 이해수준 제약을 극복하는 지속적인 활동	음식과 관련한 높은 식견 음식에 대한 높은 관심과 관여 삶의 지향으로써 음식을 탐닉 맛있는 음식을 찾아 돌아다님

식도락가들을 대상으로 여가의 진지성을 설명할 때는 전문성, 자아실현성, 제약극복성 등을 고려할 수 있는데 이는 식도락가를 설명해주는 이론으로서 진지성 여가 이론이 적용될 수 있음을 의미한다. 진지성 여가의 관점에서 식도락가를 정의한다면, 식도락가는 '음식과 관련한 여가를 어려운 일이 닥치는 것에 연연하지 않고 전문성이 있으면서 자아실현성을 위한 활동을 하는 사람'이라고 정의할 수 있을 것이다(서용석, 2009).

식도락가들은 맛있는 음식을 먹기 위해서라면 그 과정에서 발생하는 어려움을 감내하고서라도 목적을 이루고야 마는 사람들이다. 그리고 자신들이 운영하고 있는 블로그에 맛집을 소개하고 시식 후기를 올리기도 한다. 음식 관련 온라인 동호회에서는 끊임없이 식도락 활동에 대한 사진과 글을 올린다.

서용석(2009)의 연구에서 밝혀진 연령대별 식도락가의 특징을 살펴보면 대체로 20, 30대 회사원들은 음식여가를 통한 만족과 성취감이 높은 반면 전문성이 낮으며, 50대 이상의 자영업자들은 음식을 통한 사교활동을 지향하지만 음식여가에 대한 제약이 찾아오면 그것을 극복하려는 노력을 하지 않거나 구조적, 대인적으로 극복하지 못하는 것으로 나타났다.

3. 식도락관광과 음식관광

일상생활에서의 여가가 시·공간을 뛰어넘어 장시간 동안 진정성을 추구하며 일상생활 공간 이외의 공간에서 이루어진다면 관광행위가 될 수 있듯이(Cohen, 2007), 식도락이 일상생활의 시·공간을 장시간 벗어나게 되면 식도락관광으로 진화할 수 있다. 반면 음식관광은 일상에서의 여가생활과의 연결을 고려하지 않은, 음식과 관련한 모든 관광행위를 음식관광으로 볼 수 있다.

즉, 음식관광과 식도락관광은 관광주체가 식도락가이냐, 불특정 다수의 일반적인 관광자(gereral tourist)이냐에 따라 1차적으로 분류가 된다고 할 수 있다. 또한 관광의 주체가 식도락가라 할지라도 관광의 주요 목적과 활동이 음식과 관련되어 있지 않은 것은 식도락관광이나 음식관광의 범주에 속할 수 없다.

〈표 11-5〉 식도락관광과 음식관광 분류

		관광대상	
		음식	일반 관광매력물
관광주체	일반 관광자	음식관광	일반 관광
	식도락가	식도락관광	일반 관광

4. 식도락관광의 유형 및 특성

Ignatov(2003)는 식도락 관련 행동을 'food traveller', 'wine traveller', 'food and wine traveller' 등 세 가지 그룹으로 분류하는 연구를 진행하였다. 그 결과 모든 관광자의 45% 정도는 식도락 관광자로 볼 수 있으며, 여행 동기, 흥미, 추구하는 활동은 매우 다양하다고 하였다. 인구통계적

유형	특징
실존적 식도락 관광자	• 음식에 관하여 배울 수 있는 경험과 음식의 조합을 추구 • 지역의 음식이나 와인, 그리고 문화에 대한 깊이 있는 지식을 취득 • 관광식당이나 혼잡한 체인 레스토랑, 유명한 레스토랑 방문 확률 적음 • 지역민들만이 먹는 특별한 식당이나 포도원을 방문할 때 성공적인 휴가로 봄 • 전통적으로 만들어진 단순하고 순박한 시골음식을 적극적으로 추구 • 농장이나 포도원 체험 추구, 요리강좌에 참여하거나 과일, 야채 수확을 체험해보고 치즈 만드는 곳을 방문하고 전문적인 어부와 함께 낚시하러 감 • 화려한 장식과 서비스를 제공하는 비싼 레스토랑은 "제조된 식사 경험"으로 기피 • 나중에 집에 가져갈 수 있는 제품을 사거나 경험해보자 하는 경향 • 인터넷과 전문 여행서적이 주요한 정보원, 여행사 광고나 목적지 브로슈어 배제
실험적 식도락 관광자	• 유행하는 음식을 통해 자신의 라이프스타일을 상징화 • 뛰어난 디자인, 카페나 혁신적인 메뉴와 세련된 서비스 제공 레스토랑 적극적 추구 • 유행이며 세련된 음식, 식재료, 조리법에 대하여 새로운 정보 끊임없이 추구 • 음식의 스타일과 요리는 자신의 이미지와 위신의 일부분을 형성, 유행하는 라이프스타일과 요리잡지를 읽음으로써 많은 정보를 흡수 • 음식의 질과 유행성의 가치가 가장 주요한 고려요인 • 음식, 와인, 요리는 디자이너 의류나 멋진 자동차, 인테리어, 디자이너 조리기구와 동의어. 최신의 음식과 외식 트렌드에 주의를 기울임으로써 위신이 생김 • 여행 기념품으로 디자이너 식기, 도자기, 주방기구, 요리책이나 와인서적을 삼
오락적 식도락 관광자	• 좀 더 보수적인 유형, 자신의 집에서 먹던 음식과의 익숙함을 추구 • 여행 중에 직접 조리해먹는 경우가 많음. 조리가 가능한 아파트 등에 머무르는 경우가 많음, 식재료를 가지고 오는 경우도 많음 • 가족의 가치와 식사를 함께 하는 것의 즐거움을 강조하며, 웨이터나 멋진 레스토랑, 복잡한 와인, 비싼 청구서에 겁을 먹는 경향이 있음 • 식사 분위기나 서비스 스타일은 이들에게 거의 영향을 미치지 않음
일상생활탈 피적 식도락 관광자	• 일상적인 장보기나 식사 준비와 같은 현재생활에서 벗어나고자 하는 사람들 • 휴가 중 음식은 노력을 기울이지 않고 쉽게 얻어져야 하며, 양은 많아야 하고, 유명하거나 체인 레스토랑을 선호, 익숙한 메뉴 아이템 선호 • 이국적인 음식을 싫어함 • 먹고 마시는 행위는 친구들과 함께 하며, 인생을 즐기는 좋은 방법이기 때문에 식사하면서 시끄럽게 웃고 떠들 수 있는 레스토랑 선호 • 여행사나 브로슈어, 인솔자에게 의존하는 경향이 있음

자료 : Kivela & Crotts, 2006.

특성으로는, 주로 40대 여성이고 교육 수준이 높고, 수입은 평균 이상이며, 여행 동반자로는 배우자나 파트너를 주로 동반하고, 신문이나 여행관련 서적 읽기를 즐기며 정보원으로서 인터넷을 많이 활용한다는 특징을 나타내고 있다고 하였다.

한편, Hjalager(2003)는 관광자의 라이프스타일에 대한 현상학적 범주에 기초하여 음식에 대한 관광자의 태도와 선호도를 실존적 식도락 관광자, 실험적 식도락 관광자, 오락적 식도락 관광자, 일상생활 탈피적 식도락 관광자 등 네 가지 범주로 분류하였다.

식도락관광자의 행태적 특성은 Lang Research Inc.(2001)가 조사한 TAMS(The Travel Activities and Motivation Survey)를 통해 파악할 수 있다. TAMS 의 조사결과, 여행과 관련하여 음식과 관련한 높은 관심 수준에 있는 사람들은 캐나다 성인의 경우 전체의 12.9%, 미국 성인의 경우 17.9%를 차지하고 있다고 보고하였다. 또한 이들은 지난 2년 동안 야외관광활동과 문화 활동을 동시에 즐겼고 아침식사가 제공되고, 스파(spa)나 미식 레스토랑이 구비된 숙소를 선호하였다.

5. 식도락과 식도락관광 모형 구축

서용석(2009)은 일상에서의 식도락 활동이 식도락관광으로 이어짐을 확인하기 위하여 일상에서의 식도락 활동이 곧바로 식도락관광에 대한 태도와 행동의도로 이어짐을 검증하였는데, 그는 Wilensky(1960)가 제시한 과잉여가가설(The Spillover Leisure Hypothesis)에 입각하여 일상에서의 진지성 여가활동이 관광의도로까지 스필오버(Spillover)되었다고 해석하였다. 즉, 여가가 무르익으면 관광으로 이어진다는 명제를 기초로 하여 식도락 여가가 무르익으면 음식관광으로 이어진다는 점을 밝혀낸 것이다. 식도락 여가와 식도락관광과의 연결고리는 앞서 고찰한 여가의 진정성과 집중성이 큰 역할을 하고 있는데, 이는 여가의 진지성을 설명하는 요인 중 전문성과 자아실현 욕구, 제약극복과 밀접한 관련을 맺고 있다.

한편 식도락가들은 관광지에서도 식문화체험에 가장 큰 가치를 두고 있는 것으로 나타났다. 또한 식문화체험 못지않게 사회교류 가치와 관광지 고유가치에 대한 인과관계도 중요한 역할을 하고 있음이 밝혀졌으므로 보다 성숙한 음식관광지가 되기 위해서는 중장기적으로 사회교류와 관광지 고유가치가 구현될 수 있는 정책을 마련해야 한다고 주장하였다. 특히 식도락을 통하여 자아실현성을 꾀하고자 하는 식도락가들에게 사회적 교류가치와 관광지에서의 고유가치가 중요하다는 것은 자칫 음식만 맛있으면 관광자들이 저절로 찾아오는 것이 아니라는 점을 말해주고 있어 향후 음식관광의 지속가능한 발전을 위해 많은 시사점을 주고 있다.

〈그림 11-6〉 식도락과 식도락관광 모형

|6절| 음식관광의 성숙과 질적 도약을 위한 제언

지금 지구촌은 산업의 시대에서 정보의 시대로 숨가쁘게 내달리고 있다. 많은 미래학자들은 곧 일의 시대는 가고 여가의 시대가 올 것으로 예견하고 있다. 이는 일을 통해 삶의 의미를 찾는 것이 아니라 여가를 통해 자아를 실현하고 여가활동을 잘 하는 사람이 대접받는 시대가 온다는 것을 의미한다.

앞으로의 관광 역시 많은 비용을 치르더라도 높은 가치를 창출할 수 있는 가치 지향적인 활동으로 발전해 나갈 것이다. 현기증이 날 정도로 빠른 물류환경 구축으로 우리는 멀리 가지 않더라도 주거지 근처에서 전 세계의 온갖 유명한 요리들을 맛볼 수 있게 되었다. 그러함에도 불구하고 여행자들은 어떤 가치를 추구하기 위하여 자신이 좋아하는 음식을 맛보기 위해 그 음식이 생산되는 곳을 여행하는 것일까? 그것의 가장 큰 이유는 바로 일상생활에서는 만끽할 수 없는 진정성이 담긴 음식을 맛보기 위한 것일 것이다.

일상에서의 활발한 식도락 활동에서도 자기목적성을 가지고 진정성을 추구할 수 있지만 진짜 음식이 생산되는 곳에서 제대로 된 음식을 먹으며, 그곳에 방문한 사람과 음식에 대한 정보를 교류하고 주변의 경치도 구경하고 싶어질 것이다. 이러한 욕구들이 곧 음식관광 행동으로 이어지게 되는 것이다.

음식이 관광자들에게 매우 큰 매력요인임은 누구도 부인할 수 없을 것이다. 그러나 음식을 통한 관광산업 활성화에 지나치게 집중하게 되면 오히려 전통음식문화의 훼손, 문화충돌, 종속화 등 문화관광에 대한 부작용을 오롯이 떠안게 되는 문제가 발생할 수 있다.

이러한 일련의 문제의식에서 음식을 통한 지역의 관광매력화를 꾀하고자 하는 정책입안자들은 음식관광 활성화를 위해 관광자들을 대상으로 음식에 대한 가치를 부각하는 것과 동시에 그 음식이 좋아서 방문한 또 다른 사람들과 교류할 수 있는 장을 마련해 주어야 하며, 지역 특유의 관광자원들을 매력적으로 가꾸는 일도 게을리 하지 말아야 할 것이다.

식도락가들은 맛있는 음식을 먹기 위해서라면 그 과정에서 발생하는 어려움을 감내하고서라도 목적을 이루고야 마는 사람들이다. 그리고 자신들이 운영하고 있는 블로그에 맛집을 소개하고 시식 후기를 올리기도 한다. 음식 관련 온라인 동호회에서는 끊임없이 식도락 활동에 대한 사진과 글을 올린다. 그들이 올린 글이나 사진은 동호회 회원들이나 우연히 블로그를 방문한 사람들에게 향후 음식관련 관광활동을 하는 데 있어 큰 영향을 미친다. 이렇듯, 식도락가들이 관광에 있어 중요한 이유는 음식문화를 선도하는 식도락가들의 식도락관광 기대가치와 태도 그리고 행동의도를 밝혀내면 그들의 입소문과 의견 선도력에 영향을 받은 수많은 음식 애호가들을 관광활동으로 끌어올 수 있으며 궁극적으로는 성숙한 음식관광 문화를 구축하는 기반을 마련할 수 있기 때문이다.

식도락은 여행과 관광목적지의 틈새시장(niche)으로서 점점 더 중요한 속성이 되어가고 있다. 음식관광의 성숙과 질적 도약을 위하여 매력 있는 지역 음식을 발굴하고 서비스품질을 키워가는 노력도 중요하지만, 이와 동시에 음식을 인생 최고의 가치로 여기고 있는 식도락가와 그들의 관광활동인 식도락 관광에 대한 더욱 심도 깊은 연구도 동시에 진행되어야 할 것이다.

생각해볼 문제

1. 문화관광적인 측면에서 음식관광은 왜 중요한가?

2. 문화관광적인 측면에서 음식관광의 부작용은 무엇인가?

3. 식도락 여가가 식도락 관광으로 이어질 수 있도록 하는 기제는 무엇인가?

4. 음식관광과 식도락 관광은 어떤 차이점이 있는가?

5. 음식관광이 성숙한 문화관광으로 발전할 수 있는 방안은 무엇인가?

더 읽어볼 자료

1. Stebbins. R, A. (2007). *Serious leisure a perspective for our time*. Transaction Publishes.

   여가를 일보다 우선시 하는 시대가 도래함에 따라 여가생활을 일처럼 진지하고 열성적으로 향유하는 진지성 여가(serious leisure) 현상을 분석하였다. 음식관광의 진화한 형태인 식도락 관광을 이론적으로 이해하는데 도움이 되는 서적.

2. 주영하(2006). 『음식전쟁 문화전쟁』. 서울: 사계절.

   음식이 왜 문화적으로 중요하고 마케팅적 측면에서 강력한 힘을 발휘하는지 인류사, 경제, 공동체, 사회, 종교, 민족 등의 관점에서 풀어낸 음식문화비평서.

3. Long, Lucy M. (2003). *Culinary Tourism*, University Press of Kentucky.

   음식관광과 관련한 원형에 가까운 전문연구서. 음식에 초점을 맞춘 관광현상을 진정성, 경험, 커뮤니케이션 등 다양한 사회문화적 관점에서 서술한 서적.

참고문헌

광주전남연구원(2016).『광주시 식도락관광 활성화 방안』.

김미혜(2007). 조선후기 문학과 총서에 나타난 한국음식문화 연구: 판소리소설, 풍속화, 기속시를 중심으로. 호서대학교 박사학위청구논문.

김은주・박진우(2005).『외식경영학』. 서울: 형설출판사.

김장호・최영민・전지영(2010).『음식관광』. 파주: 대왕사.

나가노 우동학교 홈페이지(www.nakanoya.net)

문화예술지식정보시스템(https://blog.naver.com/policydb).

문화관광부(2006).『음식관광 산업화 촉진방안』.

문화체육관광부(2013).『음식관광 활성화 방안』.

문화체육관광부(2018).『외래관광객 실태조사』.

박보미・윤유식・이경희(2009). 관광 자원으로서 전통 음식의 매력성에 따른 구매의사에 관한 연구. 동아시아식생활학회 학술발표대회논문집, 178-178

박석희(2007).『신관광자원론』. 서울 : 일신사.

박승현・서용석(2010). 음식관광 결정 요인. 전북의 장소성과 관여도를 중심으로.『관광학연구』, 34(6), 149-169

서용석(2009). 진지성 레저로서 식도락관광의 기대가치와 행동. 한양대학교 박사학위청구논문.

손대현(2007).『재미학 콘서트』. 서울: 산호와 진주.

온고푸드 커뮤니케이션 홈페이지(http://ongofood.com)

유지윤・서용석(2009). 방한관광객 음식서비스품질의 인과모형: 중・미・일 방한 관광객을 중심으로.『관광・레저연구』. 21(1), 165-182.

이덕순(2013). 음식관광 관여도와 동기가 참여활동과 만족도에 미치는 영향.『관광연구』, 28(5), 325-342.

이사원(2012). 음식관광 동기에 관한 연구. 우석대학교 석사학위청구논문.

이수진(2010). 신한류콘텐츠 음식관광 활성화 방안, 경기개발연구원.

이인구, 김종배, 오재환(2006), 음식 한류에 대한 중국과 일본의 비교연구,『대한경영학회지』, 19(6), 2335-2355.

이태리(2008). '외식산업 세계 재패한 일본 음식에 문화를 입혀라.'
    fromwww.globalstandard.or.kr, 2008년 5월 19일 12:24.

전경수(1994).『관광과 문화』. 서울: 일신사.

정두용(2010). 음식관광객 유형별 특성 및 동기분석. 전남대학교 석사학위청구논문.

주규희・설원식(2007). 한국 거주 외국인의 한국음식 선호도에 영향을 미치는 요인 분석. 『2007년도 한국국제경영관리학회 학술논문집』. 355-371.

주영하(2006). 『음식전쟁 문화전쟁』. 서울: 사계절.

한국관광공사(2007). 『외래관광객실태조사』.

한국문화관광연구원(2005). 한국관광위성계정 TSA.

Canadian Tourism Commission (2002). *Acquiring a taste for cuisine tourism: A product development strategy*, Canadian Tourism Commission, Ottawa. Chang, Stansbie, & Roods, 2014.

Cicero, P. (1998). T*he real thing: Foods we miss and where to find them in Seattle*. Seattle, 7(7), 34-37.

Cohen, E. (2007). Leisure, Tourism and Authenticity. 제3회 춘천국제여가심포지움 발표문. 317-325, Dittermer, 2001.

Gronroos, Christain (1984). A service quality model and marketing implication, *European Journal of Marketing*, 18: 38-39.

Hall C. M. & Mitchell, R. (2001). *Wine and food Tourism*. In N. Douglas, N. Douglas & R. Derrett(Eds.). Special Interest Tourism, 307-329, Wiley.

Hall, C. M. & Sharples, L. (2003). *The consumption of experiences to the experience of the consumption? An introduction to the tourism of taste. Food Tourism around World: Development Management and Markets*, Elsevier Butterworth-Heinemann, 1-24.

Hall, C. M., Sharples, L., Mitchell, R., Macionis, N. & Cambourne, B. (2003). *Food Tourism Around the world: Development, Management and Markets*. Oxford; Boston: Butterworth-Heinemann.

Halloran & Deale (2004). *Food tourism: creating and positioning a supply chain*. Administrative Science Association of Canada, Laval City, Quebec Canada.

Hijalager, A. M., & Richards, G. (2002). *Tourism and Gastronomy*(First ed.). London: Routledge.

Hjalager (2003). *What do Tourists Eat and Why? Towards a Sociology of Gastronomy and Tourism. In Gastronomy and Tourism*, J, Collen, G. Richards, Schilde: Academie Voor de Streekgebonden Gastronomie.

Ignatov, E. (2003). T*he Canadian Culinary Tourists: How well do we know them?* University of Waterloo.

International Culinary Tourism Association (2008). Introduction to Culinary Tourism. www.culinarytourism.org/introduction.html

Kivela & Crotts (2006). *Tourism and Gastronomy: Gastronomy's Influence on How Tourists Experience a Destination.*

Lang Research Inc. (2001). TAMS: *Wine and Culinary*. Toronto.

Nield, K., Kozak, M. & LeGrys, G. (2000). The role of food service in tourist satisfaction. *International Journal of Hospitality Management*, 19(4), 375-384.

Oyewole, P. (1998). Multi-Attribute dimensions of service quality in the fast food restaurant industry. *Jounal of Restaurant and Foodservice Marketing*, 3(3), 65-68.

Rumore NZ, Zhu J, Tanner L, Scheuermann (1999). Effectiveness of competitive strategies in fast food markets: An Analysis of customers' Preferences. *Journal of Restaurant and Foodservice Marketing*, 3(3), 109-122.

Rust, Roland & Oliver (1994). *Service Quality: Insights and Managerial Impications from the Frontier, in Service Quality: New Direction in Theory and Practice*, Roland Rust & Richard Oliver(Eds.), Thousand Oacks, CA: Sage Publications.

Shenoy, S. S. (2005). *Food Tourism & Culinary Tourist*. Clemson University.

Stebbins R, A. (1992a). *Amateurs, professionals and serious leisure*, McGill-Queen's University Press.

Stebbins R, A. (1998). Of time and serious leisure in the information age: The case of the Netherlands. *Journal of Leisure Research*, 16(3), 19-32.

Wilensky, H. (1960). Work, careers, and social integration. *International Social Science Journal*, 12, 543-560.

Williams, J. (1997). *We never eat like this at home: food on holiday*. In: Caplan, P., Editor, Food, health and identity, Routledge, London, 151-171.

12장 _ 커뮤니티 관광

정 란 수 (대안관광컨설팅 프로젝트수 대표, 한양대학교 겸임교수)

12장 _ 커뮤니티 관광

정 란 수 (대안관광컨설팅 프로젝트수 대표, 한양대학교 겸임교수)

Highlights

1. 커뮤니티 관광에 대한 개념과 주요 이론을 이해한다.
2. 커뮤니티 관광과 연관 및 유사한 개념과 특징을 이해한다.
3. 커뮤니티 관광이 관광의 지속가능성 측면에서 각광받는 이유와 그 효과에 대해 이해한다.
4. 커뮤니티 관광이 야기하는 문화적 충돌, 공유경제의 폐해, 오버투어리즘에 대해 이해한다.
5. 커뮤니티 관광이 적용된 정책 사례와 운영 사례를 살펴본다.

|1절| 개관

"여행지를 이해하는 첫 조건은 그곳의 냄새를 맡는 것이다" _ 러디어드 키플링

정글북의 저자, 러디어드 키플링이 이야기한 여행의 의미는 그 지역의 냄새, 즉 해당 여행 및 관광지의 문화자원과 소속 구성원의 생활상을 보고 느끼는 것에서부터 출발한다고 말하고 있다. 문화관광자원 중 지역공동체나 지역사회 구성원이 생활과 모습을 보여주며 이를 관광자들에게 체험하게 하는 커뮤니티 관광은 이러한 이유로 매우 중요한 요소로 자리

매김하고 있다.

커뮤니티 관광은 학술적으로 합의된 정의가 내려졌다고 볼 수 없으나, 커뮤니티 기반 관광, 커뮤니티형 관광, 지역사회구성원이 만드는 관광활동이라는 형태로 사용되고 있다. 커뮤니티, 즉, 지역사회구성원이 관광자들에게 제공하는 숙박, 체험, 식음, 판매 활동을 의미한다고 볼 수 있다. 유사한 개념의 관광형태로는 커뮤니티 구성원이 직접 운영하고 그들의 문화생활이 곧 관광자원화가 될 수 있다는 측면에서 마을관광이나 생활관광 등의 용어로 표현되기도 하며, 농촌관광과 같은 형태가 대표적인 커뮤니티 관광의 형태로 구현되기도 한다.

가처분소득의 증대, 밀레니얼 세대의 등장 등에 따라 예전에 비하여 여행과 관광이 보다 일상화, 다양화되면서 근거리 지역형 여행이나 생활속에서의 관광지 방문이 많아지는 추세이다. 그만큼 관광활동 자체가 관광명소나 특정한 관광리조트 등을 찾기보다는 지역생활 속에서의 방문이나 교류가 많아지고 있다고 볼 수 있다. 커뮤니티 관광의 한 형태라고 볼 수 있는 마을관광의 경우 방문자수가 지속적으로 증가하고 있는데, 2017년과 2018년, 2년 연속 200만 명을 돌파하기도 하였으며, 방문자 중 60%는 커뮤니티의 문화를 보고 느끼기 위한 외국인이 찾은 것으로 나타났다(노컷뉴스, 2019). 국내에서는 문화체육관광부에서 그동안 관광두레사업을 중심으로 커뮤니티 관광의 발전을 정책적으로 추진하고 있으며, 해외에서도 역시 많은 국가나 지역에서 지역사회가 기반이 되는 지역사회 기반형 관광 즉 CBT(Community Based Tourism)를 육성하고 있다. 국외에서도 국내의 커뮤니티 관광이 각광을 받고 있는데, 공정관광원조(ODA)[1] 차원에서의 개발도상국의 관광분야 공무원 국내연수 시 가장 성공적인 관광 사례로 커뮤니티 관광 형태의 관광두레사업의 주민사업체 방문 및 강의를 진행

---

1) 공적개발원조(Official Development Assistance, 公的開發援助)란, 개발도상국의 경제발전·사회발전·복지증진 등을 주목적으로 하는 원조로, 정부개발원조라고도 하며, 최근 관광분야의 공정개발원조로 사업이 확산되고 있다.

하기도 하였다(한국관광공사, 2016).

그렇다면 커뮤니티 관광은 무엇이고, 이에 대한 현재 연구 논의사항은 무엇일까? 커뮤니티 관광이 문화관광적 관점에서 어떻게 접근을 해야 할 것인가? 이에 본 장에서는 커뮤니티 관광에 대한 이론과 연구 동향을 살펴보고, 최근 커뮤니티 관광의 중요 쟁점을 소개하고자 한다. 커뮤니티 관광에 대한 이해를 돕기 위해 관련 사례와 필자의 경험에 대해 소개하고 이를 국내 실정에 적용해보고자 한다. 커뮤니티 관광과 함께 수반될 수 있는 관련 문제점과 토론사항에 대해서도 함께 논의를 해보도록 한다.

|2절| 커뮤니티 관광의 개념 및 특성

1. 커뮤니티 관광의 개념

커뮤니티 관광을 구성하는 가장 주요한 요인은 말그대로 커뮤니티라고 할 수 있는 지역사회 및 지역공동체이다. 지역사회가 기반이 되는 관광이라는 뜻의 CBT, 즉 Community Based Tourism은 바로 이러한 커뮤니티 관광의 이론적 토대를 제공해준다고 할 수 있다. 송영민(2010)의 연구에 따른 지역사회 기반형 관광은 지역주민들이 자신의 자원을 동원하여 스스로의 개발에 참여하고, 그들 자신의 요구들을 정의하며 그리고 그것들을 어떻게 충족시킬 것인가에 대한 스스로의 의사결정을 통해 문제를 해결하는 것을 말하므로, 지역 관광사업의 기획 및 실행을 지역 주민들이 주체적으로 운영하는 형태를 말한다.

커뮤니티 관광의 특성은 지역사회 구성원이나 관광자 모두에게 편익을 제공해준다. 지역사회 구성원 입장에서는 커뮤니티가 스스로 먹거리와 기념품을 생산하는 등 관광콘텐츠를 지역사회 구성원이 만들어 그 경제적 편익이 직접적으로 돌아갈 수 있는 장점이 있다. 관광자 입장에서는 지역의 현지문화를 보다 근접하여 체험할 수 있고, 관광경험이 곧 지역에 직접적인 혜택을 주어질 수 있다는 긍정적인 기여가 가능해진다. 또한, 커뮤니티가 언제나 활동하고 있는 공간과 경험이 정적이지 않은 활발하고 언제나 변화 가능한 문화적 경험이 가능한 장점 역시 존재한다.

자료 : 서울특별시, 2018.

〈그림 12-1〉 커뮤니티 관광의 특성

커뮤니티 관광은 외부자본과 기술에 의존한 대중관광형태가 지역사회에 미치는 역기능과 폐해를 예방하고 지역사회의 편익을 극대화하기 위한 지속가능한 관광의 실천적 대안을 모색하는 과정에서 등장한 개념이다(심진범, 2012). 즉, 커뮤니티로부터의 상향식 접근방식2)에 의해 지역사회 중심의 관광 개발이 실현가능하다는 주장이 제기된 이후 지역주민의 소외, 개발이익의 역외 유출, 지역의 전통문화와 환경 훼손 등의 문제점을 극복하고 긍정적인 효과를 극대화하기 위하여 커뮤니티가 중심이 되어 지속가능한 성장과정을 주도해 나가는 지역사회 기반형 관광이 등장하게 되었다(이지선·강신겸, 2010).

커뮤니티 관광에 대한 연구는 비교적 최근부터 많은 관심을 갖고 진행되기 시작하였다. 초기의 지역사회 기반형 관광은 커뮤니티 비즈니스 운영 모델 수립 및 활성화 방법 등 경영 개선 측면의 연구가 주를 이루었

---

2) 상향식 접근방식이 지역주민이나 공동체가 의사결정을 통해 관광개발 및 콘텐츠를 개발, 구성 및 운영을 시행하는 주체로서 접근하는 방식이라면, 하향식 접근방식은 중앙정부, 지자체, 또는 관계기관이 의사결정을 통해 지역의 개발을 시행하고 이를 지역주민과 공동체에게 전달하는 방식으로 볼 수 있다.

다. 이러한 연구 동향은 현재까지에도 이어지며 커뮤니티 비즈니스의 의미 및 과제의 발굴, 모델 개발, 거버넌스 형성 등 다양한 커뮤니티 비즈니스 연계 분야의 연구들이 진행되고 있다(황희정·심진범, 2014; 김경희·야스모토 아츠코·이연택, 2016). 관광 커뮤니티 비즈니스 관련 연구는 지속가능한 관광(sustainable tourism)의 패러다임에서 관광개발 주민참여, 커뮤니티 기반 관광, 커뮤니티 관광개발 등의 연장선상에서 시행되고 있으며, 실질적인 적용 및 개선방안을 모색하는 규범적 연구가 주를 이루고 있는 것이 특징이다(정인혜, 2017). 최근 들어서는 커뮤니티 관광에 대한 실질적인 적용을 위한 연구들이 진행이 되고 있는 것도 특징이다. 지속가능성 지표를 개발하여 적용을 실시하거나, 지역의 실질적인 지역사회 기반형 관광 모델을 만들고 운영을 하기 위한 움직임도 전개되고 있다(최경지, 2015; 서울특별시, 2018).

커뮤니티 관광은 베트남, 캄보디아, 미얀마, 태국 등 동남아 지역에서의 원주민, 소수민족 관광의 발전에서도 많은 영향을 미치며 다양한 연구가 수행이 되고 있다. 특히 관광ODA 연구에서도 원주민이나 지역주민 참여형 관광을 연구할 때 지역사회 기반형 관광의 개념이 함께 접목되고 있는 것도 특징으로 볼 수 있다(오수진, 2018; 최호림, 2018). 그만큼 커뮤니티 관광은 그 운영으로 인한 수혜가 지역주민들에게 혜택이 돌아갈 가능성이 높기에 동남아지역 및 관광ODA 관련 연구에서 많은 관심을 갖고 연구가 되는 주제이기도 하다.

2. 커뮤니티 관광의 유사 개념

1) 생활관광(Life Tourism)

관광은 통상적으로 일상생활권을 떠나 휴식, 위락, 스포츠 등을 행하는 장소성과 활동성에 대한 특성을 갖고 있는데, 최근 관광의 장소권은 관광의 일상화 이후 비교적 생활권을 벗어나지 않고 관광활동을 행하는 경우가 있다. 최근들어 학자들은 이를 생활관광(life tourism)이라고 표현하기도 한다. 즉, 관광이 탈경계화에 따른 관광 패러다임의 변화, 관광 비일상성에서 일상으로의 전환이 생활관광이라는 형태를 만들어내고 있는 것이다. 이재성 서울관광재단 대표는 일상이 곧 관광으로서, 생활관광의 시대가 도래하였다고 설명한 바 있다(파이낸셜뉴스, 2018). 즉, 시민들이 가까운 곳에서 자기가 살고 있는 장소를 여행하듯 즐길 수 있다면 그게 바로 생활관광이라며 시민의 일상이 방문자에게는 색다른 경험을 주는 관광콘텐츠가 된다는 점에서 시민의 생활관광 활성화는 다른 관광자 만족도 제고에도 긍정적인 영향을 미친다고 표현하기도 하였다. 다시 말하면, 생활속의 관광활동은 관광자 주체에게도 보다 지역의 일상적 문화 교류를 위한 장소와 콘텐츠를 구성하는 토대를 마련하게 된다는 것이다.

한편으로 생활관광은 거대자본과 여행사가 아니라 지역주민과 마을이 방문자를 환대하는 생활속의 관광이라는 뜻도 내포하고 있다. 이러한 이유로 생활관광이라고 불리는 커뮤니티 관광은 관광지와의 경계가 명확치 않고, 관광자의 소비 및 지출에 대한 분석도 애매하다. 관광진흥법상의 관광사업이나 관광지, 관광단지로서의 구분이 쉽지 않아 관광진흥개발기금 등의 지원도 쉽지 않고, 관광에 대한 피해에 대한 규제 등도 어려운 실정이다. 즉, 전통적인 관광의 경계가 무너진 생활 속의 관광 형태로 여러 과제를 남기고 있다.

2) 마을관광

커뮤니티 관광은 커뮤니티가 포함되어 있는 장소적인 의미를 지니고 있다. 대표적인 커뮤니티 구성 장소 단위는 마을이 될 수 있기에, 커뮤니티 관광은 곧 마을관광으로 표현되기도 한다. 마을관광은 관광이 이루어지는 공간 가운데 마을을 강조한 개념이며, 마을 단위의 관광활동을 의미한다. 즉, 마을관광은 마을 공동체가 마을이 보유한 공동의 문화관광자원이나 자연, 생산자원을 활용하여 상품과 서비스를 개발하고 공급하는 경우를 의미한다(박주영, 2016).

다시 말해서, 마을관광은 관광 '활동'을 칭하는 용어이며, 관광마을은 앞에서 제시한 마을관광 활동이 이루어지는 대상인 '공간'을 칭한다. 특히, 국내에서는 농촌 지역에서의 관광마을이 커뮤니티 관광개발을 추진하기도 하는데, 여기에서의 농촌 관광마을은 농촌관광을 추진하는 마을을 의미한다. 이병훈(2012)은 농촌관광마을을 "자연마을단위 혹은 행정단위로 농촌 관광서비스를 제공하는 공동체의 단위"라 정의했다. 실제로 관광마을은 자연적으로 발생하는 경우보다 정부 및 지자체의 정책과 지원에 의해 발생하는 경우가 많다(이병훈, 2012).

전통적인 마을의 경우 지역사회 공동체가 조직이 되어 생산활동을 함께 하는 경우가 많은데, 이 때문에 커뮤니티 기능이 도시에 비해 보다 잘 유지되는 경우가 많다. 이러한 이유로 마을관광이 보다 커뮤니티 관광으로의 기능을 갖추고 있는 경우가 많다. 관광자 입장에서도 하나의 마을 방문이 그 지역을 이해하고, 다양한 현지 지역경험을 할 수 있다는 점에서 마을단위의 문화적 교류와 경험이 중시될 가능성이 높겠다.

3. 커뮤니티 관광의 하위 및 연관 개념

1) 농촌관광

국내에서 커뮤니티 관광의 접근 및 실행이 실천적으로 이루어져 왔던 지역은 바로 지역민들이 관광에 참여하는 농촌지역의 관광, 즉 농촌관광이라 할 수 있다. 일본에서는 그린투어리즘으로 불리는 농촌관광은 커뮤니티 관광의 대표적인 형태 중 하나이다. 농촌관광은 초기에는 농촌지역을 대상으로 하는 관광활동이라는 장소적 의미로서의 접근이었으며, 농촌체험이라는 한정된 활동으로 시작되었으나, 최근들어 농촌관광은 농촌지역의 역사와 문화, 자연을 포괄하는 개념으로 사용되며, 도시민들이 농촌다움을 경험하고 머무르면서 생활을 체험하는 커뮤니티 관광의 형태로 발전되고 있다.

대표적인 농촌관광 정책 시행 주체인 농림부의 정의로는, 농촌관광은 농촌의 자연경관과 전통문화, 생활과 산업을 매개로 한 도시민과 농촌주민간의 체류형 교류활동이며, 도시민에게는 휴식, 휴양과 새로운 체험공간을 제공하고, 농촌에는 농산물 판매(1차), 가공산업(2차), 숙박, 음식물, 서비스(3차) 등 소득원을 제공하는 지역활성화 운동으로 제시하고 있다(농림축산식품부, 2015). 따라서, 농촌관광은 단순히 농촌에서의 농산물 판매나 농촌체험이라는 요소만이 아니라, 지역구성원인 농민, 농촌 거주민들이 스스로 운영하며, 문화적 교류를 행하는 커뮤니티 관광이라 할 수 있다.

농촌관광에 대한 연구는 수요자 관점과 공급자 관점으로 구분될 수 있다. 수요자 관점에서는 농촌관광에 대해서는 농촌체험관광으로 인한 만족도를 분석하는 연구가 주를 이루었다. 심리적인 변수인 동기, 성과, 선택속성, 만족 등의 요인을 통해 농촌관광이 보다 발전할 수 있는 방안에 대해 관광자의 유인 관련 연구를 수행하고 있다(김병국·김용기·박석희, 2013; 송완구·이승현·조용현, 2014). 공급자 관점에서는 실질적인 농촌관광 운영에서의 제약요인이나 이를 해결할 수 있는 개선방안 등 정책적 제언을 담은 연구들이 늘고 있다. 이는 농촌관광의 경우 이를 운영하는 주민사업체 내 조직직원들에 대한 갈등이나 운영에 대한 미숙, 농촌과 관광이라는 상이한 개념의 융합에서 야기되는 충돌 등에 대한 문제들이 존재하여, 이에 대한 문제점을 분석하고 해결하고자 하는 연구가 많기 때문으로 판단된다.

최근의 농촌관광은 그 의미가 보다 넓어지면서 농촌관광에 대한 확대 가능성을 모색하는 것도 연구의 특징이기도 하다. 한국문화관광연구원(2019)은 농촌 유토피아 구상의 관광이 지녀야 할 역할을 제시하면서, 관광이 체험으로서의 접근만이 아니라, 경관적인 심미감이나 어메니티에 대한 강조, 갭이어, 한 달 살기 등의 보다 확장된 의미에서의 휴양지역으로의 접근, 식음관광, 쿠킹클래스, 동물과의 교감, 친환경 소재의 놀이터 등의 프로그램이나 인프라 개발이 가능한 공간으로의 인식을 주장하기도 한다. 즉, 농촌관광은 단순히 농촌이라는 지역적 공간으로서만이 아니라, 도시민들이 바라는 일상에서 벗어난 지역에서의 도시민과 농촌지역 커뮤니티간의 교류와 이에 대한 문화적 차이가 곧 관광자원이 되는 형태로 발전이 되고 있다.

2) 원주민 관광(Indigenous Tourism)

Yamamoto(2005)의 경우, 원주민에 대한 주민 개념과 원주민 관광에 대해 커뮤니티 관광의 범주에 대해 논의를 진행한 바 있다. 그에 따르면 원주민(indigenous people)이란, 그 국가의 구성체를 갖는 다른 부분에서 사회적, 문화적, 경제적 상황이 구별되는 독립적인 소수 민족이며, 그들은 그들 나름대로의 관습과 전통, 특별한 법규나 규제 등에 의하여 전체 또는 부분적으로 그들의 상황을 유지하는 사람들로 규정하고 있다. 통상 원주민들은 그렇기 때문에 오랜 시간동안 그들의 원래의 살고 있는 토지 또는 야생에서 자연적 환경에 적응하여 살아가고 있으며, 그들의 삶은 그들의 사회적, 경제적, 환경적인 양분을 통해 지속가능한 자원의 이용을 가지고 살아가는 것을 말한다.

이제는 원주민들도 동등한 개발, 자원 이용, 서비스를 제공받을 권리를 지녀야 하지만, 많은 경우 그들의 다름으로 인하여 제한되어 있는 것이 현실이다. 따라서, 그들이 보다 차별받지 않고, 동등한 삶을 누릴 수 있도록 주류층에서 보다 손을 내밀고, 베풀어야 한다는 의견이 지배적이다. 이러한 원주민들을 대상으로 하는 원주민 관광(indigenous tourism)에 대해 일반적으로, 원주민관광은 비원주민들 즉, 관광자들에게 그들의 진정한 토착 경험의 이미지를 제공하는 것을 의미한다.[3]

---

3) 양위주(2014)의 경우, 원주민 관광(indigenous tourism)을 번역하는데 대해 주의를 요하면서 토속 문화관광으로 번역한 바 있다. 원주민, 토착민 등의 번역을 하는 경우도 있지만, 관광목적지를 Host-guest

원주민 관광은 대게는 대안관광의 한 요소로 제시하고 있는데, Smith (1996)의 경우 원주민 관광은 "민족에 대한 관광 매력요소가 있는 현지인을 포함한 관광산업의 요소"로 표현하며, 이 산업은 4가지의 H, 즉 거주지, 역사, 유산, 수공예(habitat, history, heritage, handicraft)가 주 관광 요소이며, 이와 더불어 이들을 보여주는 원주민들의 차별성을 뽑기도 하였다. 관광 자들에게는 훌륭한 원주민의 생활과 매력을 보여주어야 한다. 그렇게 하 기 위하여 현재 살고 있는 거주지나 생활상을 관광자들에게 어필할 수 있도록 개선도 해야 한다. 하지만, 그러한 개선이 원주민의 문화와 생활 을 왜곡해서는 안 된다는 절대 명제는 필요하다고 제시하고 있다.

예를 들어, 발리의 유명한 춤의 하나인 케차크 춤은 마을의 특별한 축 제 때 추는데, 춤을 추면서 황홀 상태에 들어가기 때문에 전후 몇 시간이 걸리는 경우도 있다. 그런데 관광자들이 많아지면서는 관광을 위한 연출 가가 그 춤을 15분짜리 무대용으로 축소시켜 짜맞추었다. 그러자 춤의 종 교적 뉘앙스는 사라지고 관광자의 입맛에 맞추어진 이상한 행위로 변모 되어 버렸다. 관광자와 원주민과의 문화적 모순이 얼마나 원주민의 생활 상을 변모하게 되는지를 보여줄 수도 있기에 원주민 관광의 접근은 조심 스러워야 한다(O'Grady, 1981).

Relationship 관계에서 접근하고자 하는 방향성으로 문화원형에 대한 관광경험이 중요하다는 인식으로 토속 문화관광으로 번역을 하였다고 밝혔다.

자료 : 위키미디어(commons.wikimedia.org)

〈그림 12-2〉 발리의 케차크춤: 최근 관광
자 공연으로 인해 종교적 뉘앙스는 사라지
고, 관광자의 입맛에 맞추어진 이상한 행위
로 변질되었다.

자료 : 위키미디어(commons.wikimedia.org)

〈그림 12-3〉 하와이의 훌라춤: 훌라춤은
본래 즐거움과 경외, 노래, 기도, 한탄, 신
에 대한 찬미가 어우러진 원주민 사회의
대표적 제의였다. 서구인들은 이를 접대용
환락 춤으로 변질시켜 관광상품으로 전락시
켰다.

3) 공유 지역경제 관광

공유경제란 물품을 소유의 개념이 아니라, 서로 대여해주고 차용해주
는 경제활동으로 인식하며, 경제활동의 근간을 이루는 것은 가격이 아니
라 사회관계가 동인이 된 협력적 소비를 기반으로 하는 것으로 정의내리
고 있다(Lessig, 2008). 다시 말해 공유경제는 사회관계 속에서 공동체의 수
준이 발달하고, 관계적 역할이 증진될 때 일어날 수 있는 형태로 커뮤니
티의 기능을 보다 강조하는 개념으로 볼 수 있다. 관광부문의 공유경제는
관광활동이나 관광상품의 특성으로 인하여 다른 서비스분야보다 활발하
게 논의되고 있다.

반정화·박윤정(2015)은 공유경제가 관광분야에서 더 빠르게 확산되는
이유를, 첫째, 온라인 공유플랫폼을 이용한 비용 절감 가능성, 관광 서비
스 제공 범위의 확대, 나만의 로컬문화 경험을 위한 가능성 등을 제시하
고 있다. 즉, 관광분야는 공유경제가 가지는 저렴한 비용으로 언제 어디
서나 서비스를 제공받을 수 있다는 장점이 존재하고, 생산과 소비가 동시

에 일어나는 관광상품의 특성상 일상을 벗어나 다른 지역으로 이동을 해야만 받을 수 있는 서비스 특징이 한시적으로 서비스를 대여하는 것이 보다 효율적이라는 점, 그리고 여행 경험이 많아지고 욕구도 다양해지면서 더 심도 있고 지역적 냄새가 나는 여행 수요 증가로 인해 지역의 로컬문화 공유경제가 발달하게 된다는 점을 제시하고 있다(반정화·박윤정, 2015).

따라서, 커뮤니티 관광의 증가는 곧 지역 로컬문화의 경험 확대 측면으로 이어지고 있으며, 지역 공동체가 스스로 관광자원을 발굴하고 운영하면서 공유 지역경제의 형태로 관광이 연결되는 가능성을 보이고 있다. 대표적으로는 마이리얼트립과 같은 플랫폼에서 관광 경험 및 스토리를 공유하면서 잠재적인 관광자들에게 다양한 정보를 제공하는 기능을 하거나, 에어비앤비, 카우치서핑과 같은 플랫폼에서 남는 지역 커뮤니티의 방을 활용하여 관광자들에게 이용할 수 있게 해주고, 우버나 그랩과 같은 플랫폼을 통해 지역민이 운영하는 교통수단을 함께 이용하는 형태로 커뮤니티 관광의 한 형태로 확장이 되고 있다.

|3절| 커뮤니티 관광의 이론적 토대

1. 관광의 일상화, 일상의 관광지화

커뮤니티 관광의 관심은 여행의 일상화 및 다양화 추세에 부합되는 관광형태라고 볼 수 있다. 한국관광공사(2017)에서는 2018년 여행트렌드를 START라는 키워드로 분석한 바 있다. 이중 S는 스테이케이션(Statcation)이라는 신조어로, 당일치기, 근거리여행 등을 중심으로 하는 여행활동을 의미하고 있다. 이는 여행이 일상화되면서 보다 짧은 일정으로 다양한 곳을 방문하는 여행 변화를 이야기하고 있다.

자료 : 한국관광공사, 2017.

〈그림 12-4〉 2018년 여행 트렌드

이러한 흐름과 연결되어, 2019년 여행트렌드 역시 한국관광공사(2018)에서는 BRIDGE라는 키워드로 분석한 바 있다. 이중 G는 언제든지 떠날수 있다(go anytime)이라는 뜻으로 특별하지 않은 날에도 일상처럼 언제든 여행을 즐긴다는 의미를 갖고 있다. 결국, 이 또한 여행과 관광의 일상화와 연결되는 키워드라고 하겠다.

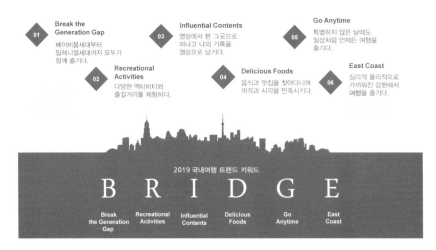

자료 : 한국관광공사, 2018.

〈그림 12-5〉 2019년 국내여행 트렌드 전망

심창섭(2018)은 관광의 일상화를 Ian Munt의 주장인 "Every thing is Tourism", John Urry의 으로 "The end of Tourism"으로 소개하며, 관광 자체가 이제는 특별한 것(extra-ordinary)이 아닌 평범한(ordinary) 활동으로 변화하고 있다고 제시한 바 있다. 그만큼 관광이 일상화된다는 것은 관광자가 보다 관광명소가 아닌 지역의 일상 장소를 방문하고 즐긴다는 것을 설명할 수 있다. 여행자와 관광자는 지역사회구성원들이 생활하는 장소를 방문하여 그들과 같은 삶을 체험하고 싶은 욕구가 커지는 현상을 여행의 일상화로 표현할 수 있다.

이러한 여행의 일상화를 설명할 수 있는 이론 중 하나로 여행경력패턴 (travel career pattern) 이론을 들 수 있다. 여행경력패턴 이론이란, 여행경력이 쌓일수록, 즉 높아질수록 현지 문화를 이해하고 참여함으로써 얻을 수 있는 외적 자기계발 동기가 강하며, 여행경력이 낮을수록 개인적 관심사나 성취감을 통하여 얻을 수 있는 내적 자기계발 동기가 높다는 이론이다. 즉, 여행경력이 쌓이면 다양한 여행의 변화가 나타나며, 여행의 일상화, 현지화, 다양화 등에 대한 관심이 증대된다고 볼 수 있다(송화성·조경신, 2015). 즉, 여행자들이 처음 여행을 다닐 때에는 자신들의 여행을 즐기며, 관광명소를 방문하거나, 사진을 촬영하여 남기는 등의 여행을 떠나게 된다면, 이후 여행자들이 많은 여행경력이 늘게 되면서 문화적 경험이 증가하는 현상을 의미한다. 다시 말해서, 여행이 일반화되는 현대인의 여행경력이 보다 증가할 가능성이 높게 되는데, 이때에는 보다 문화적 교류에 관심이 많은 여행자들이 문화교류가 많은 커뮤니티 관광 참여가 높아질 수 있다는 의미가 된다. 다만, 개별여행자의 경우 여행경력이 낮을수록 현지문화체험을 위한 외적 여행동기가 높고, 여행경력이 높을수록 자기중심적 여행패턴을 보이는 내적 여행동기가 높은 것으로 확인되었다(이상훈·고동완, 2012). 최근 현지인처럼 지역의 일상을 경험하고자 하는 관광자들의 증가는 관광자원의 범위가 기존의 자연경관, 역사유적에서 주거지역, 맛집,

거리, 대학가 등으로 확장되고 있으며, 관광, 여가, 문화, 엔터테인먼트, 소비, 교육, 주거 등의 경계가 모호해지고 있다(종로구청, 2017).

이러한 일상의 관광지화에 대해서는 부정적인 영향 역시 존재한다. 주거지의 관광지화는 낙후된 주거지에서 그 지역만의 매력요소를 개발하여 방문한 관광자들에게 수익을 창출하는 과정에서 주민의 정주성을 증진시키기도 하나(김석원, 2014), 반면에 관광자들의 사생활 침해로 인한 불이익은 관광자와 주민 간의 갈등을 일으키며, 이러한 갈등은 관광자가 지역 자체를 관광 대상으로 보아 공공재로 인식하는데 반해 주민은 관광자가 일방적으로 주거공간을 침범한다는 피해의식을 가지기 때문이다(정상윤·유인혜·여정태·고동완, 2009). 결국 주거지의 관광지화로 인하여 주거 기능의 제한, 주거생활의 불편은 지역주민이 지역을 떠나는 원인이 될 수도 있다(손대원, 2007).

2. 호스트-게스트 관계성(Host-Guest Relationship)

문화관광 차원에서의 커뮤니티 관광은 호스트-게스트 관계성(host-guest relationship)의 관계성에서 해석의 접근을 할 필요가 있다. 호스트-게스트 관계성은 지역의 구성원과 방문자 간의 관계에서 드러난 상이한 문화적 배경을 가진 사람들 간의 대면접촉이며, 여행의 동기 역시 차이를 발견하고자 하는 욕구에서 시작되어 현지 주민과 새로운 관광환경과의 관광적 조우를 통해 세계를 알아가는 과정으로 설명하고 있다. 관광의 본질과 대상은 문화나 문물이며, 사회학적 의미에서 문화를 사람들과의 만남과 상호작용이라 한다면 관광의 본질 역시 문화행동과 문화접촉이라고 할 수 있는 것이다. 여행활동에서 얻어지는 만족은 바로 상호작용으로 결정되는데, 이 만족은 체험에서 얻어지고 상징적 상호작용에 의함이란 주객과의 조우, 즉 대인적 조우이기 때문에 관광자적 조우는 현지주민과 관광자 간의 거래를 통해 이루어지며 이는 여행구조의 핵심이라 할 수 있다(유지윤, 2001).

양위주(2015)는 문화관광 형태에서 Guest는 명확하지만, Host는 상당히 다양하게 정의내릴 수 있다고도 제시하고 있다. 즉, Guest는 관광자로 설정되는데, Host는 그 지역에 존재하는 주민인 경우도 있으나, 어떠한 경우에는 그들의 삶의 영역과 관광대상과 분리되어 단지 관광자를 위해서만 재현하는 경우도 존재하기도 함을 주장한다. 또 다른 경우에는 Host가 거주하는 일상의 공간과 생활이 연출되어 부분적으로 보여지는 경우가 있다. 이러한 Host 관광경험과 대상의 수준 차이는 그 자체가 옳고 그른 것은 아니며, 실제 문화적 변이나 충돌을 얼마나 최소화하고 관리할 수 있는지에 따라 다르게 설정될 수 있으며, 그 자체가 고유성이나 진정성을 어느 정도까지 수용하여 보여주는가의 차이로 볼 수 있겠다. 다만, 커뮤니티 관광은 Host의 입장이 보다 실존적 진정성을 보이며 이를 관광경험으로 보여주는 것에 더 가깝게 표현되는 경우가 많다. 커뮤니티의 일상이나 그들의 경험이 곧 관광자원화가 되기 때문이다.

커뮤니티 관광이 보다 활성화된 이유는 단순히 호스트-게스트 간의 주객 관계의 관광형태가 점차 변화하고 있기 때문이다. 즉, 최근의 호스트-게스트 관계성은 단순히 주체와 객체로서의 관계를 벗어나 이웃과 이웃(neighbor-to-neighbor relationship) 간의 관계, 시민과 시민과의 관계성(citizen-to-citizen relationship)으로 확대되기도 한다. 이는 관광자가 수동적인 의미에서의 문화적인 수용만을 위한 것이 아니라, 관광자가 관광대상의 커뮤니티와의 문화 교류와 상호작용을 보다 선호하기 때문이다. 커뮤니티 관광은 다른 관광 형태에 비하여 상호작용적인 관계가 보다 가능하며 이에 따른 관광경험의 증진, 관광자의 만족도 제고가 가능하게 할 수 있다.

|4절| 커뮤니티 관광의 정책 및 운영 사례

1. 국내정책 사례: 문화체육관광부의 관광두레사업

　다수의 관광정책사업이 지역을 방문하는 관광자수의 증대에만 관심을 가지게 되는데, 관광자가 증가한다고 하여 필연적으로 지역경제가 활성화되는 것은 아니다. 지역 내 일자리와 소득 창출 등 실질적으로 긍정적인 경제효과가 발생하기 위해서는 관광자의 증가와 함께 관광사업이 창출되어야 하며, 이 관광사업이 지역의 주민공동체가 중심으로 운영되며, 관광자의 소비가 지역 내에서 순환되는 구조를 만들기 위하여 관광두레사업이 시작되었다(문화체육관광부·한국문화관광연구원, 2018). 관광두레는 '관광'과 '두레'를 조합해 명명한 정책사업의 명칭이다. 관광은 비즈니스를 의미하고, 두레는 주민사업체를 상징하고 있는데, 관광두레는 주민사업체가 공급자 중심의 프레임에서 벗어나 누구에게 무엇을 어떻게 팔 것인지 계획할 수 있도록 육성을 하고 있다. 관광두레사업은 대표적인 커뮤니티 관광의 기반을 조성하고 운영자를 만들어내는 사업이라 할 수 있다.

　관광두레사업의 추진 주체는 문화체육관광부, 한국문화관광연구원, 한국관광공사, 지방자치단체(사업 대상지역), 관광두레 PD로 구성이 되어 있다. 문화체육관광부는 기본계획 수립과 재정 지원을 맡으며, 한국문화관광연구원은 관광두레 PD의 활동 지원과 관리, 주민사업체의 발굴과 육성(사업화계획 수립 지원, 멘토링과 역량강화, 창업과 경영개선 파일럿사업 지원 등), 사업 모니터링, 평가 등 사업을 운영 총괄하고 있다. 한국관광공사는 홍보와 마케팅을 측면 지원하며, 지방자치단체는 관광두레 사랑방 제공, 지역자원 연계 지원과 같은 간접지원을 맡고 있다. 마지막으로 관광두레 PD는 지역 관광두레를 총괄하는 중간조직자 역할을 수행한다. 지역 현장에서 주민사업체 발굴과 조직화에서부터 창업과 경영개선 지원까지 사업을 총괄 진행하며 관광두레사업단과 주민, 지자체와 주민, 고객과 주민, 주민과 주민 사이에서 중간 지원 역할을 수행하는 기획자이자 활동가이다(문화체육관광부·한국문화관광연구원, 2018).

　2017년 말 현재 관광두레사업은 총 40개 지역에서 157개 주민사업체의 창업과 경영개선 지원을 시행하고 있다. 사업아이템별로는 관광체험분야 52개 사업체, 식음 51개 사업체, 관광기념품 23개 사업체, 주민여행사 20개 사업체, 숙박 10개 사업체, 기타 1개 사업체 등이 관광사업을 추진 및 운

발굴
1차 연도

조직 발굴과
사업계획 수립

- 관광두레PD 선발과 역량 강화
- 주민공동체 발굴
- 주민워크숍을 통한 사업 계획서 작성

창업
2차 연도

성공 창업과
경영개선 유도

- 창업과 경영개선 파일럿 사업 추진
- 멘토링과 교육훈련, 홍보, 마케팅 등 지원

안정
3차 연도

안정 성장
기반 구축

- 홍보마케팅 강화
- 조직운영과 재무전략 등 경영 지원
- 주민사업체 간 네트워크 추진

종합평가
사업추진 종합평가, 추가 2년 지원

자립
4·5차 연도

지속 성장, 모범사례 육성

- 경영 다각화와 수익 확대 지원
- 관광두레 네트워크 지속 운영
- 홍보마케팅 강화

자료 : 문화체육관광부·한국문화관광연구원, 2018.

〈그림 12-6〉 관광두레사업의 연차별 목표 및 진행사항

영을 실시하고 있다. 법인체별로는 협동조합이 가장 많고(44개), 그 다음으로는 영농조합법인(29개), 주식회사(24개), 농업회사법인(8개) 등의 순으로 운영을 실시하고 있다. 커뮤니티 관광의 활성화를 위하여 관광두레사업은 관광두레 PD 선정과 역량강화 등 중간조직자를 육성하고, 주민사업체 발굴과 사업계획을 수립하게 하며, 주민사업체 창업과 경영개선, 연계통합 프로그램 운영, 홍보마케팅 등을 추진하고 있다(문화체육관광부·한국문화관광연구원, 2018).

대표적인 커뮤니티 관광 주민사업체로는 가평 관광두레 이일유 발효여행과 홍천 관광두레 컬러팜웨딩 등이 주목할만한 사례로 들 수 있다. 가평 이일유 발효여행은 장아찌를 제품화하여 판매를 하였던 주민사업체였으나, 조성주 가평 관광두레 PD와 함께 의논하여 기존의 제조와 판매는 그대로 두되, 체험 프로그램을 추가하여 건강하고 맛있는 '가평 발효음식'의 가치를 알릴 수 있는 구조로 만들었다. 이일유 발효여행은 현재 켄싱턴레조트 등에서 파머스가든 마켓을 개최하고, 핑거푸드 파티 등을 실시하였다. 특히 관광자들에게 발효밥상을 만드는 체험이 알려지면서, 건강하고 세련된 발효음식을 관광자에게 제공하는 사업체로 널리 알려지고 있다. 홍천 컬러팜웨딩은 정원에서 결혼식을 할 수 있도록 만들어주는 팜웨딩 주민사업체이다. 리마인드 웨딩, 프로포즈 및 웨딩 촬영, 팜웨딩, 팜파티 등을 시행하며 색다른 결혼식을 열고 싶은 참가자들을 대상으로 지역주민 공동체와 지역자원을 활용한 색다른 행사를 개최하는 것으로 알려져 있다. 여섯 농가가 자신들의 컨셉에 맞는 웨딩을 만들어 신랑, 신부에게 특별한 날을 선물하고 싶다는 컬러팜웨딩 주민사업체는 수려한 자연지역에서의 주민소득 창출 뿐 아니라, 아름다운 자연이 있는 홍천지역 홍보에 기여하고 있다(문화체육관광부·한국문화관광연구원, 2017).

자료 : 관광두레 공식 블로그(https://tourdure.blog. me/)

〈그림 12-7〉 이일유 발효여행

자료 : 관광두레 공식 블로그(https://tourdure.blog. me/)

〈그림 12-8〉 컬러팜웨딩

2. 해외정책 사례: 캄보디아 동북부 원주민관광 개발 사례

국내외에서 커뮤니티 관광에 대한 중요성이 커져가면서, 커뮤니티 관광을 개발하고 운영하는 사례가 증가하고 있다. 글로벌발전연구원(2016)에서는 왕립프놈펜대학교와 함께 한국국제협력단(KOICA)의 지원을 받아, 캄보디아 동북부 원주민 관광ODA 전략 연구를 수행하였다. 캄보디아는 천연 자원의 보존과 빈곤 감소를 위해 관광산업을 육성하고 있으나, 지역사회에 환원되는 관광산업의 혜택이 상대적으로 적고, 관광자에게도 앙코르와트 등 대규모 유적지 이외에는 지역사회의 모습을 보여주고, 함께하는 관광자원 발굴이 비교적 적은 편이었다.

다만, 캄보디아 정부는 2006~2010 캄보디아 국가 전략 개발 계획 문서에서 경제 개발과 빈곤 완화를 위한 주요 도구로써 지속가능한 관광 산업 개발이 국가에 기여할 수 있음을 밝혀왔으며, 이에 따라 관광 분야를 국가 개발 우선순위로 선정하였으며. 2013년 4월에 발표된 '2014-2018 국가 전략 개발 계획 형성을 위한 가이드라인' 문서에서 역시 경제 개발 분야의 주요 목표를 '보편적인 포괄적 성장 증진'으로 두고 주요 우선순위 중 하나를 관광 분야 증진으로 선정하고 있다(Royal Government of Cambodia Ministry of Planning, 2005, 2013).

캄보디아는 수도 프놈펜에 집중된 개발, 대규모 개발 사업, 역량 부족, 높은 외국인 소유율, 높은 경제적 누수 수준 및 제한된 커뮤니티 참여가 이슈로 제기됨에 따라 캄보디아 정부는 지속가능한 관광 개발을 위해 노력을 기울이고 있다. 그럼에도 불구하고 그동안 캄보디아의 소수 민족들은 여러 혜택에서 소외된 계층으로서 차별, 토지 및 산림 강탈, 문화 비하 등으로부터 오랜 기간 고통 받았으며, 경제개발의 측면에서도 소외되어 있는 실정이었다(왕립프놈펜대학교·글로벌발전연구원, 2016). 캄보디아 동북부 지역은 4개의 주(Kratie, Stung Treng, Ratanakiri, Mondulkiri)로 구성되어 있으며,

자료 : 캄보디아 관광부, 세이브캄보디아와일드.

〈그림 12-9〉 **캄보디아 전도 및 소수민족 분포도**

〈표 12-1〉 **캄보디아 동북부 2개 지역 기본현황**

구분	라타나끼리 지역	몬둘끼리 지역
면적	11,052km²	14,288km²
위치	캄보디아 북동쪽	캄보디아 남동쪽
인구	94,243명	44,913명
수도(주도)	반룽	센 모노롬
기후	우기, 건기	우기, 건기
주요 산업	농업, 관광	농업, 관광
주요 특산품	젬스톤(보석원석), 관광	수공예품

자료 : 왕립프놈펜대학교·글로벌발전연구원, 2016.

캄보디아에서 가장 빈곤하고 소외된 지역이다. 동 지역은 주로 원주민들이 거주하고 있으며, 이 중 라타나키리(Ratanakiri)지역과 몬둘키리(Mondulkiri)지역은 인구밀도가 매우 낮은 곳이기도 하다.

　캄보디아의 몬둘끼리와 라타나끼리 지역의 어원에서 끼리는 '산'을 의미하고, 몬둘은 '만다린', 라타나는 '보석'을 의미한다. 즉, 만단라의 산, 보석산 정도로 해석이 가능하다. 캄보디아는 대체적으로 녹음이 우거진 곳을 찾아보기 어려운데, 이 두 지역은 푸르른 녹음과 풍광을 자랑한다. 배낭여행자들에게는 베트남, 라오스 등지에서 크라티에를 거쳐 프놈펜으로 가는 경로에 들리는 곳으로 알려져 있다. 이 두 지역은 캄보디아 대다수를 차지하는 크메르 민족뿐 아니라 원래부터 살고 있었던 원주민이 거주하는데, 몬둘끼리는 부농이라는 종족이 대다수를 차지하고 있으며, 라타나끼리는 라오, 자라이, 땀뿐, 까초 등 다양한 민족이 살고 있다.

　캄보디아 동북부 거주 원주민들은 자신들의 전통 복장이나 장신구, 전통 음악을 보여주며, 전통 가옥에서 원주민들의 음식을 제공하는 원주민 관광을 상품화하고 싶어 했다. 그들은 원주민 관광을 통해 주민들에게 소득이 생기고, 농촌에서의 부가적인 수익원이 창출되는 것을 희망하였다. 하지만, 그들이 더 캄보디아 동북부의 관광상품 개발을 원했던 이유는 자신들 고유의 문화자원을 관광자들에게 보여주고 교류하며 알리고 싶어하기 때문이라는 말도 전했다(정란수, 2016).

　이러한 원주민들의 요구사항에 대해, 왕립프놈펜대학교와 글로벌발전연구원은 캄보디아 동북부 관광에 대한 타당성을 검토하고, 원주민들이 스스로 관광자를 맞이할 수 있는 관광전략을 수립하였다. 원주민 관광전략으로는 크게 원주민 관광 비즈니스의 개발 및 투자, 원주민 관광 거버넌스 발전 및 강화, 원주민 관광자원의 보존 및 이용, 원주민 관광역량의 발전, 원주민 관광 파트너십의 강화 등을 제시하였다. 즉, 원주민 관광을 위해 주민들이 스스로 관광역량을 발전시키고, 사업체를 개발하여 운영하는 과정과 함께, 정부 및 지자체, 민간의 협력체계를 함께 만들어, 커뮤니티를 유지하며 보전적 활용을 주장하고 있다(왕립프놈펜대학교·글로벌발전연구원, 2016).

〈표 12-2〉 캄보디아 동북부 커뮤니티 관광 발전을 위한 과제 제시

구분	도전과제	개선방안
파트너십 구축	다수의 이해관계자들로 인한 의사 결정 지연	명확한 멤버 간 R&R(Role and Responsibility) 명시
	주요 이해관계자들의 역량 부족	공동체 리더 등 주요 이해관계자들의 전문 지식 및 기술 함양 필요
자연 자원 보존	불법 벌목 성행 등 숲, 자연 자원이 파괴됨	마을 공동체게 삼림 자원 관련 법 홍보와 교육 필요 벌목 시 덜 파괴될 수 있도록 전통 벌목 기구 사용 법적·제도적으로 접근
투자 및 재정	재정 자원 부족	잠재 투자자 발굴 등 시장 확장 방안 마련 민간 분야와의 협업 증대 기술 교육을 통한 다양한 소득 창출 방안 마련
	관광 상품 판매 시장 부재	공급 수요 조절을 위해 투자자와 계약 체결 고려
역량 강화	관광 관련 이해 부족과 높은 문맹률	문해 수업 장려 관광에 대한 교육 및 트레이닝 실시 진학 장려를 위해 다양한 소득 창출 방법 마련
인프라 구축	식수와 전기 등 기본적 인프라 부족	전기 및 식수 시스템 개선
	심각한 위생 보건 문제	공중 보건 시스템 개선
	도로 사정이 좋지 않아 우기 시 관광지 접근이 불가능	도로 인프라 구축 공항 재정비 고려
	커뮤니티 지역 관광 호수 내 익사 문제 발생	응급 상황 구조 장비 및 안내판 마련
마케팅 및 홍보	웹사이트 관리 등 홍보 역량 부족	마케팅 및 프로모션 트레이닝 실시
	아시아 관광자를 위한 아시아 언어 구사 가이드 부재	아시아 언어(한/중/일) 구사 가능 투어 가이드 확보
기타	주민들의 주인의식과 리더들의 전문성 부족	마을의 리더들이 지역 발전 계획 수립 시 적극적으로 역할 수행할 수 있도록 장려
	양성 불평등 발생 가능성	여성 연대 등을 조직하여 여성들이 목소리를 낼 수 있도록 장려

자료 : 왕립프놈펜대학교·글로벌발전연구원(2016)의 연구를 토대로 필자 재구성

3. 해외운영 사례: 베트남 짜꿰마을의 농촌관광상품 운영 사례

최근 관광자들에게 상품 판매가 되며 각광을 받는 커뮤니티 관광 사례 중 베트남 호이안 지역의 짜꿰(Tra Que) 마을의 농촌관광상품은 매우 인상적인 특성을 지니고 있다. 2018년 12월 현재, 짜꿰마을의 농촌관광상품은 여행자 평가 플랫폼인 '트립어드바이저'(Tripadvisor)에서 호이안 지역 내 관광거리 1위의 평가를 보이고 있다. 베트남 짜꿰마을은 대표적인 커뮤니티관광이자, 농촌관광상품으로 운영되고 있었다.

자료 : 트립어드바이저(Tripadvisor.com)

〈그림 12-10〉 짜꿰마을 트립어드바이저 평가 페이지

우선, 짜꿰마을 농촌관광상품은 쿠킹클래스 관광과 농촌마을 체험 관광 형태로 나뉘어진다. 다만, 쿠킹클래스 관광은 농촌마을 체험 관광까지 포함되어 운영이 되고 있다(짜꿰마을 홈페이지, 2018). 쿠킹클래스는 국내외에서 매우 각광받는 관광상품 중 한 형태이다. 따라서, 해당 관광지에 방문하여 지역의 문화와 음식을 체험하는데 있어서 많은 관광자가 참여하는 관광상품으로 자리매김하고 있다(한식재단, 2015). 짜꿰마을은 유기농 채소

를 재배하는 마을로 베트남 중부지역 대표적인 관광지인 호이안에 위치해 있다. 호이안 시내에서는 차량으로 약 15분 거리에 위치해 있어 접근성이 우수하여 관광자들의 방문이 용이한 편이다. 짜꿰마을의 커뮤니티 관광 운영자는 모두 짜꿰마을에 거주하며 지역의 농부들과 유대관계를 갖고 있다. 또한 2016년부터 짜꿰마을에서 레스토랑을 함께 운영하며 농촌관광뿐 아니라 일반적으로 음식을 즐기고자 방문하는 이들에게도 식사를 제공해주고 있다(정란수, 2019).

짜꿰마을 쿠킹클래스를 인터넷에서 사전예약 신청을 하면, 오전 8시 30분에 차량이 숙소로 와서 참가자들을 태우고 마을로 가게 된다. 또한, 투어가 종료되고 나면 다시 숙소에 오후 2시경 데려다주는 형태로 편리하게 당일투어상품으로 참가가 가능하다. 짜꿰마을 참가자는 차량으로 바로 마을까지 이동하지 않고, 중간에 현지 시장에 들려서 시장에서 판매되는 채소, 과일, 쌀국수 생면에 대한 설명을 듣고, 마을에서 생산되지 않는 식재료는 시장에서 직접 사서 마을로 이동을 하게 된다. 단순한 마을 농부들이나 구성원과의 교류만이 아닌, 지역의 시장 상인들과의 교류를 함께 염두해두고 운영을 하고 있었다.

자료 : 짜꿰마을 홈페이지(http://en.traquevegetablevillage.com) 및 필자 직접 촬영

〈그림 12-11〉 짜꿰마을 홈페이지 　　　　〈그림 12-12〉 현지 시장 방문

참가자들은 시장을 방문하고 난 뒤 짜꿰마을에 도착하게 된다. 짜꿰마을에서는 농부체험을 하게 되는데, 전통적인 방식으로의 물을 주고, 씨앗

을 뿌리는 방식을 체험하고, 농촌마을과 각 채소들에 대한 설명을 들을 수 있다. 간단한 발마사지 이후 네 가지 베트남 전통 메뉴를 직접 만들어 보게 되는데, 이때의 식재료는 시장에서 구매한 재료와 마을에서 재배한 재료로 구성이 된다. 네 가지 메뉴를 만들고 식사까지 하게되는데, 농촌 체험형 관광과 식음관광인 쿠킹클래스, 그리고 지역사회 기반형 관광인 CBT 형태가 모두 결합된 복합적인 커뮤니티 관광활동을 체험할 수가 있다.

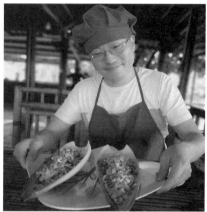

〈그림 12-13〉 **농촌체험 및 쿠킹클래스 참가 모습**

짜꿰마을 쿠킹클래스를 마치고 숙소에 도착하면, 예약 당시 기재했던 이메일로 쿠킹클래스에서 배웠던 네 가지 메뉴에 대한 레시피를 보내주 게 된다. 레시피에는 메뉴를 집에서 다시 요리할 수 있도록 재료와 조리 과정을 설명해주고 있다. 이메일에는 레시피와 함께 트립어드바이저 등 평가를 독려하는 글과 트립어드바이저 링크가 함께 연결되어 있는데, 이 를 통해 참여자들은 트립어드바이저에 리뷰를 남기는 효과를 볼 수 있다. 결국, 관광상품에 대한 운영과 관리가 단순히 관광 도중에만 그치는 것이 아니라, 이후 평가와 재방문을 위해서도 고민을 하는 흔적을 엿볼 수 있 다(정란수, 2019).

자료 : 짜꿰마을에서 필자에게 이메일로 보낸 레시피 이미지

〈그림 12-14〉 짜꿰마을 쿠킹클래스의 프라이드 스프링롤 레시피

|5절| 커뮤니티 관광의 영향에 대한 쟁점

1. 커뮤니티 관광은 지속가능한가?

문화관광 분야 중 커뮤니티 관광이 각광받는 이유는 다양하게 해석이 될 수 있다. 우선, 관광수요자인 관광자 입장에서의 커뮤니티 관광의 중요성이다. 관광을 떠나서 내가 속한 문화와 다른 문화자원을 보고 체험하고 느끼길 원할 때 가장 먼저 보는 것이 바로 지역사회에 속한 구성원들이 할 수 있다. 즉, 커뮤니티 관광은 관광 수요자 입장에서 관광의 진정성을 확보하는데 매우 주요한 역할을 수행할 수 있다. 인위적인 공간에서

관광자만을 위해 만들어진 관광상품인, 이른바 '무대화된 고유성'의 모습에서 벗어나 진짜 관광을 경험할 수 있는 것이다(딘 맥캔널, 1994). 커뮤니티 관광은 관광공급자 입장에서도 관광의 지속가능성 적용 측면에서 중요한 요소가 될 수 있다. 관광이 지속 발전하기 위해서는 관광으로 인한 수익이 존재하여 경제적인 혜택이 존재해야 한다. 커뮤니티 관광의 특징은 관광으로 인한 편익이 지역민에게 직접적으로 환원이 될 수 있다는 점이다. 관광에 대한 경제적 환원과 함께, 지역사회 공동체를 보다 공고히 하고, 재투자를 할 수 있는 기반이 조성될 수 있다는 측면에서 커뮤니티 관광은 그동안 공공이나 민간 대기업 위주의 관광개발의 새로운 대안을 제시해 줄 수 있다.

마지막으로 커뮤니티 관광의 중요성은 관광정책자 입장에서도 중요하게 다룰 수 있겠다. 지역을 알리고, 이미지를 증진시키는 효과에서도 지역사회 구성원들은 보다 지역의 애착도를 가지고 지역에 맞는 관광자원이나 관광상품을 개발하게 된다. 인프라만이 구성되어 있는 관광자원의 경우 정적인 관광지에 커뮤니티가 스스로 콘텐츠를 개발하여 활력을 불어넣어 동적인 관광지로 탈바꿈할 수 있는 것도 커뮤니티 관광의 특성이다.

이러한, 커뮤니티 관광은 수요자, 공급자, 정책자 입장에서 문화관광의 교류와 증진을 위하여 긍정적 효과를 가져오게 되나, 그 관광이 지속가능하기 위해서는 경제적, 사회·문화적, 환경적 지속가능성을 확보해야 할 것이다. 우선, 커뮤니티 관광은 경제적으로도 지속가능해야 할 것이다. 현재 국내에서 추진되고 있는 관광두레사업은 대표적으로 성공한 관광 커뮤니티 비즈니스 모델로 제시되고 있다. 실제로 많은 사업체들이 관광두레사업의 지원을 통해 다양한 성과를 발굴하고 있다. 그럼에도 불구하고 관광두레사업은 연속성이 있는 사업이 아닌 기한이 존재하는 사업으로, 지자체의 관광두레사업 지원이 종료되고 관광두레 PD가 사라지게 되었을 때에도 지속적으로 운영 가능해야 경제적인 지속가능성이 존재한다고 할 수 있다. 하지만, 몇몇 주민사업체는 관광두레사업의 지원이 종료된 이후에는 사업의 경영이 악화되거나, 조직이 해체되는 경우도 존재한다. 결국, 커뮤니티 관광 모델 자체가 자생할 수 있는 수준으로의 철저한 준비가 필요할 것이다.

사회·문화적으로 커뮤니티 관광의 문제를 고민하여야 하는 경우도 상당히 많다. 앞서 살펴본 사례인 캄보디아 동북부지역의 원주민 관광 전략 수립시에도, 자칫 관광자들의 무분별한 유입이 지역사회의 문화적 풍습을 파괴할 수 있는 부분에 대해서 상당히 경계하고 조심스럽게 접근을 한 바 있다. 그럼에도 원주민 입장에서는 관광자의 유입으로 인한 경제적 소득이 보다 중요하게 다가갔으며, 아직 닥치지 않은 막연하게만 느껴지는 부작용으로 인해 문화적 피해가 가늠되지 않기에 커뮤니티 관광 초기 운영 단계에서는 사회·문화적 지속가능성을 고민하는 데 한계가 존재한다. 마을관광에 있어서도 마찬가지이다. 커뮤니티 관광은 직접적인 지역문화를 체험하는 매우 흥미있는 관광이지만, 한편으로는 이러한 이유로 지역민들에게 너무나 큰 문화적인 영향을 미치는 관광형태라고도 볼 수 있다. 실제로 지역민들의 생활 속에 침투되어 생활에 불편을 겪는 마을관광지들이 늘고 있는 실정이다. 이러한 문화적 충돌은 일정 부분 불가피하다고 할지라도, 커뮤니티 관광이 해결해야 할 과제로 남겨져 있다.

환경적 지속가능성에 대해서는 커뮤니티 관광이 지녀야 할 가치이면서 이에 대한 우선적 집중에서 충돌이 되는 경우가 적지 않다. 앞서 소개한 캄보디아 동북부지역의 경우에도 환경단체가 주도로 하는 관광자원과 상품 운영은 환경적인 부분을 최우선으로 고려하여 관광수입을 생태적 보전과 관리에 다시 재투자하는데 사용하고 있으나, 커뮤니티 관광의 수입은 우선적으로 지역 구성원의 운영비용과 마을의 교육 및 보건위생 발전에 사용되고 난 뒤, 환경적인 가치 증진은 후순위로 밀려나게 되어, 환경단체와의 충돌이 간혹 생기기도 한다(왕립프놈펜대학교·글로벌발전연구원, 2016).

2. 커뮤니티 관광의 일상 침해는 어떻게 극복할 것인가?[4]

특히, 최근 관광수용력 초과현상으로 대두되는 오버투어리즘 문제는 필연적으로 주거지역의 관광으로 인한 피해로 볼 수 있다(박주영, 2018). 커뮤니티 관광은 지역사회가 곧 관광자들을 위한 공간이 되다보니 그로 인한 피해가 수반되기도 한다. 최근 마을관광으로 대표되는 곳들에서는 커뮤니티 관광으로 인하여 교통혼잡, 쓰레기 및 소음문제, 사생활 침해 등의 문제들을 공통적으로 겪고 있다. 이 외에도 부동산 및 물가 상승으로 인하여 상인들과 지역민들의 갈등, 신규유입 상인과 전통상인간의 갈등, 젠트리피케이션 문제 등이 유발되기도 한다. 결국 커뮤니티 관광의 활성화로 인하여 커뮤니티가 위기를 겪고 정체성이 상실되는 역설이 동반되는 문제점에 대해서도 고민이 필요하다.

박주영(2018)의 연구에서는 전주한옥마을에서 관광자와 지역민 간의 갈등에 대해 근본적인 원인을 제시하고 있다. 전주한옥마을 내 수많은 갈등들은 근본적으로 각 이해관계자들이 각자의 이익을 취하기 위한 행위들에서 비롯한다. 관광자가 증가하면서 상업 행위가 활성화되자 지역주민들은 경제적인 소외감을 느끼는 가운데 상인들의 개인적인 욕심이 과하기 때문에 갈등이 야기된다고 보았다. 결국, 지역주민들은 외지에서 와서 장사만 하는 상인들로 인해 지역주민들의 소외감과 불편함을 감수하게 된다는 것이다. 또한 일부 상인들 간에는 불법을 자행하면서까지 경제적 이익을 쫓기 때문에 더 큰 갈등을 야기하고 있다고 보았다. 그러나 전주한옥마을이 전통적인 주거공간에서 관광자가 방문하기 좋은 상업공간으로 변하게 된 것은 시대적으로 한옥마을에 대한 가치가 변하였기 때문이라고도 인식하였다. 결국은 한옥마을 내에서 나타난 다양한 갈등 양상들은 한옥마을이 더 이상 거주민만을 위한 주거지역이 아니라 상업적 가치가 이를 초과하는 과정에서 겪는 성장통이라는 것이다. 즉, 도시 및 지역

---

4) 본 절의 내용은 박주영(2018)의 연구 중 공동 연구로 수행한 필자의 원고 일부를 수정·보완한 것임.

변화의 현상으로 이해할 수도 있다.

이에 대하여 커뮤니티 관광이 지역의 일상으로 관광장소가 흡수되면서 다양하게 나타나는 문제점과 이에 대한 여러 대응책을 박주영(2018)의 연구에서는 도식화하여 보여주고 있다. 이 도식에 따르면 무료 관광형태의

자료 : 박주영, 2018.

〈그림 12-15〉 커뮤니티 관광에 대한 지역갈등 원인과 해결책

마을관광과 일상화된 주거지역의 관광 방문이 곧 수용력 초과 문제를 야기하며, 젠트리피케이션 문제, 지역민의 혼잡도 증가 및 문화적 충돌 문제로 이어지게 된다는 것이다. 결국 교통분산이나 방문 분산 정책, 지역민의 경제적 편익을 증대시키는 방안, 다양한 자정적 노력을 통해 커뮤니티 관광의 갈등요소를 해결할 수 있어야 한다.

3. 관광과 공유경제가 지니는 명과 암

관광의 일상화, 일상화된 관광지의 모습을 통해 커뮤니티 관광은 보다 관심을 보이고 있기 때문에, 커뮤니티 구성원들은 자신들이 참여할 수 있는 소규모 관광분야의 사업을 영위하기도 한다. 특히 이미 소유한 기술이나 시설, 역량을 통하여 관광자들을 맞이하여 커뮤니티 관광으로 참여할 수 있는 공유경제형 관광사업은 이를 대표한다고 할 수 있다. 관광숙박의 경우 민박 형태의 숙박이나 공유숙박 형태로 관광자와 교류를 한다든지, 지역마을 협동조합에서 운영하는 관광교통수단을 이용하는 부분은 기존의 비경제적 경제 영역을 넘어서 공유경제로서의 관광산업 증대를 가져오는 효과가 존재한다.

이러한 공유경제의 이러한 긍정적 영향에도 불구하고, 공유경제로 인한 지역사회에 영향을 미치는 악영향 역시 무시할 수 없다. 에어비앤비로 대표되는 공유숙박은 다양한 문화적 경험 증진, 숙박시설 가격 부담 저하 등의 효과가 있으나 지역민들의 편안한 잠자리를 방해하거나, 부동산 물가 상승 등을 초래하기도 한다. 특히, 공유숙박의 경우 관광숙박업이나 공중위생관리법상의 숙박업에 등록되어 있지 않은 무허가 영업을 통하여 화재나 도난, 각종 범죄에 노출시 이를 보상받기가 어려운 실정이다. 공유교통도 역시 문제가 존재한다. 해외에서 비교적 활성화된 그랩, 우버 등의 공유교통수단은 관광자들에게 편리함을 제공하나, 국내에서는 택시 생존권 문제와의 충돌이 야기되고 있다. 2018년부터 2019년까지 택시업계가 카카오 카풀 도입에 반발하며 강력하게 불만을 표출하였던 사항 역시 공유교통수단에 대한 갈등을 단적으로 보여준다고 할 수 있다.

커뮤니티 관광의 발전은 그동안 관광사업의 경계가 불명확하고, 지역 커뮤니티에서 스스로 운영할 수 있는 관광형태가 발전하게 되며 보다 공유경제형 관광이 관심을 받게 된다. 이에 대한 명확한 제도적 규정과 함께, 사회적인 합의 역시 필요한 실정이다.

1. 커뮤니티 관광에 있어서 커뮤니티는 관광주체로서 어떠한 역할을 수행하는가?

2. 마을관광이나 농촌관광이 커뮤니티 관광을 대표할 수 있는가? 마을과 농촌의 커뮤니티 주체는 누구인가?

3. 커뮤니티 관광을 경험하는 관광자는 어떠한 진정성을 발견하게 되는가? 관광 경험의 진실성을 커뮤니티 관광은 담보할 수 있는가?

4. 관광자의 무분별한 커뮤니티 관광 참여가 어떠한 문제를 야기하고, 커뮤니티는 어떻게 문제점을 극복할 수 있는가?

5. 커뮤니티 관광의 한 형태인 관광두레 주민사업체가 지속가능한 관광사업을 추진하기 위하여 정부, 커뮤니티, 관광자는 어떠한 노력을 기울여야 하는가?

더 읽어볼 자료

1. Elizabeth, B. (2013). Overbooked: The Exploding Business of Travel and Tourism, Simon & Schuster. (유영훈 역(2013), 『여행을 팝니다』. 서울: 명랑한 지성)

   여행 및 관광에 대한 불편한 문제점을 살펴보고, 이에 대한 영향을 고발한 책으로, 여러 내용 중 하나인 문화관광 파트에서는 베네치아의 오버투어리즘 문제와 커뮤니티 관광에 대한 부정적 영향을 살펴보고 이에 대한 관광자의 역할을 제시한 단행본.

2. O'Grady, R. (1981). *Third World Stopover*, Geneva: World Council of Churches.

   (한국기독교사회문제연구원 편역, 『제3세계의 관광공해』. 1985)

   관광자의 관광활동이 지역에게는 큰 피해를 불러일으킬 수 있으며, 특히 그 피해가 무분별한 선진국의 관광자가 제3세계의 지역관광에게 영향을 미치는 문제를 제시. 관광지는 지역주민의 일상 생활의 장으로부터 분리되어야 한다는 문화적 충돌에 대한 방지를 제기한 공정관광의 지침이 되는 고전.

3. 김성진 · 박주영(2013). 주민주도형 관광사업의 사례연구. 한국문화관광연구원.

   커뮤니티 관광의 대표적 사례인 관광두레사업에 대한 기초를 마련한 연구로, 커뮤니티 관광에 대한 기본적인 개념, 적용방법, 주민이 주도하는 관광사업에 대한 비즈니스 모델, 주민주도형 관광사업의 대표적인 사례를 소개하고 있는 연구서.

4. 김현주(2011). 관광 커뮤니티 비즈니스 TCB 운영체계 및 지원방안. 한국문화관광연구원.

   커뮤니티 관광의 운영 형태로서 관광 커뮤니티 비즈니스의 특징 및 도입환경, 국내외 사례 및 지원정책에 대한 분석을 소개하면서, 실제로 지역사회의 기반이 되는 커뮤니티 관광의 실제 운영과 정책적 특성이 제시되어 있는 연구서.

김경희 · 야스모토 아츠코 · 이연택(2016). 관광 커뮤니티 비즈니스 정책의 협력적
거버넌스 형성 영향요인: 관광두레사업을 중심으로. 『관광학연구』. 40(6),
11-30.

김병국 · 김용기 · 박석희(2013). 농촌관광이미지가 관광객 만족 및 재방문의도에 미
치는 영향: 완주 창포마을과 아산 외암마을을 사례로. 『관광학연구』. 37(1),
303-324.

김석원(2014). 지역관광 개념을 적용한 송추역말 활성화계획. 서울대학교 석사학위
논문.

노컷뉴스(2018). 부산감천마을 2년 연속 200만 방문객 돌파. 노컷뉴스 2019년 1월
26일자.

농림축산식품부(2015). 『농촌연계 관광 비즈니스 모델 개발』. 강원대학교 산학협력단.

딘 맥켄널(1994). 『관광객』. 서울: 일신사.

문화체육관광부 · 한국문화관광연구원(2017). 관광두레, 주민이 만드는 진짜 여행
두 번째 이야기.

문화체육관광부 · 한국문화관광연구원(2018). 『모두가 행복한 여행 관광두레 2017』
실적보고서.

반정화 · 박윤정(2016). 『서울시 공유경제 활성화방안: 숙박공유 중심』. 서울연구원.

박주영(2016). 『농촌 마을관광 활성화방안』. 한국문화관광연구원.

박주영(2018). 『오버투어리즘 현상과 대응방향』. 한국문화관광연구원.

서울특별시(2018). 『서울관광 중기발전계획: 2019~2023』. 한양대학교 산학협력단.

손대원(2007). 민속마을의 주거생활 제약과 거주자의 대응: 경주 양동마을 문화재
지정 고가옥을 중심으로. 안동대학교 석사학위논문.

송완구 · 이승현 · 조용현(2014). 농촌관광 인적자원 육성 교육프로그램에 대한 중요
도 - 만족도 평가. 『관광학연구』. 38(9), 265-290.

송영민(2010). 커뮤니티 기반 관광의 지속가능성에 대한 고찰: 농촌 관광마을 운영
사례를 중심으로. 『관광학연구』. 34(4), 249-272.

송화성 · 조경신(2015). 문화관광객의 동기에 따른 시장세분화: 여행경력 이론을 중
심으로. 『관광연구』. 30(6), 27-46.

심진범(2012). 지역관광정책의 대안적 접근: CBT를 통한 해법의 모색. 『월간 자치발
전 2012년 7월호』.

심창섭(2018). 세 가지 시선 - 2018 한국관광 이해하기. 다시 뛰는 한국관광과 그
질의 저변 확대. 제4회 머니투데이 관광포럼 자료집.

양위주(2014).『글로벌문화관광론』. 서울: 한올.

왕립프놈펜대학교·글로벌발전연구원(2016).『캄보디아 동북부 몬돌끼리 및 라타나
　　　끼리주의 원주민 관광 프로젝트 타당성분석』.

오수진(2018). 관광 공적개발원조(ODA) 사업 수혜지역 주민의 태도 연구: 베트남
　　　북부 소수민족 커뮤니티기반관광(CBT) 사업을 대상으로. 부산대학교 박사학
　　　위청구논문.

유지윤(2001). 이문화 상호작용으로서 게스트-호스트 관계에 관한 연구.『한국문화
　　　관광학회』, 3(2), 43-64.

이병훈(2012). 농촌관광마을에서의 스토리텔링구현 전략.『관광연구』, 26(6),
　　　247-261.

이상훈·고동완(2012). 해외 개별자유여행 기획의 여행동기: 여행횟수에 따른 여행
　　　동기의 차이분석,『관광학 연구』, 36(2), 201-220.

이지선·강신겸(2010). 커뮤니티 관광개발에서의 이해관계자간 협력관계 분석: 사
　　　회연결망 분석을 중심으로.『관광연구논총』, 22(2), 75-97.

정란수(2016). 여행을 가다, 희망을 보다: 일상의 반성으로부터 시작되는 여행이야
　　　기. 아미르하우스.

정란수(2019).『여행자의 눈으로 본 관광개발: 가장 성공적인 관광사례 벤치마킹』.
　　　2019년 한국연구재단 저술출판지원사업 보고서.

정상윤·유인혜·여정태·고동완(2009). 전통 민속마을의 관광지화에 따른 지역주
　　　민과 관광객의 변화 인식과 태도.『국토계획』, 44(1), 245-258.

정인혜(2017). 관광 커뮤니티 비즈니스 주민사업자의 거버넌스 경험에 대한 현상학
　　　적 연구: 관광두레사업을 대상으로. 한양대학교 석사학위청구논문.

종로구청(2017).『주거지역 관광명소 주민피해 실태조사』. 한양대학교 산학협력단.

짜꿰마을 홈페이지(2018). http://traquegarden.com.

최경지(2015). 커뮤니티 기반 관광의 지속가능성 지표 개발과 지역관광 발전방안.
　　　전남대학교 석사학위청구논문.

최호림(2018). 베트남의 지속가능한 소수민족 관광 역량개발에 관한 연구.『아시아
　　　연구』, 21(3), 23-50.

파이낸셜뉴스(2018). "생활관광 시대 도래... 지속가능한 관광 전략 수립". 파이낸셜
　　　뉴스 2018년 8월 30일자

한국관광공사(2016).『저개발국 관광지도자 벤치마킹 사업연수평가』. 글로벌발전연
　　　구원.

한국관광공사(2017).『소셜미디어 빅데이터 활용 여행 트렌드 분석』.

한국관광공사(2018).『소셜미디어 빅데이터 활용 국내관광 트렌드분석 및 2019 트
　　　렌드 전망』.

한국문화관광연구원(2019). 『농촌 유토피아 구상에서 관광의 역할과 정책 방안』. 2018년 발간예정 연구보고서.

한식재단(2015). 『2015 음식관광 투어상품 조사 및 개발용역 보고서』. 청운대학교 산학협력단.

황희정·심진범(2014). 지역관광과 연계한 관광 커뮤니티 비즈니스의 의미와 과제: 인천시 아시아 누들타운 사업을 중심으로. 『관광연구』. 29(4), 43-64.

Lessig, L. (2008). *Remix: Making Art and Commerce Thrive in the Hybrid Economy*. The Penguin Press. US.

O'Grady, R. (1981). *Third World Stopover*, Geneva: World Council of Churches.

Royal Government of Cambodia Ministry of Planning (2005). *National Strategic Development Plan 2006-2010*.

Royal Government of Cambodia Ministry of Planning (2013). *Guidelines for formulating National Strategic Development Plan (NSDP) 2014-2018*.

Smith, V. L. (1996). Indigenous tourism: the four Hs.. International Thomson Business Press.

Yamamoto, R. (2005). Indigenous tourism destination development : The Case of Sami Peoples in Sweden. IIIEE, Lund University.

저자와의
합의하에
인지첩부
생략

문화관광론: 관광 현상에 대한 문화적 이해

2019년 2월 22일 초판 1쇄 발행
2020년 2월 20일 초판 2쇄 발행

지은이 조광익 · 심창섭 · 황희정 · 최석호 · 송화성 · 이윤정
　　　　 김소혜 · 김형곤 · 심원섭 · 서용석 · 정란수
펴낸이 진욱상
펴낸곳 백산출판사
교　정 편집부
본문디자인 강정자
표지디자인 오정은

등　록 1974년 1월 9일 제406-1974-00001호
주　소 경기도 파주시 회동길 370(백산빌딩 3층)
전　화 02-914-1621(代)
팩　스 031-955-9911
이메일 edit@ibaeksan.kr
홈페이지 www.ibaeksan.kr

ISBN 979-11-5763-899-4　93980
값 24,000원